[美] Inder Sidhu T. C. Doyle 著

郭景元 刘丹宁 译

THE DIGITAL REVOLUTION

未来的连接

数字化创新改变世界

HOW CONNECTED DIGITAL INNOVATIONS ARE TRANSFORMING YOUR INDUSTRY, COMPANY & CAREER

人民邮电出版社

北京

图书在版编目（CIP）数据

连接的未来 ：数字化创新改变世界 / (美) 因德尔
·西杜 (Inder Sidhu) , (美) T.C.多伊尔
(T.C. Doyle) 著 ; 郭景元, 刘丹宁译. -- 北京 : 人民
邮电出版社, 2017.4
ISBN 978-7-115-44190-4

Ⅰ. ①连… Ⅱ. ①因… ②T… ③郭… ④刘… Ⅲ. ①
数字技术－普及读物 Ⅳ. ①TP3-49

中国版本图书馆CIP数据核字(2017)第036560号

版权声明

◆ 著　[美] Inder Sidhu　T. C. Doyle
译　郭景元　刘丹宁
责任编辑　傅道坤
责任印制　焦志炜

◆ 人民邮电出版社出版发行　北京市丰台区成寿寺路 11 号
邮编　100164　电子邮件　315@ptpress.com.cn
网址　http://www.ptpress.com.cn
固安县铭成印刷有限公司印刷

◆ 开本：720×960　1/16
印张：15.25
字数：279 千字　2017 年 4 月第 1 版
印数：1－3 000 册　2017 年 4 月河北第 1 次印刷

著作权合同登记号　图字：01-2016-2839 号

定价：49.00 元

读者服务热线：(010)81055410　印装质量热线：(010)81055316
反盗版热线：(010)81055315
广告经营许可证：京东工商广字第 8052 号

内容提要

由数字化技术驱动的大规模变革已经开始在各行各业上演，本书从通俗易懂的角度对此进行了讲解，并给出了应对之道。

本书共分为12章，其内容涵盖了数字化创新的起因，数字化创新对医疗卫生行业、教育行业、零售业的影响与冲击，如何借助数字化创新打造智能城市，数字化创新对个人隐私、信息安全造成的冲击，如何利用数字化创新进行卓有成效的管理以及如何提升公司的业绩，并进一步提升用户体验和公司内的员工体验。

本书语言平滑朴实，内容客观中立，旨在让读者了解到数字化创新给我们生存的世界所带来的影响，以及如何顺势而为，积极拥抱这一变化。

本书适合对数字化技术应用感兴趣的任何读者阅读。

关于作者

Inder Sidhu 是美国硅谷一位资深的行政总监，已经在技术领域打拼了 30 年。

他花费了 20 年的时间，帮助 Cisco 从年收入 10 亿美元增长到 500 亿美元，最近他任职 Cisco 全球运营战略和规划高级副总裁。Inder 和同事共同领导 Cisco 高盈利 160 亿美元的企业业务，以及快速增长的 70 亿美元新兴国家业务。此外，他还担任全球专业服务部门的副总裁兼总经理，高级工程服务部门的副总裁兼总经理，以及 Cisco 服务战略和业务发展部门的副总裁。

Inder 还曾是麦肯锡咨询公司的顾问、英特尔的工程师，以及在硅谷成功创业的企业家。

2010 年，Inder 撰写了 *Doing Both: Capturing Today's Profit and Driving Tomorrow's Growth*，被 *New York Times* 评选为最畅销书。

2013 年，Inder 有幸受他的母校——宾夕法尼亚大学沃顿商学院之邀做毕业典礼演讲。

Inder 还曾受邀于哈佛商学院、斯坦福大学、沃顿商学院以及加州大学伯克利分校的哈斯商学院做客座演讲。

他还是沃顿商学院研究生执行委员会成员，以及硅谷亲善组织的董事会成员。

Inder 毕业于哈佛商学院高级项目管理专业，并拥有宾夕法尼亚大学沃顿商学院 MBA 学位。他还拥有马萨诸塞州阿姆斯特丹大学电气和计算机工程硕士学位，以及印度新德里印度理工学院电气工程学士学位。

T. C. Doyle 是一位在技术行业打拼了 20 多年的作家、编辑和故事讲述高手。如果他没有在硅谷或世界各地的其他地方寻找新故事，那么你一定能在犹他州帕克城找到他，他与妻子和两个儿子住在一起。

致谢

感谢 John Chambers、Rob Lloyd、Wim Elfrink 和 Chuck Robbins 的指引、支持和资助。

在本书写作过程中，我从那些正在数字革命的前线努力奋斗的先驱那里获得了大量的信息，这些人相当聪明，相当优秀，他们花费了大量的时间与我交流讨论，对此我深表感激。

- John Hennessy，斯坦福大学校长兼 Google & Cisco 公司董事。
- Rick Levin，耶鲁大学名誉校长兼 Coursera 公司 CEO。
- Geoffrey Garrett，宾夕法尼亚大学沃顿商学院院长。
- Dophne Koller，Coursera 公司联合创始人兼总裁。
- Salman Khan，Khan Academy（可汗学院）创始人兼 CEO。
- Bernard Tyson，Kaiser Permanente 公司 CEO。
- Charles Sorenson 博士，Intermountain Healthcare（山间医疗）公司 CEO。
- Martin Harris 博士，Cleveland Clinic 公司首席信息官。
- Vance Moore，Mercy 公司运营总监。
- Greg Poulsen，Intermountain Healthcare 公司首席战略官。
- Suja Chandrasekaran，沃尔玛公司首席技术官兼首席数据官。
- Malachy Moynihan，Amazon 公司数字产品部门副总裁（Lab 126）。
- Rachael Antalek，星巴克公司理念创新（Concept Innovation）部门副总裁。
- Carlo Ratti 教授，MIT 感知城市实验室主任。
- Anil Menon 博士，Cisco 公司智能互联社区总裁。
- David Hoffman，Intel 公司全球隐私官。

- Michelle Dennedy，Cisco 公司首席隐私官。
- Alex“Sandy”Pentland 教授，来自于 MIT，是 MIT 媒体实验室的联合创始人，以及世界经济论坛数据驱动发展委员会的主席。
- Mark Chandler，Cisco 公司首席法律官。
- Amit Yoran，RSA 总裁。
- Chris Young，Intel Security 总裁。
- John Stewart，Cisco 公司首席安全官。
- Michael Siegel，MIT-(IC)^3 首席研究科学家兼副主任。
- Michael Timmeny，Cisco 公司政府与社会关系高级副总裁。
- Travis LeBlanc，FCC（联邦通信委员会）执法部门负责人。
- Robert Pepper 博士，Cisco 公司公共策略部门副总裁。
- Kelly Kramer，Cisco 公司首席财务官。
- Saori Casey，Apple 公司副总裁兼公司财务主管。
- Doug Davis，Intel 公司万物互联团队总经理。
- Peter Fader 教授，来自于宾夕法尼亚大学沃顿商学院，同时还是沃顿消费者分析计划的联席主任。
- Ed Jimenez，Cisco 公司客户体验实践部门主任。
- Carlos Domingguez，Sprinklr（一家社交媒体管理公司）总裁。
- Lori Goler，Facebook 公司人力资源主管。
- Prasad Setty，Google 公司人力资源副总裁兼人员分析（People Analytics）主任。
- Fran Katsoudas，Cisco 公司首席人力资源官。

通过与 Vijeev Verma 和 Mukundh Thirumalai 展开的深入讨论，本书每一章的内容得以逐步完善，非常感谢两位好友兼了不起的思想家。

感谢我的助理 Heather Scharnow，在过去的 15 年，给我提供了大量帮助，而且用愉快的性格和积极、乐于做事的态度感染着我。

感谢我在 Cisco 公司的同事，他们与我分享了他们的想法，并在我写作期间给予了持续不断的鼓励。他们是 Nick Adamo、Kelly Ahuja、Graham Allen、Mala Anand、Wendy Bahr、Joel Barbier、Jeanne Beliveau-Dunn、Ravi Bhavanasi、Roger Biscay、Kevin Bloch、Ken Boal、Phyllis Bond、Jordi Botifoll、Bruce Botto、Joseph Bradley、John Brigden、Nancy Cam-Winget、Sean Caragata、Barbara Casey、Owen Chan、Ravi Chandrasekaran、Blair Christie、Howard Charney、Enrico Conedera、Chris Dedicoat、Guillermo Diaz、Paula Dowdy、Debbie Dunnam、Nick Earle、John Earnhardt、Par Edin、Pat Finn、Larisa Fong、Lance Ford、John Garrity、Alison Gleeson、Michael Ganser、Michael Glickman、David Goeckeler、Chris Gow、Debbie Gross、Jim Grubb、Ward Hamilton、Faisal Hanafi、Rick Heller、Caspar Herzberg、Sandy Hogan、Rebecca Jacoby、Prem Jain、Soni Jiandani、Brian Jin、John Kern、Munish Khetrapal、Shaun Kirby、Bruce Klein、Leon Kofman、Oliver Kohler、Maciej Kranz、Vijay Krish、Jill Larsen、Inbar Lasser-Raab、Rhonda Le、Su Le、GerardLithgow、Anand Malani、Dinesh Malkani、John Manville、Kim Marcelis、Lorena Marciano、Brian Marlier、Steve Martino、Alan McGinty、Joe McMorrow、Doug McNitt、Martin McPhee、Angel Mendez、Anil Menon、Duncan Mitchell、Gary Moore、Neils Munster-Hansen、Plamen Nedeltchev、Andy Noronha、John O’Connor、Edzard Overbeek、Edwin Paalvast、Marty Palka、Frank Palumbo、Pankaj Patel、Smita Patel、Mark Patterson、Robert Pepper、Edison Peres、Lance Perry、Shannon Pina、Joe Pinto、Randy Pond、Don Proctor、Marivell Quinonez、Ron Ricci、Hilton Romanski、Vickie Rose、Nilima Sant、Felicia Schulter、Woody Sessoms、Parvesh Sethi、Faiyaz Shahpurwala、Tony Shakib、Stephen Sinclair、Pavan Singh、Jim Smith、Matthew Smith、Kris Snow、Rob Soderbery、Marc Surplus、Manjula Talreja, Irving Tan, Greg Thomas, Bastiaan Toeset、Denny Trevett、Rowan Trollope、Pastora Valero、Karen Walker、Mike Walker、Jim Walsh、Padmasree Warrior、Eric Wenger、Chris White、Paul Wingate、KC Wu、John Wunder、Tae Yoo。

还要感谢 Pearson 团队的同仁，其中包括 Paul Boger、Amy Neidlinger、Olivia Basegio、Alan Clements、Kristy Hart、Gloria Schurick、Dan Uhrig、Debbie Williams 和 Betsy Gratner。感谢他们在本书写作过程中付出的努力。

本书合著者 T. C. Doyle 对本书也做了很大贡献。我们俩之间的合作关系在好几年前就开始了，当时我们合著了第一本书。我坚信，如果没有他的参与，本书不可能问世。从写作到调研再到形成书中的观点，Doyle 功不可没。

感谢我的妻子 Deepna，她给予了我无尽的支持和毫无条件的爱，给我的生活平添了无限可能。此外，在本书写作期间，她还提供了许多宝贵的建议，并调研了很多主题。她是上帝赐予我最好的礼物。感谢我那三个优秀的孩子——Sonia、

Sabrina 和 Neal，他们的热情和对我坚定无比的信念（除了我的时尚品位）给了我努力奋斗的意义。他们每天都在快乐成长，这在提醒我，世界上所有的一切都是美好的。当我在写作本书的时候，他们正在经历数字化创新带来的影响。

出事儿了

作为一个在硅谷打拼了二十多年的老手，我愿意相信自己已经培养出了一种能够感知“下一件大事”什么时候到来的感觉。

在2013年和2014年里，我始终觉得有什么事就要发生。然而当我环顾四周，却只有将来之事的暗示。

新闻里当然都是下一代iPhone、虚拟现实头盔、云计算和大数据等的报道。业界有人说这些技术中的任何一项都将在下一个计算的浪潮中兴起——无论是第三个、第四个还是第五个浪潮，这要看你怎么数了。

然而在市场上，我没看到近期有像iPhone、Facebook或者Amazon这样的革命性事物。不过我确实看到了一篇又一篇报道讨论一个对交通运输产生着重大影响的公司：Uber。

Uber是同名App背后的公司，这个App连接起了想要快速到达某地的乘客和待命的司机。虽然这个概念听起来无趣，但执行过程却不然。

Uber没有雇佣司机也没有买车，而是以一种更巧妙的方式进入交通运输的市场。它开发了一个新颖的App，利用其他人的创新和投资连接司机和乘客（想想手机基站、信用卡支付系统、GPS芯片和软件、云计算中心、社交媒体连接吧）。最终产生了一个易用的App，它有空前的便捷性、更高的灵活性和更好的客户服务。

得益于其独创性，Uber不仅变革了出租车产业，它还变革了整个交通运输行业（第8章将完整介绍这是如何发生的）。

一家公司，是怎样凭着一款被戏称为代码量只相当于打印机程序的软件，让美国最成熟的行业产生了革命性变化的呢？我对这个问题进行了探索，答案就在这本书里。

简单地说就是Uber App——一款聪明的软件。但是这个App只是你所看到的，它只是冰山一角。

详细解释Uber是如何从一文不名一跃成为估值超过500亿美元的交通运输大户有些复杂，因为这涉及大量你没看到或没考虑过的问题。Uber 通过组合多种技术数字化地实现了许多流程，这些技术本身不足以造就革命，但组合起来却有能力颠覆整个行业的竞争格局。

那么这些技术到底是什么？

它们其实就是你每天都使用的技术。想想智能手机、社交媒体、云计算服务、软件 App 等。技术的历史上从未有过这么多数字化的创新同时出现，且彼此结合取得如此显著的进步。这确实是一场不同创新技术几乎同时达到成熟且无处不在的完美风暴。

考虑以下技术。

- **移动电话**：在过去几年中，智能手机已经变得和昨天的超级计算机一样强大。全球消费者手中几乎有 20 亿台这样的设备[1]。据 *The Economist* 公布，至 2015 年 2 月，智能移动手机的普及率达到了地球上几乎一半成人人口的数量。据该杂志报道，到 2020 年，这个数字能达到 80%[2]。
- **社交媒体**：很少有事情能传播得像社交媒体一样迅速。现今有 20 多亿个活跃的社交媒体账户[3]。每天，用户要花费超过两个小时的时间与朋友、家人以及同事通过 Facebook、Twitter、LinkedIn 等联络沟通。每天中的每一分钟，Twitter 用户都会发送 347000 条推文，一天的推文总量能写满一本 1000 万页的书[4]。
- **云计算**：在过去五年的某一时间，无须触摸就能感受事物威力的概念——云计算席卷了计算行业。有了云计算，客户和组织机构只需连接到 Internet 就能使用“按量计费”的计算、存储和备份服务。这也难怪有超过 20 亿用户转向了基于云的服务[5]。“云”使技术大众化，不仅改变了技术的使用方式，也改变了技术的开发方式。无须等待几年才能升级到新的创新技术，云技术公司现在每几天就可以引进技术的新版本。
- **物联网**：根据 Cisco 公布的数据，2013 年有超过 100 亿个物体被连接到了 Internet，这比地球的人口总数还多[6]。然而，这只是地球上 1%的物体。换句话说，99%的将被连接到 Internet 的物体尚未加入全球网络，但它们很快就要加入进去。到 2020 年，每天中的每一秒都有 250 个新物体被加入到 Internet 中。听起来这可能不多，但在你晚上上床睡觉到第二天早晨起床之间，已经有 720 万个物体被添加进来[7]。
- **App**：它们是由几百万开发人员为手机、平板电脑以及手表等创建的小型软件。它们能让你做你能想到的几乎任何事——从转账到立刻与你在地球另一端的祖母联系再到驱赶蚊子（是的，有驱赶蚊子的 App——实际上还有好几个）。整体来算，App 已经被下载了 750 亿次[8]。

- **大数据**：数据在过去 10 年中爆炸了，手机和电脑上的 1 亿 App 以及连接到 Internet 上的设备推动了大数据的增长。据 Cisco 公布的数据，每月仅由移动设备产生的数据总量就几乎要比 2000 年的全球 Internet 数据量大 30 倍[9]。IBM 的数据显示，人们每天要生成 2.5×10^{18} 字节的数据——数据量实在太大了，以至于现今世界上 90%的数据都是在过去两年中产生的[10]。

当意识到这些技术可以通过几乎无限种组合方式来创造新的价值时，我开始研究这些混合应用的影响。我以 Cisco 全球业务战略高级副总裁的身份，与全球大量的客户进行了交谈。数字化创新对一些客户的重要性让我吃惊。我看到医疗保健公司通过社交媒体、大数据和云计算推动信息学的发展。我了解到教育工作者利用通信不仅扩大了接触范围，也提高了针对性。我也看到了小企业挑战市场上的最大品牌，还看到政府改变管理城市和国家的方式。

同样让我感到惊讶的是，人们很少谈论将如何被即将发生的事情影响，以及人们应该如何应对。尽管产业正在发生变革，公民自由受到威胁，职业生涯在被重构，人们还是一仍其旧。一场数字化创新正在人们身边发生，然而许多人却只看眼前。

为什么？这要归咎于人的本性，它让我们经常对眼前发生的事情视而不见。我们能看到自己的孩子玩他们的电子设备，通过新颖且富有创意的方式与他们的朋友交往。但我们是否会考虑他们产生的数据或是谁利用这些数据创造经济收益？类似地，我们可能会注意到朋友们通过社交媒体与我们联络，但我们是否曾注意过列车、路灯或是电力网是什么时候连接到 Internet 的？当然没有。然而这些事物现在产生的数据比人类产生的都多。

谁将会利用这些数据呢？

今天，任何人都可以。我们看到许多公司从这些技术和数据中获取了收益，但我们往往忽略了数字化创新带来了破坏性的经营模式。

某天在开车回家的路上，我开始考虑数字化创新。它能走多远？它将怎样影响人们的生活？它将如何推动或破坏业务？

等红灯时，我一边用手指拍打着方向盘一边思考着这些问题，一辆在我旁边停下的车吸引了我的注意。那是一辆崭新的特斯拉 Model S。

“创新正在发生，”我对自己说。

目录

第1部分 开 篇

第1章 数字革命——你为何要关注……1

第2部分 产业转型

第2章 医疗卫生——病人将找你就诊……7
可获取性……11
质量……15
个性化……20
更好的体制，更健康的你……24
第3章 教育——学习者的胜利……26
质量……28
获取性……33
相关性……40
做你自己的校长……45
第4章 零售业——引进来，走出去，请回来……48
获取注意，绝不放手：吸引人的优惠……52
没有时间可以浪费：精简流程，提高购物效率……55
充满可能性的新世界：好体验自己会说话……59
超相关性的世界……62
第5章 智能城市——熙熙攘攘，充满机会……64
社会发展与赋能……68
经济活力……71
环境可持续性……74
大城市，灯光明亮……78

第3部分 解决挑战

第6章 隐私——我是商品吗……81
同意的陷阱：人类的货币化……84
绝不放手：被遗忘的权利……88

安全但不可靠：头脑中的内容 …… 92
弯而不折：隐私权的演变 …… 95
第 7 章 安全——攻击发生前、发生中和发生后 …… 98
大坝决堤之前：建立信任而不是建立边界 …… 102
遭遇袭击：在袭击过程中迅速反应 …… 106
危机后：收拾残局 …… 110
完全疯狂：为神经质世界带来平静安心 …… 112
第 8 章 管理——新兴游戏，需要新规定 …… 114
从法理到事实：保护消费者的切身利益 …… 116
没时间耍流氓：推进重要的商业议程 …… 123
从对手到联盟：保持政府的合法地位 …… 126
关键时刻：驱动创新的政策、保障安全的法规 …… 129

第4部分 公 司 转 型

第 9 章 财务业绩——用老方法挣钱 …… 131
增加收入 …… 134
降低成本 …… 137
提高资产利用率 …… 140
结论 …… 143
第 10 章 客户体验——前所未有的美好 …… 146
深入交流 …… 149
超乎预期的满足 …… 154
全方位的个性化服务 …… 159
结论 …… 164
第 11 章 员工体验——生产力、创造力、吸引力 …… 166
建设未来的劳动力：定制员工 …… 169
帮助员工做更多事：协同工作 …… 173
团结所有人的创意火花：全体员工理念共享 …… 176
结论 …… 180

第5部分 结 语

第 12 章 数字革命——这只是个开始 …… 182

尾 注

第1章

数字化创新——你为何要关注

前所未有的好。

问问人们哪个是最好的——无论是体育英雄、度假胜地还是美国总统——人们毫无疑问地会给出各自不同的意见。但是如果你要问汽车爱好者，当今世上技术最先进的汽车是什么——他们很可能专注于同一款车。

特斯拉 Model S。

如果你住在大城市的市中心附近，你肯定见过这款车，不过在它安静地开过去时，你可能未闻其声。这是因为这款纯电动汽车不仅可与世上最好的碳燃料汽车竞争，更可在行车驾驶的各个方面击败它们。

超过 250 英里的续航里程，使得这款车可以行驶的距离是其他电动汽车的 3 倍，而且在续航里程方面可以与一些天然气动力的汽车相匹敌，更重要的是，特斯拉还不产生任何排放。

至于性能，特斯拉 Model S P85D 在“滑稽模式”（ludicrous mode）下使用时，可以在 3 秒内从 0 加速到 60 英里每小时[1]。这比法拉利 F12 Berlinetta 更快[2]，这可是这个著名的意大利跑车制造商生产的有史以来最快的跑车。

说到便利性，特斯拉同样令人印象深刻。例如，车主可以通过安装在中控台上的 17 英寸触屏显示器控制整辆车。它就像是一个超大的 iPad，你可以调节从温度到音乐再到悬架刚度在内的一切设置。与智能手机上的日历连通后，显示屏将自动显示去往你下一个约定地点的行车地图，并配上实时的交通状况。

无论以何种标准衡量，2012 年推出的 Model S 都已成为过去 100 年中最成功的动力汽车。自问世以来，该公司已经卖出了超过 50 000 台 Model S。虽然每台车的定价都接近 100 000 美元，消费者还是在争相购买着（现在想买一台还需要排队)，而且好评如潮。

2013 年，*MotorTrend* 杂志将 Model S 评为“年度汽车”——在该奖项 64 年的历史中，这是首次颁给不采用传统汽油发动机的汽车[3]。*Consumer Reports* 也不甘落后，称特斯拉 Model S 是该杂志历史上“测试过的表现最好的汽车”[4]。在道路试验中，它给这款车打了 100 分（满分 100)，这是任何车都没有达到过的分数。*Wall Street Journal* 的汽车评论家 Dan Neil 说：“Model S 是汽车界中一次大胆的公开实验，它豪言要制造最好、最快的豪华轿车，就像爱德华七世的古董车那样”[5]。

毫无疑问，Model S 是世上最好的电动汽车。对于车主和发明人来说，特斯拉 Model S 的非凡不仅因为它是电动的，更因为它是数字化的。

虽然听起来可能没太大不同，但这实际上是 20 世纪的创造和 21 世纪的革新之间的区别。

车上几乎一切能被测量的部件都装有有源传感器，连接到汽车的数字网络。你可以指示特斯拉 Model S 把它自己利索地停在车库里，这样停好后你就不用挤着身体出去。通过移动 App，你可以在大热天里远程检查车厢温度，然后告诉汽车打开空调，使你进车的时候能有舒爽的温度。

这款汽车还有许多利用数字化技术实现的炫酷功能。但是有一个功能使它有别于几乎所有其他汽车。除了少数需要定期更换的部件——比如轮胎和雨刷片——汽车大部分的组件和功能都可以升级，当然，不是通过修理工挥舞扳手进行升级，而是由特斯拉在硅谷研发实验室的软件工程师进行升级[6]。就像 iPhone，每次公司通过互连网发布新的软件更新，特斯拉 S 都变得更好。这些更新能让汽车更安全、更可靠，甚至更舒适。

对于工程师和企业家 Robert Bigler（他是 SmartMotor 和 Hoverboard 的发明者）来说，在旧金山开车是他经常做的事。和许多在硅谷工作的成功人士一样，特斯拉 Model S 一发布就吸引住了 Bigler。开售不久他就买了一辆。

越是开这车，Bigler 就越喜欢这辆车。但有一件事情一直困扰着他，尤其是当他开车在旧金山的街上，而街道的坡度可能超过 30%的时候[7]。当他把车开到城市著名的山丘上，他注意到在有停车标志和红绿灯的上坡路口停车时，车会令人不安地倒退。

“这让我有开老款的手动挡大众甲壳虫的感觉。没有机械离合器，特斯拉在陡坡上会倒退，”Bigler 说。由于担心自己以及其他特斯拉车主的安全，他向特斯拉咨询更多信息，发现其他司机已经向特斯拉公司报告了这个问题。几天以后，他早晨启动汽车时，触屏控制台上出现了一条消息。消息通知他，夜里在车库充电期间一个补丁已经被自动下载到了 Bigler（以及其他车主）的汽车上。

果然，当他再次在旧金山的上斜坡停车时，问题消失了。特斯拉的工程师编写了代码，通过编程让车停在斜坡上时自动启用安全制动器。汽车开始向前行进时，刹车保持启用几秒，直到发动机能给车轮提供足够的扭矩以满足汽车所需的前冲力，避免汽车后退。

让 Bigler 和其他特斯拉车主更高兴的是，制造商还解决了其他的担心并满足了他们的愿望。汽车现在可以通过“导航”模式显示地图，这让 Bigler 很兴奋（作为驾驶员，他喜欢地图按他行驶的方向转来转去）。

除了便利性，软件更新也提升了安全性。当一块电池被路上的碎片刺破而着火之后，特斯拉的工程师做了些更改。其中一项是重置了车的默认高度，通过无线分发的软件补丁把车抬高了几英寸。无须召回，自此再没有车主报告过起火的问题。

最近的一次软件更新增加了车主盲点警告和自动紧急刹车功能。它也提供了开车旅行中定位充电站的指南，在提升里程监控的同时给车主提供了更多汽车安全防护的方式，包括把车交给代客停车者时进行速度限制[8]。

前置摄像头、后置雷达和密集的超声波传感器让车可以启动、停止、转向、行驶、导航、停车以及躲避障碍。通过最近下载到车上的自动驾驶软件，特斯拉也可以像谷歌大肆宣传的半自动无人驾驶汽车那样工作，这让 *Late Show* 的主持人 Steven Colbert 惊呼“特斯拉车主一觉醒来发现他们的车可以自动驾驶了”。当法律允许无人驾驶汽车的时候，特斯拉将已做好准备，这让意识到自己买的车与众不同的车主很欣喜。

“每次升级时，特斯拉都让我感觉自己买了一辆新车。升级中有新的功能，因此车就变得越来越好，” Bigler 说。

一辆能随着时间不断改进的汽车？自机械式汽车在 100 多年前被发明以来，这事儿还从没有发生过。但是在数字化交通的新世界，这将变得司空见惯。

……

看看周围吧，几乎所有事物都在发生数字化创新。这包括汽车这样的物体，交通运输这样的产业，还有开车这样的职业。每一天，更多这些事物在以人们刚开始理解的方式连接到互连网。

与之前被连接到互连网的 140 亿物体不同，地球上剩余的 99%的物体在其设计之初，都不能连接到互连网。这些基于原子的物体不能被简单缩减为“0”或“1”——所有数字对象和设备的 DNA——因而安全高效地连接它们需要付出巨大的努力。但是一旦它们实现数字化，对人类的促进将是革命性的。

为什么？因为任何被连接到互连网的物体都有产生数据的能力，这些数据将产生有关我们周围世界的革命性启示。这包括你等待的公交车在哪儿，捐献器官在运输途中的温度，或是矿井下的瓦斯等级。每一次传感器更新，每一份电子医疗记录，每一条推文，当你考虑到这些数据的价值时，就会意识到当人们明智地利用它们时，世界将变得多么具有革命性。而这些仅仅是一些例子。

一旦万事万物都连接到互连网中，人们就会掌握每种活动、每次交互和每个条件的数据。当然，把这些数据翻译成信息需要付出巨大的努力。但是多亏了互连网和云给每个人带来的可以无限扩展的资源，人们现在拥有了收集、存储以及处理这些信息所需的能力。通过当前正在开发的更好的分析工具，人们越来越有能力将这些信息转换为知识和洞察动力，用来解决问题并满足愿望。

再次以开车为例，它已经被多种技术改变，包括你背包或手包里普通的移动设备。你用来自拍、回邮件或发短信的智能设备也在帮助你更快地回家，且帮助市政规划者减轻交通拥塞并改善道路安全。如何帮助？通过给我们提供洞见来进行帮助。

你不知道的是，你手机中的GPS设备在你日常通勤途中会给每个你经过的蜂窝基站发送信号。包括谷歌这样的技术公司会汇总并匿名化这些信息，以确定任一时刻当地道路的拥塞状况。将数据进行处理后，这些公司会把信息发回给客户的智能设备和联网的汽车，告诉人们哪里交通最拥堵，哪里存在施工隐患，甚至社交媒体上报告的交通事故的确切位置。使用这些通常用颜色区分的拥堵信息，用户可以重新规划路线，减少燃油消耗及排放，并缩短行程时间，城市规划者也可以更好地规划交通流量。

虽然这听起来可能只是对个别的通勤者很方便，但整体来看却有变革社会的潜力。根据2012年Urban Mobility Report（城市交通报告），每年浪费在交通堵塞上的燃油足以填满4个纽奥良超级圆顶球场。每年这些燃油的花销预计将超过1200亿美元，或说美国每个日常通勤者都会花费800美元还多。相较来说，这个总花销比美联航、耐克、麦当劳和星巴克一年产生的营业额之和还要多。

这个案例以及交通运输方面其他类似的发展带来的启示不容忽视。例如，共享乘车公司Uber不仅在改变出租车产业，也在整体上影响着汽车产业。在许多城市中，青年男女不只在考虑某一趟行程是开车还是用Uber，他们想的是是否每趟行程都应该Uber。如果有一种服务可靠、划算、无处不在而且安全，为什么还要拥有自己的车呢？许多千禧一代的人想。

在产业中驱动创新，这让这些数字化创新者回报颇丰。例如，在本书写作时，特斯拉有接近 320 亿美元的市值，这大致是福特和 GM 各自市值的一半，虽然特斯拉在美国市场中只占有不到 1%的份额。类似地，Uber 现在估值超过 500 亿美元，雇用了全球超过 100 万名司机，且预计在 2015 年年底这个数字将翻倍，达到 200 万[9]。

本章关注的是汽车、交通和出行。但同样革命性的变化正在几乎每个你可以想到的产业中发生。在本书第 2 部分，我将举几个在医疗、教育、零售行业和政府中正在发生革命的案例。在这些案例中，互连的数字化创新被用于提高患者的治疗效果、增加学习机会、提升购物便利性，以及支持人们在智能城市中更好地生活。

对于主要业务目标来说也是一样。通过连接人、过程和物体，企业能够改善财务业绩、提升客户体验并增加雇员敬业度。

总体来看，你会意识到人们正处于一场全面数字化创新的早期阶段，这将影响每个行业、机构、企业职能和职业。

用经济活动的术语来说，这场数字化创新将产生的贸易量是巨大的。麦肯锡咨询公司在关于物联网的报告中预测，到 2025 年，每年的经济影响在 4 万亿美元到 11 万亿美元之间[10]。在 2013～2022 年，Cisco 预测数字化创新将产生 19 万亿美元的经济活动[11]，其中接近一半都是因替代那些将会消失的活动和事物，比如本地旅行代理商、打印的百科全书以及分类报纸广告获得的。

从这一点而言，它与日本、德国、英国、法国、印度、巴西和韩国的 GDP 之和一样多——换言之，这是一个巨大的数字。

比金钱更重要的是，数字化创新承诺会给人们的生活带来重大的影响，比如人们的正规教育、职业选择以及体育活动。这是因为数字技术几乎将重塑人们学习、工作和生活的方方面面。

虽然还有重要的隐私、安全和监管问题等待解决（这将在第 3 部分中详述），但是数字化创新可能会成为影响人类的单一且最重大的理念。原因很简单：数字化创新不仅发生在硅谷或是我们经济中常被忽视的角落，比如出租车和豪华轿车行业，它也发生在触及人们生活的行业和组织，这包括银行、购物商场、学校、诊所等。

在特斯拉和 Uber 的案例中，改变是明显的。但在其他情况下，至少现在来说还不是那么明显。以 GE 公司为例，这是 *Fortune 500* 列表上历史最久的工业公司之一。虽然该公司已经花费了几十亿美元，准备引领产业经济的数字化创新，但它也知道重工业之外很少有人理解数字化创新对于重工业将是多么具有革命性。

为了提高人们的认识，公司在2015年秋季推出一系列广告，描述了一个叫Owen的虚构的大学毕业生，他试图通过自己前沿性的工作让家人和朋友钦佩。当Owen兴奋地告诉一群朋友他要开发一款能让火车头这样的机器改头换面的软件时，一个困惑的朋友大声问他是不是找了一份“在火车上干活”的工作。

虽然GE公司的自嘲广告很有趣，但这背后的信息是值得思考的：数字化创新有让我们这个世界的所有部分焕然一新的潜力，包括我们很少考虑到的操作、功能以及过程。

于是就有了我这本书。无论你在哪里工作，这场革命一定正在你的产业中发生。无论好坏，不管是否喜欢，它终究都会影响你的企业。现在正是加入这场数字化创新，并帮助革新你自己的公司和职业的好时刻。你如何看待、利用及掌控数字化创新，将决定你能否幸存且成功。

尽管一些人受到诱惑而忽视甚至阻挠其工作中数字化创新的推进，但他们这是在自取灭亡。广泛分布的创新使得数字化创新的进程几乎不可能减缓。到2020年，75%的企业将完全数字化[12]。你的企业会是其中之一吗？

本书将让你处于数字化创新的驾驶位上，使你可以转变自己的行业、公司以及职业。

快来驾驭你自己的生活吧。

第 2 章

医疗卫生——病人将找你就诊

听说有关医疗卫生的好消息了吗？

据 OECD（经济合作与发展组织）的数据，全球范围内消耗资源并限制获取护理的支出增长，与前几年惊人的速度相比已经有所减缓。在许多发达国家，医疗通货膨胀已经从历史上每年 4%～7%的水平降至 2%以下[1]。

从策略制定者到从业医师再到病人，这对所有人来说都是好事。

再说个坏消息：全球范围内，医疗卫生仍然是“硬伤”。

在太多地方，医疗服务质量差、访问受限且没有相关性。“尽管自 1950 年以来有了极大的改善，但仍存在众多挑战，虽然容易解决却未被解决，”研究员及新闻工作者 Anup Shah 说。他在他的网站 *Global Issues* 上展示的数据描绘了一幅清醒的图景。一些研究结果如下[2]。

- 全球有 10 亿人无法从医疗保健系统中受益。
- 每年有 3600 万人死于非传染性疾病，如心血管疾病、癌症、糖尿病以及慢性肺病。
- 每年有超过 750 万的 5 岁以下儿童死于营养不良和可预防性疾病。
- 接近 700 万人死于传染性疾病——该数字多于在自然或人为灾害中死亡的人数。
- 有 164000 人死于麻疹，多数是 5 岁以下的儿童，尽管有效的免疫措施花费小于 1 美元且已经问世 40 多年。

不是想扫兴，但还有更严肃的消息。之前强调的那个全球支出增长减缓？这可能是短暂的。研究者知道其贡献因素之一是经济危机，这促使全球上百万人通过不寻求医学治疗来省钱。最终，这些人都会需要治疗。考虑到一些人已经太长时间不治疗，花费将是巨大的。

另一个支出减缓的贡献因素可能也是暂时的。这是因为全球使用的几种关键药物的专利保护到期了，包括波立维、立普妥以及脂脉优。虽然其他药物也快要失去保护，但未来几年制药商再也不会经历这样的“专利悬崖”[3]。

长期的挑战似乎也没有解决办法。这包括人口增长和老龄化，预期都将驱动未来几十年的医疗通货膨胀。

“在发达国家和新兴市场，这样的增长都将给政府、医疗服务系统、保险公司和消费者在解决众多问题时带来了巨大的压力，如人口老龄化，大量慢性疾病的发病率上升，费用飙升，医疗质量不均，由于劳动力短缺导致的不平衡的护理获取，基础设施的限制，病人的分布，以及颠覆性的技术”，专业服务巨头 Deloitte 在其“2014 年 Global Health Care Outlook”中总结道[4]。

为了更好地理解单是医疗如何能影响一个国家的议程，看看美国就够了。2011 年，美国人均医疗支出为 8508 美元——据乔治梅森大学的高级研究员 Rugy 称，这是 OECD 国家平均支出的 2.5 倍还多。据国家卫生支出账目（NHEA）称，到 2013 年这个数字达到了 9255 美元[5]。

相较来说，美国的支出比第二大人均支出国挪威的支出多 50%，Rugy 说[6]。

有这么高的溢价支出，你可能认为这个国家在全球会享有一点优势。但它却没有。举例来说，美国人的寿命并不比日本、西班牙、以色列和其他地方的人长[7]。事实上，据 OECD 称[8]，美国在全球个人预期寿命的国家列表上排第 26 位。而且，美国人人均多花在医疗上的钱并没有造就更低的癌症率[9]、心脏病率[10]、糖尿病率[11]以及别的困扰着世界上其他地区的人的疾病患病率[12]。

几乎从任何角度看，支付的溢价都不是一项特别好的投资。它没有产出更好的健康结果，还给国家其他经济部分的投资带来了巨大的压力，例如物质性基础设施、替代性燃料和教育。

尽管医疗卫生方面有如此大的问题，策略制定者却不愿进行修正。2016 年竞选总统的主要候选人中，在本书写作时还没人提及进行医疗改革，这是他们平台的一块基石。因为害怕疏远了从过度支出中获利的人或是感觉不到医疗系统恶性影响的选民，政客们自断双手，任凭医疗卫生从经济命脉的其他部分吸血。试想当罗纳德 • 里根在 1980 年被选为总统时，医疗卫生支出占 GDP 的 9%；当巴拉克 • 奥巴马在 2008 年被选为总统时，医疗卫生支出总计占 GDP 的 16%；到 2021 年，美国经济几乎每 5 美元中就将有 1 美元用于医疗卫生[13]。

这一数字如此惊人的原因是不必要的程序、低效的保健服务、经营管理不善、欺诈等，造就了医疗支出的大量浪费。犹他州山间医疗（Intermountain Healthcare）公司的首席战略官 Greg Poulsen 指出，虽然美国的“抢救护理”——抢救重病、早产和严重受伤者的能力——比世界上其他地方好得多，但从群体的角度看这是最昂贵的延长生命的方式。

临终关怀也是非常昂贵的。据医疗保险与医疗补助服务中心（CMS）称，现今美国每年医疗卫生方面 1/4 的医保支出都由 5%的去世病人产生[14]。更重要的是，28%的医保都花在了在生命最后 6 个月的病人身上[15]。

这些程序都必要或者有益的吗？专家们有自己的猜疑。Atul Gawande 医师是一名作家，也是 *The New Yorker* 杂志的特约撰稿人，他就是那些质疑某些临终程序的疗效和智慧的人之一。这些程序不仅给病人带来了巨大的身体压力，也给他们身后的亲人带来巨大的经济负担。尽管鲜有证据表明这些用于垂死老人以及绝症病人的昂贵的维持生命的措施有积极的效果，医疗行业仍然一个劲儿地进行护理，直到生命的最后。当今，几乎有 1/5 的美国人把生命最后的日子花在重症监护室，这是医疗卫生领域最昂贵的场合[16]。

普遍的低效和过度治疗的总开销是惊人的。在 2012 年 9 月，华盛顿的非营利独立医学研究所发布了一项里程碑式的研究，指出美国医疗卫生每年的支出为 7500 亿美元[17]。根据国防部的数据，这比整个国防预算还多[18]，而且根据穆迪分析公司的数据，这是美国每年花在公共基础设施上的钱的 2.5 倍[19]。

据专家说，即便总统奥巴马签署的医疗法案实现了其定下的所有目标，ACA（平价医疗法案）也只能小幅减小美国医疗问题的规模。不是还有医院医疗保险信托基金吗？它也预计将在 2030 年用尽[20]。

从财务等多个角度看，美国的医疗卫生仍是硬伤。早在社会安全、国家债务利息或其他财政负担之前，医疗卫生就会让美国破产。对于那些不能让医疗护理真正惠及所需大众，而是一味地将其堆加给不需要之人的国家，结果也是一样的。

除非做一些激进的事。

好消息是行业内外已经采取了大规模措施来拯救医疗卫生。一些最有前景的工作正由从业人员和外部的改革者组队进行，以开发利用互连的数字创新的新技术，这也被人们称为万物互连（IoE）。他们的工作已被证明能提高质量，改善获取，并增加对数百万人的相关性。可以看看 Basil Harris 医生和他的兄弟 George 的例子。Basil Harris 是一名宾夕法尼亚州保利的急诊室医生，而 George 是一名工程师，他的大部分工作都是配置数据网络。

在2011年，Harris兄弟成立了最终前线医疗设备团队，开发消费者能用来监测心率、血压、体温、氧饱和度等数据的医疗设备。通过这款设备，消费者能决定何时需要去看医生，以及处方治疗是否如愿起效[21]。

梦想成真，公司的产品成为Qualcomm Tricorder XPRIZE竞赛的10项决赛产品之一。XPRIZE医疗竞赛是由XPRIZE基金赞助的几项竞赛之一，该基金是由企业家、发明家和思想领袖组成的智囊团，致力于为创新提供最初推动力。理事会成员包括导演James Cameron、媒体企业家Arianna Huffington、Google的联合创始人Larry Paige、电动汽车先驱及太空爱好者Elon Musk，以及Segway代步车的发明者Dean Kamen[22]。该基金之前的竞赛促成了“超过100英里每加仑等效能量”汽车的开发以及“私人次轨道飞行器”的研发[23]。

Qualcomm Tricorder XPRIZE竞赛专注于快速启动医疗创新，尤其是个人的诊断和监测仪器。如果你是Star Terk（星际迷航）迷，你一定会记得“tricorder”，这是Leonard McCoy医生在“企业号”星舰上监控病人并诊断医疗状况的仪器。认识到这种虚构设备在真实世界中的潜力后，基金会与圣地亚哥的芯片制造商Qualcomm一同创办了一个1000万美元的奖项，将颁给能在2016年年初开发出最具可能的tricorder的团队[24]。

根据比赛规则，真实的设备必须捕获关键的健康衡量指标，并诊断16种疾病，包括贫血、心房颤动（房颤）、糖尿病、甲型肝炎、肺炎、睡眠窒息症以及中风等。“最终，组合了无线传感器、影像技术以及非侵入式的化验替代品，这种工具能从进行中的健康状态检测仪器上收集大量的数据”，该基金会说[25]。

有竞争力的Harris医生最希望的就是和他的兄弟一起得奖，虽然他们现在不得不和他们的另一个兄弟Gus和他们的妹妹Julia分奖金，这两人后来加入了公司。但真正激励Basil Harris的是有机会贡献一种将会帮助改革病人护理的创新项目。

“我想象有一天病人能进来（到急诊室）然后说：‘我有这个tricorder，它告诉我我得了肺炎。’希望有一天我能相信那些数据，”Harris医生说。尽管有一些技术和监管上的障碍——包括需要美国食品药品监督管理局（FDA）的批准，Harris仍希望人们能很快见到一款将医生的洞见装在每个消费者手中的设备[26]。

想象一下这些可能性：全国急诊室中非必要排队的病人数量减少？更少有老人质疑临终关怀的设置？一款真正的tricorder可以帮助实现这些可能，并减少每年数以10亿美元计的医疗支出。

这还只是开始。

与在教育中一样，互连的数字化创新技术可以被自由地应用在医疗卫生领域：通过让药物更方便且价格更可接受来提高可获取性；通过让医疗更可复制且精准，它也可以被用来提升医疗服务的质量；通过让医疗服务更具个性化，它可以增加医疗的相关性。

阻碍进步的众多障碍包括设备和药品飙升的价格（例如抗丙肝药品索非布韦和哈维尼价格已经接近六位数）、事故诉讼过高的成本、鼓励浪费和过度治疗的不当的激励措施，以及抵制改革的文化。尽管这样，医疗卫生领域内外敬业的专业人员正在取得进步。虽然他们的一些治愈医疗卫生系统疾病的灵感可能更像是科幻小说中的东西，但推动他们的动机是非常真实的。

下面就是原因。

可获取性

问问 Bethany Stadeli 哪一天是她人生中最可怕的一天，她能像回忆昨天的事一样说出来。她甚至还看过一个那天的视频，恐怖的情景让她不寒而栗。

2012 年 4 月，她的故事从俄勒冈州的锡尔弗敦开始。那时，她怀着她的儿子。孕情发生变化时，她立刻赶到锡尔弗敦医院进行紧急剖宫产。当晚待命的医生 James Domst 在几分钟前才收到警报，赶到了医院。

正如当地电视台 KGW 报道的，婴儿的分娩提前了一个月，而且有并发症。生下来之后，这个男孩肤色发青而且没有反应。尽管 Domst 尝试对婴儿进行复苏，但是孩子还是没有反应。意识到他只有几分钟来拯救这个男孩，Domst 把另一名医生 Katie Townes McMann，俄勒冈医科大学（OHSU）的新生儿专科医生请进了病房。通过她的专业技术指导，医护团队复苏了孩子，把 Stadeli 生命中最可怕的时刻变成了她最快乐的时刻。后来，她的儿子强壮而且健康。Stadeli 很感激——或者说很惊叹。

这是因为 McMann 医生，那个来自 OHSU 的新生儿专科医生，在危机期间从来没有踏进过锡尔弗敦医院。事实上，当 Domst 医生召唤她的帮助时，她正在 40 英里以外的波特兰。多亏了安装在锡尔弗敦医院里的移动双向机器通信仪，她可以在按下按键的瞬间“亲自”加入。从她的角度看，McMann 可以观察病人并监控孩子的重要器官，就好像她与 Domst 在一间屋里。她可以放大以密切观察，也可以拉回到更大的视野。她甚至可以移动摄像头从不同角度观看。

2012 年 4 月的那天，当 McMann 医生与 Domst 商议的时候，无助的 Stadeli 只能坐在那里等待奇迹出现。

“看着（我儿子）没有呼吸然后他们做胸部按压这些让我真的很难受，”她之后跟电视台说。对于这项技术，她说：“我就是感激它。很难理解仪器能干这么多事。我不知道。这太疯狂了。”

虽然 McMann 一贯使用这些技术行医，这些技术仍让她惊叹。“这对我来说太先进了，”她告诉 KGW TV，“我不太能想象出人们还能想出什么新用途”[27]。

医疗从业者和技术开发人员此后提出了许多新的想法。其中包括更好的沟通协作工具，改进的诊断筛查设备，甚至是可以远程进行高级医疗护理的更全能的机器人。

虽然一开始很谨慎，但医疗界现在争相使用远程医疗，这是“互连健康”保护伞下能力的一个子集[28]。互连健康包括远程医疗，其定义为通过音频或视频通信进行的远程行医；远程照护（电子化地进行教育和患者管理）；以及移动健康（通过智能手机或无线设备提供的多种护理服务）。据美国远程医疗协会（ATA），互连健康可以通过双向视频会议、电子邮件、智能手机、无线工具以及其他形式的通信技术进行，提供初级护理、专家咨询服务以及对成人和孩子进行远程患者监控[29]。

凯撒医疗集团是全美国最大的综合管理护理系统（有将近 18000 名医生和大约 50000 名护士），已经成为利用这些技术提升病人疗效的领导者。凯撒集团 CEO Bernard Tyson 说，仅在 2014 年“通过互连网，我们的电子医疗系统让我们和会员可以进行虚拟的探访——大约 2000 万次探访中会员不需要来到凯撒医疗集团”[30]。

就病人的满意程度而言，相同医生或护理提供者的线上互动与当面探访的满意程度相似，然而从另一个角度看，病人觉得线上互动更方便——不用开车停车，不用在接待区等候，不用脱衣服，不会暴露给其他病人，等等。从医疗护理提供者的角度看，这样可以重新平衡花销结构，因为需要更少的停车空间，更少的办公楼，更少的接待员，更少的检查室，等等。然而，线上看病以及造访医院并不是一对一直接替代的关系，主要医疗系统正在估量这对于总探访量意味着什么，尤其是在关注医疗疗效而不是完成程序的背景下。

从 40 多年前启动基础服务以来，远程医疗技术已经治疗了全球共计 1 亿名患者[31]，包括在阿蒙森史考特南极站工作的研究者和科学家[32]，以及在撒哈拉以南的非洲和中东因战争而流离失所的难民。

“我们预计到2020年所有医疗事务的50%将实现电子化，”Ronald S.Weinstein说。他是医学博士、亚利桑那大学医学院的病理学教授，以及Arizona远程医疗工程的负责人[33]。

互连医疗激增的原因是可以理解的：现今，更多人拥有智能手机而不是医生[34]。虽然饮用水和更多医护人员的供应一定可以改善医疗，但宽带技术的崛起可能是下一件大事。事实上，互连健康代表着从20世纪20、30和40年代以来医疗护理服务的最大进展之一，那时全世界的政府刚开始进行全人口免疫，以对抗脊髓灰质炎、白喉病、黄热病以及天花。

从那以后，世界人口翻倍增长到了70亿人[35]。据世界健康组织的数据，因为增长如此之快，全世界缺少了720万医护工作者[36]。考虑到世界上顶级的医护专业人员培养国——美国——每年只能培养不到18000名医生，这样的差距不太可能很快被消除。在许多国家，医护从业者的短缺尤其显著。例如，据世界银行数据，在摩洛哥每10000位居民只有6名医生；在缅甸，每10000人仅有5名医生；而在多哥，每10000人仅有1名医生[37]。

对于全世界上百万人来说，看病不是预约的问题，而是要找到一个能治病的人。对于这些人，远程医疗是他们最大的希望。在包括西肯亚这样的地方，世界卫生联盟（WHP）和基苏木医疗及教育信托基金（KMET）联手为服务水平低下的社区提供关键的医疗服务。在那里，两大组织致力于招募几十个村级的企业家，并通过转诊制度将他们和6个由护士和全科医生运营的诊所联系起来。起初，远程中心将连接到基苏木。很快它们将连接到内罗毕和新德里。将来，它们将连接到全世界[38]。

为了确保远程医疗提供高标准的服务并触及到尽可能多的人，ATA和英国虚拟医生工程这样的机构与其他组织联手协作，其中包括本地的医护服务提供者、非政府组织（NGO），以及全球其他致力于提升医疗服务的机构。他们共享技术技巧、最佳方案，以及其他改善了地球上最远或最危险地方的人生活的点子。例如，虚拟医生工程依赖于“存储转发”式的远程医疗系统，为医护专家和病人之间创建了一条电子链接——可能是简单的邮件、视频或其他信息。这种方式通常在偏远地区更成功，那里的电力及通信服务价格昂贵，且信号弱或者断断续续，有组织机构如此说[39]。

赞比亚是世界上最贫穷的国家之一，对于改善赞比亚的医疗成果，这种简单的方式被证明是极其有效的。由于较高的HIV和其他疾病的发病率，这里的预期寿命只有不到50年。在该国家的许多地方，直到虚拟医生工程到来之前都没有常设的医疗设施。现在，在类似新成立的奇兰加区这样的地方，成千上万的居民可以在单间建筑里得到专业的治疗，虚拟医生工程在那里安装了计算机，互连网通讯设备，以及其他的基础设备。经过这些努力，基本的医疗状况在成为主要的健康问题之前可以得到专业的治疗，且无须医生在场[40]。

在护理服务未被充分利用或者管理不善的地方，这项技术也以增加护理的可获取程度。例如，在美国，互连网驱动的远程医疗正在帮助从业人员在技术最先进的地方——硅谷——更好地利用时间和资源。在加利福尼亚州最昂贵的社区，获取一流的医疗服务对忙于工作的专业人士来说并不是一项经济上或地理位置上的挑战，但却是时间上的挑战。整个湾区，从圣何塞到旧金山，企业家和工程师们用在“下一件大事”上的工作时间不可想象得长。对许多人来说，这意味着牺牲活跃的社交生活、运动计划或是假期。还有一些研究高级医疗技术的人以“专注工作”的名义经常忘记定期体检或不去问诊。

为了让雇员更方便地获取医疗服务，Cisco 开发了一种远程医疗方案，结合高分辨率的音频和视频技术，提供跨越任何距离的高质量病患护理和临床协作服务。Cisco 的雇员无需坐进车里开车去探病，只需要来到公司圣何塞园区里的扩展护理站就行。如果护理提供者希望咨询专家，则可以一键拨号联络其他医师——例如，有几人就联系了几英里之外斯坦福大学医院的皮肤病专家获取意见[41]。

互连的数字化技术不仅帮助雇主增加在职人员对医疗服务的获取度，它也在帮助传统的护理提供者扩大其服务范围。这其中包括 Mayo 诊所的 Bart Demaershawk 医生，他可以在自己的移动智能手机上检查 CAT 扫描结果并进行精确的诊断。多亏了高分辨率的屏幕技术，无论在何处，Demaershawk 都可以看到动脉中的血凝块或发现出血情况[42]。相似地，Victor Zach 医生，凤凰城 John C. Lincoln 医院中风和神经重症护理部的主任，通过使用 iPad，可以连接到装配了高分辨率屏幕和摄像头的遥控机器人的医务室和治疗室[43]。Zach 医生说这些设备的分辨率非常高，以至于他都可以检测到患者脸上的歪斜线——这是中风的一种先兆。通过远程移动或转动装有摄像头的机器人，他可以移动镜头与室内的护理提供者商议，或与在几乎任何地方的患者家属交谈。

“值班的时候我总是随身带一个 WiFi 热点，这让我可以在任何有私人空间的地方就诊，”他在 2014 年跟 KTVK TV 说，“我会找一个私人空间；有时如果必要的话，甚至会在私家车里完成[44]。”

从业者在进一步扩展互连医疗界限的同时，也在寻找新的应用方式。比如远程治疗就极大地增加了心理健康服务在像印第安纳这样的农业州的可获取性[45]。在那里，护理提供者通过一套加密的计算机视频系统进行精神病护理，治疗农村地区的精神病患者。在其他地方，这项技术正被用来治疗被监禁的罪犯[46]。退伍军人管理局也在用这项技术远程治疗受创伤后应激障碍（PTSD）之害的军人[47]。

远程治疗一开始只是一种治疗师和其他心理健康专家在工作时间外与患者保持联络的方式，到现在已经发展成为精神护理最快增长的领域之一。它对于治疗较年轻的患者尤其有效，这些患者就是在发短信、即时聊天和 Skype 视频中长大的。当这些年轻患者需要获取护理时，他们不需要冒着发病的危险等到下周二的下午 4 点；无论在哪里他们都可以拨号给护理提供者。

看到了它的前景，联邦政府大规模地参与到了远程医疗中。联邦政府授权在美国更大范围地使用远程医疗，为设备器材配置更多的资金，对于合法、可补偿的医疗咨询，更改管控其构成条件的规范[48]。这包括放松购买远程医疗设备的反回扣限制，以及降低医生在每个州行医需获取独立执照的要求——对于希望在全国范围给病人提供虚拟护理服务的医生来说，这是一大障碍——据 *Payers & Providers* 网站报道[49]。

当然，如果公众对这项技术没有热情，规范和技术的进步就没有意义。幸运的是，在这方面有好消息。在普华永道医疗卫生研究所最近完成的调查中，该所常务董事 Ceci Connolly 表示，40%的被调查成年人说他们会接受通过智能手机约见医生[50]。事实上，根据 Connolly 的调查，一名护理提供者发现懂技术的患者能够很好地操作体温计、听诊器甚至是耳镜，并把数据传给其他地方的医生[51]。

这个医疗的美丽新世界不仅更便捷，在某些情况下还更好。为了提升对所有人的服务质量，护理提供者也在利用数字化医疗的另一个支柱：数据分析。这些努力取得的成果可以通过拯救生命的数量来衡量，美国山间医疗中心的首席信息官 Marc Probst 这样说。盐湖城的医疗系统是循证护理的先驱，它尽可能多地将科学运用在临床决策中。

为了看看这场数据驱动的革命是如何改变现代医疗的，我们将从社会所有方面中最具标志性的人物之一 ——伟大的美国医生——开始介绍。

质量

在医学的范围中，很少有形象比医生更英勇——这有充足的理由：医生拯救生命。在美国，这些专业人士的专业技术和奉献精神成就了世界上最先进、最专业的护理。然而美国医生职能的自由和灵活性也使得医生们在如何应用医学基础知识方面有广泛的区别。不同的医生基于众多因素，可能对一个特定医疗情况的患者进行不同的治疗，这些因素包括医生的年龄，他或她在哪里学习，他或她行医的社区，以及医生自己的偏好。在医学中，这些区别称为“差异”。

可以想象到，美国医学中存在广泛的差异。但你可能不知道的是，差异不只是一种区域性的现象；它也是一种本地性的现象。早在20世纪70年代末，达特茅斯大学的研究人员已开始对明显差异的研究。他们的发现震惊了医学界：没有所谓的“标准”医学一说。例如，在同一个地区中，尽管患者没有明显的区别，但不同医生进行扁桃体切除术的次数却差异显著。这种差异唯一合理的解释就是医生的偏好（在较小程度上，也与患者偏好有关）[52]。

放眼整个美国，这种差异极大地影响了当今医疗质量问题的发展。“现今的医疗卫生其实处在非常不利的位置，因为我们依赖于专家的观点而不是真正的科学，”亿万富翁、慈善家以及硅谷企业家 Vinod Khosla 说。为了支持这一说法，Khosla 喜欢提到一项有关心脏病专家以及他们在治疗建议上长期分歧的研究。

“给心脏病医生相同的患者信息，一半的人建议进行心脏手术，另一半则不然，”他在2014年给 TechCrunch 网站的一篇博客中写道，“两年之后，对于同样的数据，40%的心脏病医生反转了他们的建议[53]。”

Khosla 是几个医疗技术创业公司的投资人，他之前谈及有关能源和教育的问题时很被重视，这得益于他的业绩；在谈到医疗问题时他也越来越受重视。作为 Sun 公司的创始人之一以及其他几个技术公司背后的有力人物，他深入研究了医疗卫生问题而且写了一篇70页的宣言书，谈论如何通过数据分析的广泛使用改变革命医疗领域。

2012年 Khosla 在医疗界引起了轰动，他在 *Fortune* 杂志上发表了一篇专栏文章，预测计算机将最终替代医生80%的工作。可以预料到，他的文章引起一片哗然，但许多人忽视了 Khosla 在文章中提出的一个重要观点：技术不会替代80%的医生，而是替代医生80%的工作。互连的数字化技术将“扩大医生的能力”，他说，这些技术能在正确的时间和正确的地点给医生提供正确的信息[54]。毕竟，计算机非常善于处理信息以及存储大量数据——每天在一般情况下这些任务都会给专业人士带来挑战，更不用说是在进行生死抉择压力下的医生了，而且计算机做这些事的时候不会受到偏见、直觉和野心的干扰。

互连的数字化技术将使医生变得更好，换句话说，帮助医生更科学地行医。

不过这只是理论。不幸的是，很少有医生能被训练的像大型生产企业或全球服务提供商的效率专家那样考虑差异的问题。减少差异要求有强硬的纪律、奉献精神以及信念——换句话说，就是要信仰一种单一的方式。这在医疗领域是一项重大的挑战，因为关于什么构成“最优”的医疗护理方式的问题上人们意见差别很大。

多年来，盐湖城的山间医疗中心正是处于这种困境，直到中心的一名研究者亲自将循证的方式尽可能多地嵌入到中心的医疗过程中。他就是 Brent James 医生。

James 是美国爱达荷州人，从哈佛大学毕业后来到犹他州工作，现在是山间医疗中心的首席质量官以及中心医疗保健服务研究所的执行主任。由于工作关系，他经常去欧洲和亚洲做关于医疗改革的讲座，也曾去华盛顿在国会上发言。

在过去几年中，James 研究了山间医疗中心的医生们收集的患者数据，这些医生确定了治疗急性呼吸道窘迫综合症（ARDS）、肺炎、心脏病以及其他病况的最佳治疗方式。山间医疗中心开发出的这些方案代表了真正的医学突破。为什么不能让更多的医生抓住机会利用这些信息呢？

问题的答案与之前提到的自由、灵活性以及社会为医生树立的英雄形象有关。尽管数据表明循证的医疗过程有更好的疗效，许多医生还是瞧不起这种方式，认为这与制造一辆丰田凯美瑞汽车有相同的一致性。许多医生对一致性有个人的偏见，可以看看下面产科的例子。

据美国妇产科医师学会（ACOG）——全美国儿科医生的权威机构——的意见，在孕妇妊娠 39 周之前，婴儿都不应该被引产[55]。但是有许多产科医生忽略此建议。事实上，大约有 1/3 的妈妈仅仅为了方便就在 39 周之前进行了引产。

山间医疗中心困惑的研究者研究了一直到几十年前的患者记录。与其他研究者不同，他们有一项技术优势：数据，许多的数据——多亏了他们采用的基础计算机决策支持系统以及早到 20 世纪 60 年代的电子医疗记录（EMR）。山间医疗中心有 40 年的数据可供使用，这让他们有了“两万亿个独特的医疗数据元素”，护理提供者说。

当研究者分析产科的数据时，他们被自己的发现震惊了。犹他州在全美国各州中的出生率最高，而在 38 周引产的婴儿最终进入重症监护室（ICU）并使用呼吸机的可能性是在 39 周引产的婴儿的 2 倍，在 37 周引产的婴儿的可能性是后者的 5 倍。

为什么一些医生会忽视 ACOG 和其他医学研究者的建议呢？因为他们的个人经验不能揭示出根据山间医疗中心人口数据得到的发现。假设乡村医生一年接生的婴儿不到 30 个。考虑到全国在 37 周出生的婴儿中少于 1%的婴儿会进入重症监护病房，到这些医生有机会考虑在 39 周前引产的宏观影响时，可能已经过去了好几年。但对于每年接生超过 30000 个婴儿的护理提供者来说，这个数字意义非凡。

在部署了循证的方案之后，山间医疗中心过早引产的比率从 28%下降到了 2%。这样一来，每年在山间医疗中心出生的需要使用 ICU 呼吸机的婴儿少了 500 个。这个改变使犹他州的医疗支出每年减少了 5000 万美元。这不是一笔小钱。如果在全国范围内应用，根据 James 的计算，这个方案可能节省预计 35 亿美元。

相信能在其他方面取得额外的收获，山间医疗中心开发了 150 多种循证的医疗方案来减少临床上的差异。为了帮助找到更多有用的信息，山间医疗中心增加了在信息技术和数据分析专家上的投资。现今，中心雇佣了超过 20 位博士级别的医疗信息专家以及超过 200 位数据挖掘专家，以分析存储在中心医疗信息系统中的临床数据。

他们的愿景是：利用能极大增强中心能力的技术来分析大规模的临床和研究数据集。通过这些技术，山间医疗中心相信能增加可使用数据的数量和种类，同时增加部署的速度和准确性。使用更好的传感器和新的工具，中心可以更好地使用其新生儿重症监护病房监测仪产生的数据。更强的跟踪能力，让中心可以更快地发现在社交媒体上流行的社区健康问题。

为了能确保充分利用新的互连数字化创新技术，山间医疗中心在 2013 年与德勤咨询公司联手“为医疗社区开发并提供健康分析洞见”[56]。

“医疗卫生正处于从大数据中取得重大收获的边缘，但要有新的工具和新的协作方式才能取得这些收获，”Jason Girzadas 说。他是德勤咨询公司的负责人，“这个联盟将致力于为医疗卫生产业提供改变医疗卫生所需的洞见”[57]。

Probst 说他希望这个联盟能在全国掀起创新的浪潮，而不仅仅是在山间医疗中心。“使用我们的技术可以帮助临床医生以及研究者更快地发现能够提升质量并降低开销的方式，”他说，“之前可能需要花费多年来完成的研究实验现在可以在几周内完成。”

山间医疗中心和德勤公司希望能吸引其他主要的医疗系统，创建“医疗研究者与整个医疗链利益相关者协作的社区”，山间医疗中心说。

更重要的是，护理提供者已联合了几个致力于发展循证医疗方式的产业协会。在 2013 年，山间医疗中心与希契科克医疗中心、丹佛健康中心、梅奥诊所以及达特茅斯卫生政策与临床诊疗研究所签约，建立高价值医疗协会（HVHC）。不只是有表面上的良好合作关系，HVHC 的成员还共享了在 9 个医学学科中的最佳方案，旨在减少多个医疗系统中的差异。自成立以来，HVHC 吸引了 14 家其他的医疗提供者，包括 Baylor Scott & White、博蒙特医疗系统、贝斯以色列女执事医疗中心、北岸医疗集团、MaineHealth、Providence 医疗、Sutter 医疗、UCLA 医疗系统、爱荷华大学医疗以及弗吉尼亚曼森医疗中心。HVHC 的成员总计服务全美国 7000 万的患者，成员共同协作完善医学的科学性。

他们的努力在许多领域都取得了重大收获。2015 年 1 月，因为在名为“患者伙伴”全国性计划中的工作，山间医疗中心受到医疗保险和医疗补助服务中心的表彰。该计划在2011年启动，倡导协调全国性的努力，以提升美国医院中的患者安全。根据山间中心的数据，自启动以后，计划已经帮助山间医疗中心避免了15000起不良事件，并帮助中心节省了预计1.67亿美元[58]。

据美国卫生与公众服务部发布的一篇报告，在全国，由于减少在医院获得的疾病，以及由尿路感染、血行性感染、手术部位感染以及其他病况造成的入院比例，共同的努力已经拯救了预计50000条生命，也在2013年一年节约了预计120亿美元的全国性医疗卫生开销[59]。

通过广泛使用的数据驱动、循证的护理方式，拯救的生命数量在增加。“通过记录我发现，在犹他州每年有1000名患者放在几年以前可能就去世了，但现在因为有这种方式，他们没有去世，”James在2014年对*Modern Healthcare*杂志说[60]。

James以及其他人相信，新的数字化创新技术有希望拯救更多的生命。除了提升质量，它们将在减少开销的同时帮助医师在病床边、实验室以及在药房中做出更好的决策。山间医疗中心对于这些技术的可能性尤其兴奋，以至于2014年秋季中心要在近40年来首次更改其宗旨宣言。从“提供卓越的医疗服务”到“帮助人们过上最健康的生活”，新的宣言采用更全面的视角，涵盖了预防、保健以及与患者共同决策——如果没有复杂的信息系统，这是不可能完成的挑战，CEO Charles Sorenson医生说[61]。

“通过数字系统追踪临床结果、开销结果以及服务结果，并把结果结构化地展示给医生，在山间医疗中心，我们有系统化的方案来部署最佳方式并提升这三个领域的结果。这对于我们的新任务来说至关重要，”他说。这套方案开始提供“透明性”，“这在医疗领域一直是一大障碍。”

得益于先进的数字化技术，另一家护理提供者——克利夫兰诊所，也在寻求新的护理方式。首席信息官以及医学博士Martin Harris说，护理提供者跨越设施的围墙，正在利用互连网和移动技术帮助病人管理慢性病况，与社区的其他成员保持更好的联系，以帮助他们提高整体的健康状况。例如，看看糖尿病患者的例子。

“给患者提供最佳护理的方式不是在办公室的一年四次的治疗，而是使用技术监测他们的日常过程，比如血糖水平，然后依据他们的日常生活进行调整，”Harris说[62]。这种方案中也有社会层面的因素。比如，克利夫兰诊所发现经常被监测的糖尿病患者比不被监测的患者的状况更好，因为他们感觉与医生有更多的接触。

帮助护理提供者提升结果的质量，是市场上开发者瞄准的新产品方向。有几个产品的点子组合了医疗界的最佳方案以及技术界的最新技术。例如，Kyron就是一个由 AltaVista 前技术官创立的初创公司产品，AltaVista 是 Web 的第一个搜索引擎之一。这个产品的使命是：发现临床数据中的模式，帮助医疗从业者更好地进行决策。公司称其使用的技术“通过在相似的患者身上进行虚拟的临床研究，让研究者和临床医师发现导致结果中差别的干预方法”。与山间医疗中心相似，Kyron 挖掘医疗机构中已经收集的患者数据，以发现提升结果质量的护理模式[63]。

由科斯拉创投参与创立的 Lumiata 也在研究患者数据，希望“优化每次医疗互动”。该公司称其提供“实时预测性的分析服务，帮助医院网络以及保险机构在更短的时间内为更多病人提供更高质量的护理服务”[64]。

虽然循证式的医疗听起来可能像是食谱或者傻瓜式的按号涂色书，但它不仅仅是这样。在我去犹他州当面会见山间医疗中心的行政官 James 医生时，这位护理提供商的首席质量官告诉我，尽管人类在众多方面都有不同——身材、性别、种族等等——但在应对护理方面我们却惊人地相似。“提升患者疗效的关键在于一致地应用医疗知识，而不是期待偶然的奇迹，”他说。

James 认为循证的护理不是食谱式医疗，而是遵循规矩的医疗——这种医疗方式被数据一次又一次地证明是更好的。山间医疗中心的 CEO Sorenson 医生，同意这种观点。“如果在这个国家里我们能专注一致地做已知有效的事，并且对每个人都这样做，这对于医疗结果将是一大进步，且减少的花销将是惊人的[65]。”

在通过互连的分析工具增加获取性并提升质量之后，医疗有希望在一个更重要的方面受益于数字化技术：它可以让医疗更加个性化。一种只为你开发的处方药或者药物治疗方法？使用新的基于互连网的设备和技术处理难以想象的大型数据集，下一次医生为你制定的治疗方案可能会像手工剪裁的西装一样只为你定制。

除了让你外表看起来更好，这样的护理方式将使你在内部感觉更好。

个性化

2015 年 3 月，旧金山淘金者队的线卫 Chris Borland 做了一件每个职业橄榄球运动员都会做的事：他永久挂靴了。而 Borland 作为球队 2014 年的新秀之一，没有在漫长且传奇式生涯的结束时退役；他在生涯开始时就退役了。年仅 24 岁且只参加过一个赛季，Borland 离开了他热爱的比赛以及一份 300 万美元的合同。

一些球迷和体育评论家怀疑 Borland 是不是失去了理智。Borland 说他退役是为了保留理智。和其他橄榄球运动员一样，他在赛场上一直有严重的脑震荡。在权衡了之后更多脑震荡将对他大脑造成的伤害之后，他决定在还有理智的时候结束自己的职业生涯。

“我只想要健康长寿，我不想有任何神经疾病更不想早早死去，”Borland 告诉 ESPN “*Outside the Lines*” 栏目[66]。

其他久患脑震荡的选手则没有这么幸运。

许多运动员都死于橄榄球相关的脑损伤。“*Outside the Lines*” 栏目在 2015 年 3 月报道，“超过 70 名前运动员在死后被诊断患有进行性神经系统疾病，且大量研究证明了与橄榄球相关的重复性头部外伤、脑损伤以及抑郁症和记忆丧失之间存在联系[67]。”

虽然许多患抑郁症的运动员能发现自己日益恶化的心理健康状况，但其他人没有实际的方法来监测或量化他们的病况。有些人选择在抑郁中结束自己的生命。芝加哥熊队的 Dave Duerson 就是这样，他曾在 1985 年超级碗冠军球队中比赛。向家人抱怨自己的心理健康状况下滑后，他在 2011 年自杀。Duerson 希望研究者能发现他大脑的问题，并帮助医学专家诊断其他受神经失调疾病困扰的运动员，因此他选择在胸部而不是头部开枪自杀。研究者完成尸检之后，确实发现他患有慢性创伤脑部病变，这种脑部退化疾病正是 Borland 希望避免的[68]。

在他死后，美国国家橄榄球联盟（NFL）、全美大学体育协会（NCAA）以及其他监管青年运动员的机构开始更认真地看待脑震荡。技术开发者也是如此。马萨诸塞州剑桥的 MC10 公司与鞋和服装业巨头 Reebok 联手开发了 Checklight 指示器，使用多个传感器捕获比赛过程中的头部撞击数据[69]。“这种智能的传感便帽可以戴在任何头盔下面，当作赛场上的另一双眼睛，为评估每位运动员提供关键信息，”该公司称[70]。

MC10 不把自己的产品称为诊断工具，该公司称这项技术收集撞击次数及严重程度的数据，计算其对运动员的累积作用，并在运动员需要医疗救助的时候闪红灯。有趣的是，MC10 Checklight 传感器中的创新技术可以被应用在任意数量的可穿戴产品中，通过让医疗更具个性化来提升医疗的相关性。这种可伸缩的电路元件可以被安放在人体的几乎任何部位。例如，通过这些传感器，父母可以持续监测婴儿的体温，护理从业者可以有效地监测远处老年患者的心率。

“我们的使命是让高性能的电子产品不可见、共形且可穿戴，以此来扩展人类的能力。我们将传统的刚性电子器件重塑为可以与我们的身体以及物质世界一同拉伸、弯曲、扭转的轻薄灵活的设备。而且我们要让每个消费者都买得起，”该公司称[71]。

有了这样的技术，承诺已久的个性化医疗时代就要成为现实。美国食品与药物管理局（FDA）将这样的时代描述为“给正确的病人在正确的时间提供正确计量的正确药物”[72]。

“更广泛来看，个性化医疗（也称为精准医疗）可以被理解为根据个人特质、病人的需求和偏好定制医学治疗，贯穿护理的所有阶段，包括预防、诊断、治疗以及跟进，”FDA称[73]。

两个不同但互补的趋势助长了个性化医疗的崛起。第一个是可穿戴可食用产品的崛起，其中包括可产生大量个人数据的互连设备，这些数据可以被分析后用来个性化任意数量医疗状况的预防和治疗过程。第二是医疗数据集以至于其分析过程以及从医师到个人用户的转移，这将使患者更多地参与到自己健康养生、诊断以及治疗的计划中。

为了更好地理解这两种趋势是怎样组合到一起的，看看你口袋或钱包中的智能手机就够了。一项最近由宾夕法尼亚大学完成的研究总结道，最新的智能手机与专用的运动监测设备追踪人体活动的性能相同。“因这些设备而增加的体育活动将产生低使用率的计步器所不能实现的临床价值，”研究人员Meredith Case总结说，她是这项研究的作者之一。“我们的发现可能有助于增强个人对使用智能手机应用以及可穿戴设备来追踪健康行为的信任，这对提升人口健康水平的战略将会有重要的启示[74]。”

用大白话说就是你用来发短信和网购的技术将很快就能监测你的心率、热量消耗、血糖水平以及胆固醇水平。与新的应用和设备一同使用时，这项技术将能够帮助消费者测试自己的血液、DNA，甚至是尿液。

然而，为了跨越发展的早期阶段，还需要克服一定的挑战。Mercy是美国一家非营利性的医疗系统，有超过2000名医生以及大约40000员工。其运营部主管Vance Moore指出患者不希望携带传感器腰带，这些腰带每过一两年就会被淘汰，有时它们还会提供相互冲突的数据。然而，他非常乐观地认为这些问题都能被解决。

“我确信医疗的未来是非常光明的，传感器、机器学习以及高级的分析工具有潜力捕获、解释甚至制定行为，这将帮助个人更活跃地参与到其医疗过程中。这也将帮助提供者基于可预测性确定正确的护理方式。它们还将使提供者、患者、家庭、医护管理者、倡导者以及医护团队中的其他关键人员进行负责任的互动。一旦我们真正理解了所有变量以及它们如何相互作用来产生病况，医疗护理就将是精确的。我的基本观点是：前景光明，过程复杂[75]。”

与此同时，进步势头不减。2015年1月，位于旧金山的AliveCor获得了FDA对于其75美元心脏监测仪的两种新算法的许可，这种监测仪可以连接到智能手机上，提供即时的心电图（ECG）读数[76]。另一家名为Scanadu的公司正在开发一种基于手机的尿液检测器，可以检测肝、肾以及代谢问题（如糖尿病）的早期征兆[77]。还有一家叫Cue的公司已经开发出了一款应用以及传感器，可以“通过棉签蘸取唾液、鼻涕或血液”监控或检测炎症、维生素D缺乏、生殖问题、流行性感冒以及睾酮水平，科技网站GigaOm报道[78]。Dexcom公司制造了一款可穿戴的贴片以及附带的寻呼机一样的设备，用来监控二型糖尿病。该公司还开发了一款新的应用，使设备直接与iPhone连接，让糖尿病患者无需携带独立的专用设备检测自己的状况[79]。考虑到全世界预计4亿人患有二型糖尿病[80]，Dexcom的应用软件将让这些人的生活更容易。

尽管这些应用和传感器新颖且先进，但对于为什么互连的数字化技术有希望革命医疗卫生，将医疗变为更具个性化且协作性的体验，它们只是一部分原因。例如，这些应用和设备产生的所有数据都将贡献到一个更大的信息池中，这些信息将被处理分析，提供新的医疗洞见。这种洞见不光对你的医生或医疗提供者可用，它们对你也同样可用。信息池中包括你收集的自己活动和身体功能的信息，以及从第三方机构收集到的信息，比如23andMe，这个直接面向消费者的基因测试公司。

只需199美元和一点唾液，23andMe将为你提供你独特的基因标志的详细分析。其中包括的信息有：你是否携带易患特定疾病的基因，有关你家庭血统的洞见，你的基因将如何响应锻炼和饮食，以及从“食物偏好到身体特征”，让你独一无二的原因，该公司称[81]。

虽然23andMe起初与FDA有冲突，FDA指控该公司在不经FDA许可的情况下提供医疗建议——在华盛顿这是不被允许的——但23andMe此后获得华盛顿的许可，可以通过详细的报告和工具等让消费者概览自己所有23对染色体的DNA。即便在该公司摆平了与FDA的冲突之前，人们对它的兴趣也几乎在一夜之间发展了起来。尤其是，23andMe得到了来自药品业巨头Genentech的1000万美元现金注入用于进一步研究。如果达到了特定的商业及科研目标，它将从Genentech获得额外的5000万美元[82]。

当然，这将取决于与FDA的谈判如何进行（2月，FDA允许该公司推广其“布卢姆氏综合征携带者状态报告”[83]），更取决于还有多少人寻求该公司帮助，策划逐渐被大家熟知的“量化生活”。这个词是研究者和技术人员造出来的，指通过新的工具和分析方式培养出来的能帮助人们更好地理解自己健康状况的洞见。据福布斯报道，23andMe已经卖出了800 000多套基因测试工具，且更重要的是，有600 000多人同意使用他们的数据进行医学研究[84]。

研究人员说，这种“众包”的研究方式正在迅速发展，并将很快被广泛使用。如果确实是这样，患者和医生之间进行了100多年的单向对话就将结束，Eric Topol

医生说。他是加利福尼亚州拉荷亚的斯克利普斯转化科学研究所的心脏病专家，也是2015年畅销书*The Patient Will See You Now*的作者[85]。

在他的书中，Topol设想在未来大多数情况下都不需要去找医生就诊。我们的智能手机或者tricorder将能够持续地捕获、分析并把我们所有相关的生理数据传输给医疗专家。而且，Topol说，在人满为患的医院耗费时间的日子也快要结束。有了合适的便携传感器和智能应用程序，患者可以在家进行更好的自我治疗，并且只需要大多数住院花销的一小部分[86]。

至于处方药，技术将消除对如何选择的猜疑。“基因模式将容易地区分可能因一种药受益和可能因其中毒的人，”医生及*The New York Times*杂志供稿人Abigail Zuger说，他审阅了Topol的新书。“一些情况下药品选择将变得足够安全，使患者可以为自己开处方[87]。”

这样过去100年中药品的开发方式将产生根本性的改变。在这期间，药品开发是为了治疗最广泛的消费人群。只有这样药品公司才能收回开发一款商用药品的成本，根据塔夫茨药物开发研究中心（CSDD）在2014年完成的报告，每款药品的预计成本为26亿美元。这是几十年前成本的3倍还多[88]。

个性化的医疗将完全颠覆这种经济模型。为患者研发个性化药品的时间如果不是几周，可能也就是几个月，而不需要几年。这种药品只为你研发，而不需要针对广泛的人群。它们将根据你的年龄、健康状况、体育活动，甚至是基因组合进行研制。

“科学家们正致力于将特定的基因变化与对特定药物的反应进行匹配。有了这些信息，医生就可以为个人定制治疗方案，”Mayo诊所称[89]。

根据全美用药错误报告和预防协调委员会的数据，考虑到美国每年有130万人因为“用药失误”而受伤，这很可能是一个大问题[90]。

所有人都可获取的最高品质的个性化医疗？

这是数字革命给医疗带来的前景。

更好的体制，更健康的你

更高的可获取性，更好的质量，更个性化的护理服务。

这真能成为医疗卫生的未来吗？

专家认为，能，但需要有一些改变。

要让互连网强化的医疗真正发展起来，策略制定者以及监管机构将需要重新思考国家应怎样支付医疗服务，什么构成了真正的医疗，以及采取医疗建议意味着什么。

与此同时，希望通过拯救生命大赚一笔的科技公司，必须认真考虑在 HIPAA 合规性、安全性、完整性等方面对消费者的责任。

医学界也许会改变。如果从业人员不支持圈外人希望带给他们的改变，新的业务模型、技术以及其他协定在医学领域取得发展的希望将很渺茫。新的点子要想被接受，必须紧密整合到医生与护士每天都依赖的检查单、处方集以及临床工作流程之中。

最后，还有读者你。如果希望有更健康的生活，那么你必须要能接受改变。就像本章所描述的，现今人们使用的这套体制是不可持续的，所以必须演化为可持续的体制。这对你来说意味着什么呢？这意味一些你认为理所应当的事情在现代的医学革命中可能不会幸存下来。节省成本的结果就是，如果不支付昂贵的附加费，你可能无法去找偏爱的医护人员看病。而且基于你个人的状况和处境，你也许不够资格得到特定的治疗。

用当今社会中这些负担不起的福利交换而来的，是一种能提供更高的可获取性、更好的质量，以及更个性化福利的医疗体制。未来医疗的形式可能有电子咨询、数据驱动诊断，以及基于你自己 DNA 的个性化处方。虽然在特定的方面可能不如以前一样吸引人，但数字革命造就的医疗将对你和整个社会更好。

这才是当今有关医疗的真正的好消息。

第 3 章

教育——学习者的胜利

“想想我们面对的每个问题，每项挑战。答案都从教育开始”[1]。

你能猜出这句富有预见性的话是哪位名人说的吗？提示：他是前美国总统。

还没想到？其实答案很简单：几乎每位美国总统都说过与这类似的有关教育的话。例如 Thomas Jefferson——美国的第 3 任总统，在 1787 年写给 James Madison 的信中说道，“要教育广大的人民群众……（因为）他们是保护我们自由的唯一可靠保障”[2]。

174 年之后，第 35 任美国总统 John F. Kennedy 在宣言中庆祝“1961 年美国教育周”说道：“我们不要只考虑教育的开销，而要考虑可以通过教育实现的人类思想的无限潜能”[3]。

至于本章第一句引用的话——有关每个问题的答案都从教育开始的那句——它实际上是 George H.W. Bush 说的[4]。但是这句话也很可能出自与 Bush 同时代的人，其中包括南非领袖及民权拥护者 Nelson Mandela，他说过一句名言，“教育是可以用来改变世界的最有力的武器”[5]；或者前联合国秘书长 Kofi Annan，他曾说，“教育是每个社会，每个家庭进步的前提”[6]。

毫无疑问，这都是鼓舞人心的话。

尽管在过去的 250 年中重要的思想家们说出了这些豪言壮语，然而，怀疑者却发现教育进步的速度非常慢。以美国为例，与其他国家相比，近几年美国的教育表现实际上还下降了。在 2012 年，美国学生在国际学生评估项目（或 PISA）的测试中排第 36 名——比四年以前下降了几名[7]。

尽管我们很努力，但是在国家标准化学术能力测验（SAT）中得满分的学生依旧很少——不到 1%[8]——而中等成绩的学生数量大致与这代学生的父母在大约 30 年前的中等成绩数量一样[9]。类似地，据经济合作与发展组织（OECD）的报告，许多发达国家的学生成绩都停滞或是下降了，比如瑞典、法国和新西兰，也发生在一些发展中国家里，包括约旦、乌拉圭和哥斯达黎加[10]。

如果世界停滞不前，这就足够麻烦的了。但是由于世界前所未有的快速变化，全球需求和能力之间的差距不仅很大，还在变得越来越大。尽管我们如此热衷于教育，但不得不承认我们没有从中得到想要的结果。

虽然全世界公共教育方面有大量的支出，但这就是事实。根据联合国教科文组织统计中心的数据，全球范围内花在教育上的公共支出对总 GDP 的占比在 1%～10%之间[11]。IBIS 资本，一家伦敦投资银行的数据显示全球教育市场超过了 4 万亿美元[12]。据 OECD 称，在美国，对于公立小学、中学和大学的学生，每个学生的年支出超过了 15 000 美元[13]。这几乎是美国每年医疗上人均开销的 2 倍[14]，食品上人均开销的 3 倍多[15]。

为了改善成果，策略制定者和从业人员已经提出了各种改革方案。因此，教育总是在“建设中”，每年都会引入新的标准、课程体系、学习系统、学校等。而目前，这些用意良好的专家们却没有得到他们期望的成果。

有人说罪魁祸首是过时的教学模式。还有人坚持认为资金不足和根深蒂固的特殊利益才是成因。甚至还有更多人把矛头指向了家庭，尽管在家中父母奋力在电子游戏、社交媒体以及课外活动之中为孩子创造学习环境。世界上许多地方人口和人口结构在发生变化，经济发展停滞，社会动乱，放在这样的大环境中看，不得不考虑在教育上我们是否做对过。许多专家认为，教育需要的是一场革命，一场迎接新的策略、花销结构和技术的革命。

你肯定听说过这样的观点。可能你甚至还支持过几个在你的社区进行的教育实验。然而，尽管用意良好，但是似乎没有什么根本的改变。许多人认为，我们能指望从教育中得到的最好结果，基本上就是现在的状况，再多都是做梦。

是这样吗？

虽然大量改革尝试的结果确实都喜忧参半，但新的理念每天都在被应用到教育中。其中就包括数字化，它已经被证明能够改善质量、可获取性和相关性，而在全球教育中，这三个领域被从世界银行[16]到联合国[17]等所有组织都认为有最高的优先级。

专家、政客还有家长们在努力解决包括学校经费、教师工会、特许学校、终身教授、标准化测试以及核心课程等的重要问题，而我想强调一下创新者通过把数字化创新技术整合到教育方法中而取得的成功。他们的成功提升了教育质量，让教育更具协作性，更有挑战，也更个性化。他们的成功扩宽了可获取的范围，让学习更便宜，更可用且更方便。他们的成功也增加了教育的相关性，让教育更灵活，更及时，也更吸引人。这三个方面的同时进步掀起了一场数字驱动的革命，正在以一种近一个多世纪中不曾有过的方式革命着教室和其中教师的角色。

全世界有数百万学生已经感受到了这场改革的影响，不久的一天，这场改革将触及每个人。

下面，让我们看看教育中的质量问题，以及这场数字革命——或者说物联网——开始对教育质量的影响。

质量

“教育出了问题。”

这句老话你听过多少次？

毫无疑问有很多次。

如果你把“教育出了问题”这句话输到Google搜索里，会弹出接近700万条结果。这之中是社会各界人士的批评以及他们提出的意见。这些人包括改革家、政客、企业家、家长和教育者自己。有许多人宣扬这种想法，以至于甚至有一个“教育出了问题”的网站，专门用来“搜集‘教育出了问题’例子的迷因”[18]。

这个网站说的有点道理。

尽管有缺点，但教育使这个世界产生了伟大的思想。以饱受诟病的美国教育体制为例，如果要把历史上诺贝尔奖获得者的大学进行排名，你会发现排在前10的学校中有7所都是美国大学。有三所常青藤学校（哈佛、哥伦比亚和耶鲁）、两所西海岸强校（斯坦福大学和加州大学伯克利分校），以及两所顶级私立学校（芝加哥大学和麻省理工学院）[19]。

虽然美国“高等教育”学习体制被认为是世界上最好的，但通过最好的学校来看整个体制容易产生误解。尽管八所组成常青藤联盟的学校有这么多荣誉，但美国每1000名进行本科学习的学生中仅有4名能在这些学校中接受教育[20]。

要想更好地衡量美国的教育，无疑要衡量大多数学习者获得的教育质量。通过这方面的几乎所有客观标准判断——测试成绩、工人的准备情况或是国家竞争力，必须承认美国教育确实存在质量问题。

应该怪谁？这是个好问题。

教育工作者肯定是一些批评者钟爱的目标。但是从他们多年的准备、他们的工作时间，甚至是他们在学生用品上自己花的钱来看，你很难把美国教师当作教育的问题——不管怎样都会有后进生和反叛者（这么说是因为作为家长，我见证了教育工作者的牺牲；而作为加州大学伯克利分校的客座教师，那里教师的敬业精神比得上奥林匹克运动员）。

那么应该怪谁？有一份或多份工作的上班族父母？与社会、经济和安全等这些不可能解决的问题作斗争的管理者？也许应该怪立法者，尽管一些立法者有法律上的义务，必须削减教育开支以平衡预算。

退一步研究美国教育中的质量问题，你会意识到罪魁祸首不是“谁”而是“怎样”。不是哪个人出了问题，而是我们方法有问题。2015 年在圣丹斯电影节上首次亮相的一部纪录片中，制片人、“Most Likely to Succeed”的导演格 Greg Whiteley 瞄准了这个问题。“教育的上一次重大转变发生在 19 世纪。在那时，我们从一间教室、一套通常由乡村教师设计的课程这样的模式，转变成为批量生产、标准化的工厂一样的教育体制，”他在 2015 年 1 月 KUER 电台的采访中说道[21]。

在 20 世纪的大部分时间里，依照这种模式培养的毕业生对在美国以至世界经济中占据一席之地做好了充分的准备。只要工作不要求专门的高等学位，这种在普鲁士模式之后的传统教育模式就能使 20 世纪的工人成为历史上最具生产力的一代。

“问题是，在我们建立（这种模式）之后的 124 年间，我们的经济已经完全改变了。经济已经不再是工业化的经济，但我们的教育体制还植根在旧的工业化模型中，”Whiteley 说[22]。

我们的教育体制不应再生产大批能遵从指令的工厂工人，而是应该让人们准备好在信息时代工作，在这样的时代中，去中心化、扁平化的组织工作环境要求有进行关键决策的能力，有协作的社交技巧，还要有多学科的专业知识。

但现在的体制却不是这样。

原因之一是这种传统的知识传递模式——讲座——放大了任何一个教育者的局限性。早在 20 世纪 60 年代，未来学家和思想领袖就认为课堂讲座是改革的路障。哲学家 Marshall McLuhan 甚至谴责传统的课堂“是废弃的拘留所，是封建的地牢”[23]。

然而此后的每天早晨，学生们都聚在一起听老师讲课，就和中世纪时期的大学里一样[24]。尽管商业的世界动荡变化，课堂却静止不变。就像旅行社、接线员、银行出纳、装配线工人、数据录入员，整个行业的劳动力都被淘汰了，而课堂仍保持不变。

直到最近，这都是现状。

受到商业界的进步以及革命了消费者生活的创新技术的启发，教育者现在进行的改变比过去150年中的任何时候都多。首先，他们推倒了学校的围墙，把全世界的知识带入课堂，并鼓励学生在眼下环境之外进行思考。

教育者此举翻转了课堂模式；他们不再是站在学生之前讲一小时的课，而是开始走到学生之间，让学生解决问题并使用移动设备从直接的信息源进行研究，比如博物馆、大学、来自全世界的专家，以及其他专门讨论先进知识的网站。当今，有成百上千的学生通过更具协作性的方式与全世界的同伴交流。这种方式让学生能接触到更多样的影响和观点，帮助他们培养更好的关键决策制定能力和更好的社交技巧。

老师也让学习变得更个性化。在学生协作进行小组学习计划的同时，老师也对每个学生进行一对一的辅导，其中既包括准备好继续学习的学生，也包括努力跟上进度的学生。通过线上如此多的可用工具，老师可以容易的给学生推荐辅导课，帮助他或她继续学习或者快速跟上进度。

翻转课堂，推倒围墙，增加对协作的重视，提升教育者提供更个性化体验的能力，总而言之，这些变化成就了一个更好的教育系统。换句话说，教育的质量变得更好了。

这些变化富有成效的一个例子在美国最古老的教育中心之一，费城——这是世界上第一个商学院宾夕法尼亚大学沃顿商学院的所在地。沃顿是美国最好的学校之一——在美国新闻与世界报道的商学院排名中它经常排在前三[25]，它与其他学校一样提供绝对一流的教育质量。为了克服一个特别的挑战，沃顿使用物联网技术进行的试验成为了几年之后教育形式的模型。

为了更好地理解这一点，想象你是沃顿“宏观经济学与全球经济环境”课程的学生。这门课的目的很简单：让学生准备好“系统地思考当前的经济状态和宏观经济政策，能够评估进行商业和金融决策所在的经济环境[26]。”

上课第一天，你早早来到讲堂并找了一个前排的位置就坐。几分钟之后，你抬头看到屏幕从天花板一直垂降到地板上。突然，教授以高分辨率、高保真音质的形式出现在你面前。在几句例行公事的开场白之后，他解释说他正在沃顿旧金山校区的教室中，这个校区是为了西海岸的学习者而开设的[27]。

尽管距离很远，教授向你保证，就像你们看他一样，他可以清楚地看到你们每一个人。他也可以听到你说话。事实上，开课五分钟之后，你已经忘记了你的教授在2500英里以外。他看起来与真人一般大小，从你面前走过时甚至可以听到他鞋跟踩地的声音。突然，他冷不防地问你当今经济中驱动增长的最大因素是什么。

因为有金融背景，你给出了一个合理的答案，强调低利率以及稳定通货膨胀的重要角色。但你身后的一名同学不同意你的答案。你转动椅子，回头看另一块巨大的屏幕。你清楚地看到他坐在沃顿旧金山校区教室的学生之中，那是硅谷的一位企业家。你认为他“颠覆性创新”的观点很有说服力，但是有缺陷。在你反驳之前，另一块大屏幕上的人插话了。这位学生不在费城也不在旧金山，而是在北京的宾夕法尼亚大学沃顿商学院中国中心。她说，最重要的成功因素，是数据分析以及互连网高效性造就的“经营效率”。

一场激烈的争论发生了。你的教授引导对话，让争论进行了几分钟。之后他告诉学生们他安排了两位演讲嘉宾加入课堂。在他说话的同时，两个人被投影到了你两边的屏幕上。一位是位于华盛顿的美国证券交易委员会（SEC）的官员，另一位是金融界传奇David Pottruck，他是嘉信理财的前CEO。

“是的，”教授再次保证，“他们能看到也能听到你们每一个说的话——无论你和我一样在旧金山，在费城主校区还是在中国。”讨论继续着，专家们提出他们的意见，学生们相互挑战并与教授争论。在90分钟的课程结束后，你既疲惫不堪又充满活力。

由一位教育者讲授的静态讲座？沃顿“宏观经济学与全球经济环境”的课堂才不是这样。在这个课堂上，“墙”是真的被推倒了。课堂上鼓励并期望与同伴以及专家嘉宾进行协作。得益于移动技术，课堂上不使用课本，而是通过与世界上商业、政府和学术界主题专家的交流进行学习，无论他们在哪——也不论你在哪。

这是怎么实现的呢？答案就是数字化创新技术。沃顿使用这些技术把旧金山西海岸的校区以及商学院的中国中心连接到了费城的主校区。

从技术的角度看，Cisco互连课堂使用高速互连网通信，高分辨率的摄像头、显示器以及高保真度的麦克风创造沉浸式的体验。在互连课堂中，分隔在千里之外的学生和教育者可以像只有几步远一样进行互动。教授可以同时在多个城市授课，本人在一个教室中，而真人大小高分辨率的虚拟影像在另一个教室。专家不再受到地址位置的限制，学生可以直接向专家学习；无论在何处，学生也可以通过智能设备参与课堂学习。更重要的是，不能参加定期排课的上班族学生可以在几个小时以后通过几乎任何智能设备，以可搜索、有索引的方式回顾记录的讲座、课程和讨论。

在 Pottruck——一位定期讲授学校里最受欢迎课程的沃顿校友——等教育者的倡导下，这种新的学习方式开始在沃顿成型，并完全革命了学习的体验。这种体验不再一个人输入，而是综合利用了多人的贡献。

“大学教育不是濒危物种，”沃顿学院院长 Geoffrey Garrett 说，“讲座和讲堂才是[28,29]。”

这种观点广泛扎根，其中甚至包括了尊崇讲座和课堂体验的地方。以哈佛商学院（HBS）为例，该学院通过 HBX Live 系统延展了这种理念。HBX 是一个“虚拟的课堂，将 60 个位于世界上任何地方的学生与在波士顿的教授连接，进行动态且有趣的 HBS 风格的讨论。”使用 60 块屏幕和 66 枚摄像头，“全球的参与者都可以登录并加入与 HBS 教师进行的实时、基于案例的会话，而 HBS 教师在 HBX Live 演播室进行授课，”该学校称[30]。

“也许 HBX 带来的最大惊喜是，它开始影响到我们的思考，迫使我们考虑如何使用案例式方法来进行最佳的课堂教学，”院长 Nitin Nohria 说。他曾经抵制在线教育，但现在把学校的“HBX”在线教学看作是一种革命性的教育方式。“在说‘我有生之年不可能’这句话 5 年之后，我现在相信 HBX 非常可能成为我们在哈佛商学院进行的最重要的创新之一，”他说[31]。

“基于讲座的项目让讲座在线进行，‘翻转了课堂’并增加了课内讨论的深度。就像这样的项目一样，我们正在探索使用 HBX 开创的技术和方法方式，以使得我们现在进行的案例讨论课前在线上进行，为更丰富的课堂体验节省时间，”Nohria 2015 年 6 月在学校的博客中写到[32]。

这是教育的未来？对于少数创新院校中成千上万学生来说，这已经是现实。而这还只是开始。随着技术日趋成熟且可获取性增加，沃顿商学院等地方开创的洞见和能力正在影响着全美国范围内的其他大学、学院、中学以及小学。

以贝拉明大学预科为例，它是加州圣荷西的一所高中。在那里，包括理科主任 Rod Wong 这样的教育者使用来自 Nearpod 公司的技术，将他们的教室变成了下一代学习环境。

据开发者称，Nearpod 是一种“移动学习环境下的设备兼容平台，让教师可以更容易地创建并分享交互式课程，接收有关学生设备使用的反馈，并基于强大的分析和报告功能，以实时、个性化的方式评估学生对知识的掌握”[33]。

如果这段话对你来说太难懂，可以看看 Wong 自己是怎么评价这项技术的："有了 Nearpod，我可以让孩子们坐成一圈，与每个孩子进行眼神交流并建立联系。课堂就是团队形式的交互式过程。孩子们都在进行互动。他们进行讨论，把想法写下来，通过打字记下来。我能确切地看到孩子看到的画面。我能确切地知道哪些部分孩子们理解了，哪些部分没有理解，因而可以评估他们的掌握程度[34]。"

虽然他内心里推崇传统的讲座模式，但他也认识到了这种模式的缺陷。他说，Nearpod 中使用的新的物联网技术，是更好地传播知识的方式。

别处的教育者们在使用其他技术革命着课堂。ExitTicket 是一种增加学生参与程度的技术。这种技术被 K-12 教育中成百上千的学生使用，它是一个软件应用，学生可以下载到自己的智能设备上，用来回答老师提出的问题。学生也可以使用这款软件参与课堂调查，进行练习测试，评估自己在通用核心课程中的表现，并与课堂内以及全国的同学比较[35]。

这款使用物联网的软件将游戏、众包模式以及其他传统的方式引入课堂，增加了学生的参与程度。软件还能给教师提供即使的数据反馈，其中就包括 Jen Ciok，他是伊利诺伊州的一名社会研究教师。"学生们知道自己的学习程度，因而可以在需要理解特定的概念时掌管自己的学习过程，" Ciok 说[36]。

虽然沃顿、贝拉明等其他地方使用的互连的数字化技术各有不同，但这些技术正在让教育变得更具协作性，更有挑战，也更个性化。根据使用过的人说，这种技术在为成千上万学生教育质量的提升做着贡献。此外，实时的反馈也提升了教育的质量，因为教师可以由此调整教学方式。

物联网技术不仅适用于少数幸运者，它也有潜力改变数百万人的生命。这种技术可以打破传统教育上的时间、距离和金钱的障碍。

毕竟，如果不是广泛可用，教育的质量毫无意义。下面让我们看看物联网是如何增加数百万人对教育的获取程度的。

获取性

如果有人让你回想一下 2012 年发生的事，你能想到什么？

在希腊[37]和西班牙[38]爆发的针对财政紧缩措施的骚乱和抗议？七月那次让印度 6 亿人两天都没电可用的大停电[39]？还是美国总统巴拉克•奥巴马战胜米特•罗姆尼，获得在白宫的第二个任期，尽管美国经济疲软而选民疲惫不堪[40]？

这确实是值得记忆的一年。这一年有伦敦奥运会[41]、飓风桑迪[42]，以及韩国2012年世界博览会[43]。这年中，“好奇号”火星探测车开始探索火星表面[44]，而*Time Magazine*把总统奥巴马评选为“年度人物”[45]。

同时，*The New York Times*也在11月给这一年留下自己的印记，宣称2012年是“MOOC之年”[46]。这事你也许不记得。

除非你是学生或是专业教育人士，否则你可能不太熟悉MOOC。MOOC的正式名称是大规模网上公开课，是由领先的教育者和教育机构免费或象征性收费地在互连网上提供的学术课程。这其中有来自哈佛、斯坦福以及MIT等其他机构的教授。包括Coursera、edX和Udacity在内的初创公司专注于将传统课程转换为在线课程，它们使得美国内外上百所学校以及数百万的学习者接受了MOOC。

你可能会好奇，为什么一个领先的学术进步中心，一个通常收取几万美元学费且只选择有限数量受众的机构，会把自己最有价值的产品放在网上，并且免费提供给任何一个有宽带连接的人呢？这是一个好问题，因为许多高等教育机构都谨慎地看待MOOC，认为它可能挑战甚至是威胁到上百年来大学提供教育的方式。

而那些已经接受了MOOC的机构有一个简单的理由：获取性。把获取性扩展到那些本来获取不到教育的学生身上，这就是件好事。这也是增加学校影响力的关键，因为学校影响力通常受到物理条件的限制。以普林斯顿大学为例。

截至2015年8月，普林斯顿收到了超过27000名2019级学生的入学申请。但是这所美国新泽西州的学校仅能容纳其中的1948名学生——大约是申请者的7%[47]。在斯坦福[48]、哈佛[49]、宾夕法尼亚大学[50]、MIT[51]以及其他精英学校，情况也是类似，有大量申请者申请数量有限的名额。尽管情况稍好一些，但是进入顶尖公立大学也同样困难。比如，加州大学伯克利分校在2015年吸引了超过79000名申请者，而该校只能招收其中的17%[52]。

现今，希望在顶尖学校接受教育的学生数量和可供学生申请的名额之间存在着不匹配的现象。如何解决呢？

扩张校园多数情况下不是可行的方式。雇佣更多有资质的教授或把重担交给已经工作过度的教员也行不通。满足增长的需求的最佳方式之一就是MOOC，这种方式可以帮助学校增加获取性，减少时间、距离、资金问题甚至是教室大小造成的物质上的障碍。多亏有了MOOC，几乎无限数量的学生可以参加哈佛、耶鲁、宾夕法尼亚大学、斯坦福以及上百所其他教育机构的课程，无论学生的地理位置、准备情况以及经济状况如何。心有所想，课有所待。

Rick Levin 是耶鲁大学的名誉主席，他认为在线教育“有潜力改善大学教育[53]”。“如果说我们在大学的工作是创造并传播知识，那么 MOOC 大大扩展了传播的能力，” Levin 说。他现在是 Coursera 的 CEO。

不足为奇的是，MOOC 的崛起促使对高等教育感兴趣的学习者的数量大幅增加。一门由 MIT 在线提供的早期的 edX 课程，电路与电子技术，吸引了来自 160 国家的 155000 名参与者[54]。这是目前在这所备受赞誉的学校中就读学生数量的 10 倍还多[55]，且多于这所学校在世的校友总数，MIT 校长 Susan Hockfield 称[56]。而这仅仅是一门课。

现今，有来自印度、中国、俄罗斯、智利、澳大利亚、法国还有斐济等国家的学生定期参加 MOOC 课程，这些课程由美国一些最好的大学中的一流教育者讲授。从自然科学到人文科学，学生们学习的课程无所不有。MOOC 带来的高等教育获取性的增长，与提供教育历史上最大的增长相当，而这次增长是 19 世纪 80 年代欧洲和美国采用现代义务教育以来带动的。

如果没有 Coursera、edX 和 Udacity 在课程建设、在线注册、测试及表现分析方面提供的帮助，这不可能发生。作为组合技术平台的提供者和教育倡导者，这些公司的员工包括世界上的顶尖学者。比如，Coursera 是由 Daphne Koller 参与共同创立的，他是斯坦福大学计算机科学系的顶级教授以及麦克阿瑟奖获得者[57]。而 Udacity 由 Sebastian Thrun 参与共同创立，他也是斯坦福的教授[58]。与许多 MOOC 热爱者一样，他们认为提升获取性的关键就是与世界著名的教育提供机构携手努力。

除了斯坦福，Coursera 还与耶鲁大学、约翰·霍普金斯大学、爱丁堡大学以及北京大学等学校有合作。截至 2014 年 10 月，Coursera 提供了来自 120 多个教育机构的大约 850 门课程。这些课程总计吸引了来自大约 200 个国家的 1000 万名学生[59]。

Coursera 及其他网站不仅吸引着休闲学习者，也吸引了来自各种背景的严肃学习者。事实上，MOOC 发现世界上的一些最有求知欲的人并不在顶尖大学珍贵的讲堂或者神圣的图书馆中，而是来自阿富汗、叙利亚、苏丹、古巴和其他遥远的地区。尽管面临众多挑战，但这些学生中有许多人都证明了自己是这一代人中最优秀的学习者。下面看看 Udacity 的共同创立人 Sebastian Thrun 的经历。

2011 年，Thrun 决定把他在斯坦福讲授的“人工智能导论”一课提供给任何能上网的人学习。2013 年，*Fast Company* 杂志写到：“在接下来的三个月中，教授把相同的演讲、家庭作业和测试，这些每年交 52000 美元学费的斯坦福学生才有的特权提供给大众。一台电脑负责评分，如果需要额外帮助，学生可以进入在线论坛进行交流。有大约160 000人注册，学生们来自190多个国家，其中既有在阿富汗躲避迫击炮袭击的青年人，也有来自美国艰难地供养孩子的单身母亲。课堂中最年轻的学生只有10岁，而最老的有70岁。多数学生都在材料上遇到了困难，但有很多人成功完成了课程[60]。”

*Fast Company*杂志报道，当Thrun核算期中考试成绩时，他被结果惊呆了："前400名学生没有一个在斯坦福上学。他们都是在线上课的[61]。”

Udacity、Coursera和edX见证的第一手成效提供了充足的证据，表明MOOC构成了一场学习的革命。它们也证实了把人、信息和物连接到物联网将具有何等的革命性。虽然在社交、情感以及丰富体验方面MOOC永远也不能替代传统的、在校的教育，但在增进才智发展方面，它们被证实是非常有价值的。

然而，尽管有这么多优点，但是MOOC也面临着一些重大的挑战。在线教育的忠实信奉者，斯坦福大学校长John Hennessy很清楚这一点。在2015年3月美国教育委员会的一次聚会上，他说MOOC大规模开放的本质产生了一个问题：测试和衡量学生成绩的问题。他想知道，如果课堂对所有人开放，教育者如何设置考试才能既挑战最优秀的学生，又不会“碾压”其他的注册者呢？

“说到MOOC，它的优势——准备课程并可以在不需人际互动的条件下提供课程——使得它廉价却有局限，”他说[62]。

除了考试，MOOC还有其他两方面的挑战。一方面是认证，另一方面是品牌推广。首先，我们看看第一方面的挑战以及人们采取的应对措施。

在几年前MOOC刚创办的时候，没人知道它们将如何演进。一些人认为MOOC将变为精英学校的“国际校园”。其他人预测MOOC将成为老年人填充空闲时间的课程库。还有更多人认为MOOC将成为下一代社区大学或职业学校。

Hennessy认为有关MOOC最大的一种误解是它可以直接“代替”正规教育[63]。目前，MOOC可能是正规教育体制的补充和扩展，但并不能取代正规教育。

Daphne Koller是Coursera（最大的MOOC网站）的共同创办人和董事长，她说仅有15%的Coursera学习者处在上大学的年龄。“我们只创办了3年，”她说，“我们的学习者中有70%都在美国以外，且多数人永远都不会上大学。我们是终身学习的倡导者[64]。”

MOOC发展的结果与预想的非常不同。比如，Coursera刚创立的时候，该公司没有提供有学分的课程；创立者甚至说这不是他们的目标。那时，Coursera上都是为了学习而学习的课程。这对于许多注册者来说没什么问题，其中就包括我的朋友Cisco高级副总裁Carlos Dominguez。为了扩展自己的知识面，他上了一门

Coursera 的 MOOC（他上的是“披头士音乐”，并且非常喜欢这门课）。

慢慢地，随着学生们在课程上投入了更多努力，对于给在 MOOC 上学习的课程授予学分这件事的压力也增加了。起初，MOOC 的提供者认为通过在学术界称为“既有学识评估”的一套严格但迂回的过程获取学分，就能让学生们满意。根据 *Inside Higher Ed*，这个过程涉及到汇编一份“既有学识档案”，然后请学业导师批准，再提交到第三方清算中心以获取官方的课程学分[65]。

因为这个过程繁杂且不可预知，学生们希望他们上的 MOOC 能直接被算作大学学分。MOOC 提供者以及学校的应对方式各有不同。比如，据 *The New York Times* 报道，edX 安排学生“能够在全世界的 Pearson VUE 实体考试中心进行受监考的期末考试，在那里他们的身份能被验证[66]”。同时，科罗拉多州立大学的全球学校在 2012 年告诉 *Times* 杂志说，对于任何一个完成 Udacity“计算机科学导论：构建一个搜索引擎”课程并且通过受监考考试的学生，他们将给予 3 个抵免学分[67]。

在 2013 年 2 月，美国教育理事会的大学学分推荐服务（ACE CREDIT）推荐 5 门 Coursera 课程享有大学学分。这其中包括加州大学欧文分校的微积分预备课程，以及杜克大学的一门有关遗传和进化的课程[68]。

此后，对于提高 MOOC 认可度的努力增加了。比如 Levin 加入董事会的一部分原因就是要合法化 Coursera 的工作，后者被批评有较高的辍学率。2014 年 3 月，*Wall Street Journal* 评论：“Levin 的任命表现出 Coursera 在为其课程赢得官方认可这件事上的加倍下注，这一步将为获取更多收益创造条件[69]。”

Coursera 一项值得注意的努力就是创建了“专项课程”，这是由重要雇主指定的课程集合，由重点大学开设，并通过 Coursera 授课。专项课程有完成要求，实质上就是一个迷你证书，雇主可能更理解这种课程的价值。在 Coursera 专项课程的合作公司中，软件方面有 Google，网络方面有 Cisco，品牌推广方面有 Nike[70]。

学校也在寻求外部资源的帮助，为自己的在线课程创造认可度。罗格斯大学、佛罗里达大学以及亚利桑那州立大学在与出版业巨头 Pearson 合作，帮助自己“运作并推广在线学位课程，” *Fortune Magazine* 称[71]。

尽管这些努力开始让学生们对攻读 MOOC 学位产生了兴趣，但却没有给雇主提供太多有关哪些 MOOC 学生准备好进行专业就业的信息。看到了机会，许多第三方公司抢先一步。这其中就包括 Aspiring Minds，这是一家在 2007 年由 Varun 和 Himanshu Aggarwal 两兄弟创立的公司[72]。“我们的愿景是在教育和就业之间通过引入可信的评估方式来创造一个公平的竞争环境，”该公司称，“我们的目标是打造一个价值驱动的劳动力市场，其中每个人都能获取人才和机会”[73]。

从美国加州红木市的基地，两位企业家打造了一个有超过 300 名雇员，分布在美国和印度的公司。公司为不同产业提供了在线的评测工具，帮助雇主发现人才。Aspiring Minds 能够收集大量的可雇性基准水平和劳动力健康水平的数据，并由此制定评测方法。该公司称，现在他们不仅能告诉雇主潜在雇员的技能信息，还能提供有关雇员认知能力、专业知识甚至是个性的相关信息。

许多 MOOC 学生并没有与一个收集自己这么多信息的机构保持距离，而是欢迎这个公司的做法。Aspiring Minds 让学生们的在线工作有了正规的地位，更重要的是，给学生们提供了一条通往专业就业的道路[74]。

现在，该公司的工作重点在印度；今后，可能到达全世界（2015 年 5 月，公司在美国宣布启动了旗舰评估测试）。该公司的努力为 MOOC 学生和潜在的雇主之间搭起了桥梁，让雇主可以独立评估学生的能力，尤其是他们在工作上的表现，这正是互连的数字化教育能够提供的机会[75]。

MOOC 也在寻求更高的认可度，这种能通过更好地品牌化获得的认可度。

大学拥有在几十年甚至几个世纪中创建的庞大品牌。这种品牌意味着经得起时间考验的品质，对雇主来说这是一个重要的雇佣信号。在线学位就是没有这样的声望。但它们正在向这样的品牌声望靠近。下面看看佐治亚理工学院的例子。

根据 *US News & World Report* 报道，2014 年佐治亚理工学院在研究生计算机科学研究方面排在美国大学的前 10 名[76]。同年中，佐治亚理工学院推出了在线计算机科学硕士（OMSCS）项目，被认为是第一所为在线学生提供完整研究生学位的品牌良好的美国大学。然而批评者们指出 MOOC 的完成率通常在 10%以下。在 *Huffington Post*“大学”网站的一篇博客中，计算机学院院长 John P. Imlay Jr、佐治亚理工学院的教授 Zvi Galil 回应了批评者的观点。他表示，批评者没注意到的是，MOOC 可以像传统教育方式一样高效地培育一些学生。对这一点的认识是大学 OMSCS 项目的根源。学校在佐治亚理工学院、Udacity 以及 AT&T 的帮助下开展了该项目，其中 AT&T 资助了 200 万美元用于项目启动。

Galil 说这个项目的课程通过 MOOC 技术讲授，但存在一个关键的区别：这些课程属于佐治亚理工学院，并且能由此取得大学学位。“学生、雇主及其他学术机构无需质疑 OMSCS 的价值，因为它与佐治亚理工学院的计算机科学硕士相同，课程的高质量以及毕业生的成就都是公认的，”他写道[77]。

说到相同，他是认真的：两种学位的名称都是“计算机科学硕士”。换句话说，在线学位没什么独特的地方，除了其学费是 6600 美元，而不是传统的在校外国学生的 46 000 美元[78]。

通过提供学生希望的名牌大学课程和官方认证，并提供雇主需要的保障性，MOOC 以及其他在线学习方式正在革命教育，以迎合数百万热切的求学者。而这不仅发生在高等教育中。

虽然远程学习已经出现了一些年头，但新的互连数字化创新技术正在把虚拟学习扩展到比以往更多的学生身上。而且这项技术正在使教育者可以产出与传统教育环境中相同甚至更好的结果——至少在一些例子中是这样。以佛罗里达虚拟学校（Florida Virtual School）为例，该学校为分布在国内外的超过 200 000 名学生提供教育[79]。

尽管大部分注册的学生只上一两门课，但数以千计学生全部的教育都依靠这所虚拟的在线学校。该学校使用了一家名为连接学院（Connections Academy）的营利公司的技术平台。该公司称，平台为教育者提供专有的 Web 交互工具、在线课程计划、指示引导、电子邮件平台，以及安全的社区留言板等功能[80]。使用该公司的学习管理系统，教育者可以创建“一种虚拟的教室体验，让教师和学生能在支持性的环境中一同学习”。

从移民到军事部署再到个人的选择，众多因素创造了巨大的对替代性教育机会的需求，而这所学校填补了佛罗里达州在替代教育方面的空白。除了教育有特殊情况的学生，比如世界级的青年运动员和音乐家，像佛罗里达虚拟学校这样的教育机构还给在传统学校中落后的学习者提供教育，让他们可以在暑假、晚上以及周末期间补上学分，最终能获取文凭。

众多的在线教育提供商都面临过各种窘境并且艰难地生存了下来，佛罗里达虚拟学校却是其中的一个例外，该学校取得的成果不言而喻，*NPR* 通讯员 Anya Kamenetz 称。她在 2015 年 2 月调查了虚拟学校的崛起。佛罗里达虚拟学校“是一所非常大型的在线学校，总的来说，成效很好。在佛罗里达州的结课测试和 AP 测试中，学生的成绩与州内其他学生相同甚至更好”，她在报道中说[81]。

无论是 MOOC 不断扩大的优势，Aspiring Minds 和佐治亚理工大学解决的认证和品牌推广问题，还是由佛罗里达虚拟学校填补的空白，这些努力都可观地提高了成千上万学生的学习机会，无论他们前期准备、经济状况或是地理位置如何。两名 Coursera 学生的经历让我清楚地明白了这一点。

我的第一个故事是 Coursera 的创始人 Koller[82] 告诉我的。在孟加拉有一个非常贫穷的女人，在被卖作契约苦役之时她和她的一个朋友逃跑了。她们开了一家面包店，但是由于对经营生意一窍不通，面包店倒闭了。为了学习如何经营生意，这个女人开始在 Coursera 上学习宾夕法尼亚大学和密歇根大学的商业课程。现在这个面包店开得很成功，不仅能养活她和她朋友，还能养活其他五个被从一辈子奴役中拯救出来的女人。

我的第二个故事是关于我女儿今年的高中同学 Andrew Jin[83]。还是个小男孩的时候，Andrew 就一直对科学感兴趣。虽然他住在硅谷而且上着精英私立学校，这些却没给他提供他想了解的知识：机器学习。于是他注册了 Coursera 上的一门机器学习的课程，这门课由斯坦福的吴恩达教授讲授，这名教授碰巧帮助创立了 Coursera。Jin 上了这门课，并用他学到的知识来开发标识人类 DNA 序列中适应性突变的算法。他随后参加了 Intel 科学人才探索奖（Science Talent Search），这是全美国最具盛名的科学竞赛。这个 17 岁的男孩在比赛中赢得了第一名，并获得了 150000 美元奖金和一次去白宫拜见总统的旅程奖励。在写这本书的时候，Jin 是哈佛大学 2015 年秋季学年的新生。

从在地球上最穷的地方之一逃离奴役生活的女人，到在地球上最富的地方之一赢得国家最高科学荣誉的青少年，数字化教育深刻地改变着人们的生活。

但这也许只是能从教育的数字化革命中受益的人的一小部分。

通过个性化教育，让教育与世界上的年轻人更相关，数字化创新甚至可以重新定义几十亿人的学习。

相关性

“无论你是谁，无论你在哪，你只需要知道一件事：你可以学习任何事情[84]。”

这是可汗学院（Khan Academy）的承诺。可汗学院是一家 2008 年成立的硅谷公司，尽管只有 80 名员工，它却承担着“解锁世界潜力”的使命[85]。

对于不熟悉的读者，可汗学院制作有关学术学科的短视频，通常在 5～10 分钟，任何人都可以免费观看。公司的视频涵盖了所有学科，从数学到物理学再到生物、经济、艺术史、计算机科学以及医药健康等。一部 2012 年 2 月上传的名为“The Beauty of Algebra”的 10:06 长度的视频，在本书写作时已经被观看了超过 200 万次[86]。可汗学院评分最高的视频“电子传递链”，已经被观看超过 100 万次，并且吸引了全世界一大批粉丝。“我是一个高中二年级的学生，这个视频真的巩固了我对高等生物课中相关系统的理解！”一位观看者说[87]。另一位观看者说：“可汗学院，你是真正的 MVP[88]。”

许多教育界之外的人可能都同意这一点。虽然你可能熟悉可汗学院，不过还是值得回顾一下它的故事。这个公司由 Salman “Sal” Khan 创立，他之前是一名对冲基金经理，在2006年的时候开始在空闲时间通过电话辅导他的侄女Nadia。Khan同时有MIT和哈佛的学位，当他大家庭里的其他成员开始请求相同的帮助时，他开始录制视频并把它们上传到 YouTube 上。视频一个接着一个，不久之后 Khan易于获取且具有指导性的视频就流行了起来。从那以后可汗学院就建立了。很快，企业家和慈善家——包括微软共同创始人Bill Gates和风险投资人John Doerr的妻子 Ann Doerr ——就打电话来提供资金和支持。这一消息传出去之后，Khan 成了硅谷和华盛顿的宠儿[89]。

此后，他被邀请到全世界上百个组织中讲话。大部分媒体都很爱他，世界上许多最成功的商业和思想领袖也是如此。在2013年一次*60 Minutes*节目与电视台记者及医生 Sanjay Gupta 的采访中，Google 总裁 Eric Schmidt 解释了为什么他是可汗学院的粉丝。

“Google 这么成功是因为美国，是因为美国的研发系统，是因为我们毕业生的质量。美国不会退回到一个低工资的制造业国家，”Schmidt 说，“我们国家将成为一个有高级制造业、尖端服务和全球品牌的国家。这些都要求有更高级别的思维能力，这一点以可汗学院的方式也许可以更好地教授[90]。”

尽管这种方式对于许多人来说都是创业的灵感，Khan 却没有中饱私囊。事实上，教授全世界的人却不从中赚钱这一点让 Khan 更有名。很早以前，Khan 就明确认为一家支付微薄薪水的非盈利公司比一家在几年之后公开上市的高杠杆企业更能忠于自己的使命。当 *Forbes* 杂志的 Michael Noer 问 Khan 是否希望通过他的工作发财时，Khan 的回答成为了即时的、新闻中的经典。“成为亿万富翁有点过时了，”他说，“讽刺的是，以前尝试描述可汗学院是什么的时候，我会告诉别人如果它是盈利公司，我就会出现在 *Forbes* 的封面上”[91]。

之后一期的*Forbes*杂志里有一篇报道，标题是“One Man, One Computer, 10 Million Students: How Khan Academy Is Reinventing Education”，封面上就是 Salman Khan。

Khan 无意间开启了过去两百年以来教育最大的创新之一。根据网站文案，可汗学院“提供免费的在线材料和资源，支持全年龄学习者的个性化教育[92]”。

除了“免费”，值得注意的关键字是“个性化”。

几百年以来，教育的努力一直被固定的约束限制着，这就使得需要接受群体学习的方式。想想你自己的经验就知道了。

你的教育很大程度上由你进入的教育系统的固定限制决定。这包括你的学校、你教育者的学识、你学校班级的大小、会面次数、课程时长等。如果你就读的学校和大多数人的一样，你的老师可能希望遵循预定的日程授课。这就意味着从基本概念进行到更高级概念的学习随着学期进行，而不管单个学生的学术成绩如何。尽管你或者你的一些同学可能没有准备好学习下一课，你的老师却必须继续讲课。你当时可能没有意识到，Khan 指出，这就像是给房子装上屋顶，而不管地基有多深。

课程随时在线可用，提供接近 40 种语言，可汗学院颠倒了教育“固定”的世界。可汗学院没有固定的时间间隔，也不依靠单个讲师的见解或能力，学院的学生依赖一个由主题专家所讲授专业知识构成的可变的世界。学生们可以根据自己的时间进度学习——而不根据学校的日历。

“可汗学院的一项定义性的属性就是可以获取大量的解释和练习等内容。另一方面就是基于掌握的学习，基本理念就是学习者在学习接下来的内容之前，可以有充足的时间把当前的内容学习到非常深的层次，”Khan 告诉我，“使用个性化的方式促进基于掌握的学习的理念就是我们工作的核心。”

Khan 的视频被观看超过 5 亿多次也就不足为奇了。每个月，所有年龄段的学生观看 Khan 的视频总共要超过 1000 万次[93]，其中 30%的学生都来自美国以外，印度、巴西、墨西哥、南非以及其他地方的学生都会经常登录可汗学院网站。可汗学院的学生也会解答问题——数十亿的问题。2014 年 12 月，可汗学院庆祝其网站上解答了第 30 亿个问题，这个数字比一年前多了 10 亿[94]。

几乎从任何标准来衡量，Khan 都在革命着学习。而他不是唯一一个享受着革命成功的人。Carl Wieman 博士也是这样的人。Wieman 是美国俄勒冈州的一名科学家，他因为研究激光制冷和玻色-爱因斯坦凝聚而在物理界名声大震。极具突破性的工作让他赢得了 2001 年的诺贝尔物理学奖[95]。

虽然是饱受赞誉的研究者，但 Wieman 认为自己是科学家也是老师。事实上，他还获得过美国卡耐基基金会 2004 年“年度大学教授”的称号[96]。

凭借这样的履历，一些世界上最好的学校都欢迎 Wieman 来任教，其中就包括斯坦福[97]。虽然很乐意帮助高级的学习者，但他的热情在于帮助青年学生理解科学原理，包括第一年的物理学学生。为了帮助这些学生学习，Wieman 开发了众多免费软件模拟器，通过吸引人且可定制的方式展示基本的数学、物理和化学原理。事实上，这些模拟器与他创建的用来解释获得诺贝尔奖工作的模拟器类似[98]。

就像 Khan 的视频一样，Wieman 为学习者开发的模拟器在网上受到关注。他因此收到来自美国国家科学基金会的赠款，并在科罗拉多大学博尔德分校创立了 PhET 基金会[99]。他的团队已经创建了超过 125 个交互式的科学教学模拟器。也和 Khan 的视频一样，这些模拟器免费公布给任何能上网的人。他们还提供了给老师和学生使用的指南。

现在，老师不需要再使用粉笔和黑板擦来解释法拉第定律或能量守恒定律，只需要指导学生使用 PhET 模拟器学习就行。最新版本的模拟器支持 HTML5 标准，这意味着可以通过触摸或者鼠标点击的方式在当今所有的课堂技术中无缝运行——从 PC 到平板电脑再到 Chromebook 都可以使用，PhET 基金会称[100]。模拟器被翻译成了超过 75 种语言[101]，其中有土库曼语、僧伽罗语、高棉语以及冰岛语[102]，并且被学生们使用了超过 2 亿次[103]。

Stamatis Vokos 博士是美国西雅图太平洋大学的物理学教授，他和其他模拟器使用者都认为这些模拟器在讲授重要概念方面有着无与伦比的能力，无论面向的是中学生还是研究生。“PhET 的模拟器套件是我们在指导教学中使用的设计最精妙的模拟器之一，” Vokos 在一个 PhET 的教学视频中说[104]。

这些听起来都有点激进，甚至与传统的学习方式背道而驰，不过要注意的是 PhET 和可汗学院都不希望削弱传统教育的作用。相反，这些创新的方式都希望成为专业教育者教授内容的补充。这些课程既针对艰难跟上进度的学生，也针对已经掌握了任何一门学科基础知识的卓越学习者。加州洛斯阿尔托斯位于硅谷中心，该社区以学生的高成就而闻名。可汗学院与社区里的几所学校联手试点测试项目，通过可汗学院的视频来丰富传统的课堂指导方式。在可汗学院网站发布的一篇博文中，公司报告了项目的进展。

“我们可以看到在五年级的学生身上发生着神奇的事情，” 公司说，“大部分学生都在尝试学习初级代数，有许多学生在尝试三角函数和微积分。这些学生既兴奋又被吸引，他们喜欢被挑战的感觉。这无意间突出了一个标准化、以年龄为中心的教育所具有的显著、却不经常被讨论的问题。成绩表现好的学生的学习通常没有足够的挑战性。老师不应该把孩子已经知道的内容再教一遍。老师应该推动并挑战学生，让他们充分发挥自己的能力。洛斯阿尔托斯的学校不因为学生们在标准化的测试中成绩好就认为一切都是完美的；他们在为所有学生创建一个吸引人又具有挑战的环境中看到了巨大的价值[105]。”

你可能好奇为什么可汗学院的视频和 PhET 的模拟器能这么成功。答案有两个方面：纯靠运气和凭借先进的分析技术。比如，Khan 刚开始制作视频的时候，视频长度不是设计出来的，而是很大程度上取决于 YouTube 的上传限制。那时，YouTube 不支持长度超过 10 分钟的视频，所以 Khan 在视频里必须说得简要而且快速。

碰巧，有许多科学证据表明青少年的大脑——以及许多成年人的大脑——只有有限的注意力周期。John Medina 博士是一名分子生物学家，在他 2014 年的畅销书 *Brain Rules* 中写道，人类在数千年中已经发展出了一项“10 分钟准则”，大致的意思是如果任何事情在 10 分钟内不能引发人的注意，它就会被忽略[106]。

可汗学院的视频，包括超过3000个 Sal Khan 亲自制作的视频，不仅能在视觉上引发人的注意，还相当有趣。尽管 YouTube 停止了视频长度不能超过10分钟的限制，现在的大部分可汗学院视频都还保持在20分钟以内。“视频专门适用于在电脑上观看，视频内容按照利于理解的5～20分钟的片段形式制作，而不采用传统‘实景’讲座的长视频形式，”可汗学院的文案写到，“对话式的视频风格与人们对数学和科学课程的传统印象相反[107]。”

可汗学院以及PhET模拟器如此流行的另一个原因是它们都经过了实际测试。比如，每个可汗学院视频都会被评分，这样可汗学院的提供者就可以知道哪些视频可以引起学生共鸣。*Fast Company* 杂志在2013年4月报道：“可汗学院使用了从图形化建模到‘蛮力研究’和 a/b 测试等所有方法，以测试能对学生学习产生重大影响的技巧[108]。”

“从根本上说，可汗学院借用了斯坦福 Carol Dweck 的开创性研究成果。Dweck 通过一系列研究发现引导‘成长型思维模式’——这是基于神经科学对大脑灵活性和可塑性的认识——对大脑的表现有长期且积极的效果，”*Fast Company* 杂志报道。在报道引用的一项示例中，可汗学院给视频添加了一行文字“今天学习多一点，明天聪明多一点”，这导致了“问题尝试、熟练掌握以及网站回访”数量增加5%[109]。

“……跟踪每个被解决的问题和每个提交的答案，可汗学院可以构建‘学习曲线’，对如分数这样概念的掌握进行建模。他们发现如果把下一个提出的问题与学生表现出的技能等级进行精心匹配，可以促使更快的概念习得过程，”*Fast Company* 写道[110]。

这种教学方式的好处是巨大的，而且不仅对学生有益。更好的分析方式可以帮助教育者更好地利用课堂时间。它们也能帮助教师为单个学习者定制课程内容。到时候，可能就不再需要进行重复性的测试。这种重复性测试因为巨大的开销和对学校系统以及学生的巨大压力受到美国左右两派政客的抨击。

当然，使用这种方式的不仅有可汗学院和 PhET。其他组织机构包括 Lumosity（在180个国家有6000万用户）、Mastery Connect（2200万学生，涵盖85%的学区）、Quizlet（1500万月用户）、Knewton（900万学生）、Tynker（2200万学生）、WyzAnt（75000名导师）、Edmodo（来自220000所学校的5000万学生）以及 Class Dojo（3500万用户）。

尽管不完美，这些以及其他类似机构正通过数字化革命提供更具个性化的教育体验，这种体验超越了传统的时间、距离和容量造成的固定限制。这些机构支持新的可变的教育模式，这让教育更具相关性，学生可以在任何时间任何地点免费进行学习。这种变化的影响不局限于美国经常通过可汗学院视频以及PhET模拟器丰富自己学习的数百万学生，更有潜力影响全世界数十亿各个年龄段的学习者。

“在中世纪，即使在世界上广受教育的地区，只有大约15%的人——神职人员、贵族、导师也许还有军人——识字，”Khan说，“今天世界上绝大多数人都识字。但有多少比例的人理解微积分，又有多少人有足够的知识储备以成为工程师或是写出伟大的小说呢？我猜在一个数量级上，也许只有15%。如果能够给更大比例的人提供高质量的教育，并让他们在各自的领域变得优秀，这会怎么样呢？如果90%的人都能在各自的领域推动社会的进步，这就非常了不起。”

想象一下这种教育相关性的大规模增加将产生的社会效益。下一个JK罗琳、斯蒂芬·霍金，或是史蒂夫·乔布斯？他或她可能来自任何地方，无论是基多、剑桥还是加尔各答。有了他们对全球性问题的见解以及可能的解决方案，世界几乎一定会变得更好。

为了帮助我们理解个性化的教育具有怎样的革命性，Sal Khan引导我们观看可汗学院的一名学生Charlie Marsh的视频[111]。在视频中，Marsh告诉大家他有两次在高中第一学年辍学。当最终回到学校的时候，他落在同学后面，被安排到了最低等级的数学和科学班级中。然后他发现了可汗学院。通过一些努力，仅使用这个网站学习他就能跳过两年的数学课程。到期末考试的时候，Marsh拿到了几乎班级第一的分数。

“可汗学院改变了我的整个人生轨迹，如果没有它，我想我不会被激励去学习并热爱数学和科学，”他说。

Marsh以毕业生代表的身份从高中毕业。他在普林斯顿大学的计算机科学专业继续学习，并立志从事技术工作。他毕业时得到成绩优异的最高荣誉，并在硅谷获得了Google的十分抢手且收入丰厚的工作机会。

技术是令人兴奋的，他想，但改变生活更激励人心。经过慎重的考虑，他拒绝了Google慷慨的工作机会。Charlie Marsh现在在可汗学院工作，而且薪水要少的多。

做你自己的校长

质量，获取性，相关性。如果妥善利用物联网技术，它能帮助我们改善教育的这些方面，而且不会破坏教育领域现有的众多美好事物。对于我们来说，物联网是一种可以用来改善教育的工具——它不是框架，不是学说，也不是仪器，不会代替当今的教育体系。

虽然我们认为教育需要进行重大改革，而且这种技术创新前景很好，但我们也理解在革命学习方面技术本身并不是完整的答案。

大学生们通常就读于全日制四学年的学校，与同学和老师面对面相处。斯坦福的Hennessy和耶鲁的Levin 并没有预见到MOOC能代替这种传统的教育体验。但是他们确实预见到了 MOOC 将成为许多人高等教育和继续教育的主要部分。他们也相信在线教育将与传统在校学习方式相混合，尤其是在更可控和有针对性的环境中。

沃顿商学院院长 Geoffrey Garrett 把 MOOC 和其他的新型学习形式比作是数字音乐和 iTunes，它们革命了唱片业，但并没有削减人们对现场表演和音乐欣赏的热情。“iTunes 没有改变音乐的制作方式，”他在 2013 年与共同作者及研究员 Sean Gallagher 给 *The Australian* 写的一篇文章中说道，“它利用 iPod 技术，改革了人们消费音乐的方式[112]。”

有相同想法的人正在重塑教育，让教育变得更好，而他们每天都在获得支持。Sal Khan、Carl Wieman 等人迎接物联网将对教育产生的革命性影响，并将这项技术引荐给为教育奉献一生的从业者们。尽管工资低，晋升机会可怜，有时候工作条件还危险，但一些英雄的教育者们每天都努力让世界变得更好。

为什么这些人能不顾现有的挑战和技术带来的新挑战，还仍然这样做呢？因为他们有一个梦想。

他们希望推倒教室的围墙，释放学生的想象力。他们希望让学生们接触到传统环境中没有的伟大的思想家和新体验。他们希望改变课堂，去迎接一种有更高质量、更广泛获取性、更高相关性的学习体验。

在他们奋力争取的世界中，每位老师都能成为自己全球性课堂的主人，而每位学生都是自己个人教育的校长。

看看周围吧，教育没有出问题，它只是过时了。

讲座过时了，未被联网的教室过时了，连那些孤立的教育者也过时了，他们必须与学生带到课堂里的智能设备竞争。也因此，我们的学校没能让毕业生准备好在新的全球化经济中竞争。学校没能培养出足够多的思考者，不能缩短我们面对的问题和需要的解决方案之间的差距。

这就是数字化创新如此重要的原因。只有它有能力扭转我们正在遭受的衰落。毫无疑问这场创新将导致颠覆性的变化，有人会丢工作，一些学校还可能被关闭。但是这些消极的影响都比不上如果我们让教育继续堕落将产生的后果。然而如果我们继续前进，世界将变得更好。

想象一下，以后的教育有最好的质量，可以随处获取，而且对所有人都有相关性。这种教育将从成百上千人开始，扩展到百万人，最后触及数十亿人。

这场由物联网掀起的数字化创新，使这个梦想触手可及。

第4章

零售业——引进来，走出去，请回来

瞧瞧 2016 年全新的奥迪 TT 吧。

这款车装配了 211 马力的涡轮增压发动机，拥有快速换挡六挡双离合变速箱、LED 前大灯，以及 12 扬声器的自动降噪 Bang & Olufsen 音响系统。在这款双门跑车的众多高级特性中，最值得称道的是在驾驶员前放置的 12.3 英寸数字显示屏，它代替了传统的模拟仪表盘。这块与 Nvidia、日本显示器公司以及 Bosch 共同研发的创新的电脑显示屏，让人想起电动汽车制造商特斯拉推向市场的类似技术，能够“执行所有通常的仪表功能，显示速度、转速、时间等，” *Auto Week* 杂志报道，“此外，所有的资讯娱乐和导航功能也显示在屏幕上[1]。”

奥迪说新技术推动了其给汽车增加“简单性”的新举措[2]。新技术有能力在把更多功能装配到汽车中的同时，不让司机因为操作太复杂而应付不来。对于这款卓越且技术丰富的汽车，*Car and Driver* 志杂称：“通过强调回归 TT 的创新根源，奥迪正寻求再一次改变游戏规则[3]。”

这种愿望扩展到了汽车之外——一直到展厅的地板上，事实上，奥迪正在使用最先进的技术来卖车。奥迪在伦敦皮卡迪利大街的最先进的展厅就是这样。这套设备是世界上最早的“全数字”展厅之一[4]。对于场地极其昂贵的市区，这是很理想的。在伦敦的奥迪城，在展的只有几辆汽车。但这并不妨碍购物者“以前所未见的方式”探索奥迪产品每一种可能的组合——总共 1.2 亿种，该公司称[5]。

无论任何型号、颜色和设计，购物者都可以在触屏平板电脑上仔细查看，并且将真实尺寸的数字图像投影到从地板一直到天花板的高分辨率屏幕上。对于想体验奥迪汽车在公路或在封闭跑道上驾车感受的人，虽然在伦敦拥挤的梅菲尔区这是不现实的，但是他们可以戴上奥迪的虚拟现实（Virtual Reality）头盔，并在展厅内开着汽车出去“兜风”[6]。甚至还可以选择让虚拟版本的奥迪高级产品设计师 Jürgen Loffler 陪同他们试驾[7]。

“无须在车里，你就可以看到车实际的表现和状况，”伦敦奥迪城的技术主管 Amit Sood 说。这包括驾驶状况、功能运行，甚至还有车内的声音——得益于由著名的消费级电子产品制造商 Bang & Olufsen 开发的高端设备耳机。

奥迪的英国市场经理 Sarah Cox 称，这款三星在 Oculus Rift VR 平台上开发的奥迪 VR 头盔，是奥迪创新长河中的最新产品更吸引人，能提高购物效率，并增强客户参与度[8]。奥迪的新金融计划也是其中之一，它是通过处理从问卷、在线浏览习惯、面对面访问等收集到的客户数据开发得到的。有了新的洞见，奥迪正在探索一种允许至多 4 个不同的人共同租用一辆车的购买方式，使其可以把产品提供给更大的消费者群体[9]。为了增加购买的便捷性，奥迪也让 VR 技术从展厅进入消费者的办公室和家中。为了提升消费者体验，作为“二次送货计划”的一部分，奥迪指派了专门训练过的技术员与消费者进行联络。他们的工作是通过社交媒体以及其他方式与消费者保持联系，帮助消费者解决他们可能在奥迪汽车上遇到的任何技术问题。研究表明这些售后项目极大地增加了客户满意度和品牌忠实度。

“我们认为这就是汽车零售业的未来，”Cox 说。

她可能说对了，而且这不仅适用于汽车，还适用于所用通过零售方式销售的商品和服务。现今还适用于实体商店、电子商务网站，以及越来越多地支持移动商务的移动 App。世界上的零售商、产品生产商、服务提供商们，在经过几年寻求线上和线下体验平衡的尝试，已经适应了一个不受严格的定义或类别限制的新世界。

在线购买商品但是想去实体店退货？现在许多店都支持这种方式。今后，在店内的试衣间里浏览整个连锁店全球库存，查找你想要颜色和尺码的衬衫将变得很平常。今后你也可以在店里得到了解你的售货员的接待，他不光知道你是谁，还了解你的整个购物历史，包括你基于移动智能设备分享的商品偏好数据。

就像奥迪正在做的，全世界的零售商都在为了物联网的世界进行改组，这样的世界更能满足使用移动设备、社交频繁、消息灵通的新型客户。有了新的数据分析工具和洞见，零售商们已经开发出了定制化的金融奖励及优惠，重塑并改组了店铺以提升购物便捷性，并通过组合最佳的消费者教育和个人娱乐方式，创建吸引人的个人化体验。所有这些工作对消费者产生了“超相关性”，并正在革命着购物。

“这样的超相关性意味着可以在购物的整个周期中实时地向消费者传递价值——无论是更高效、更省钱还是更吸引人，”Cisco认为，“这要求使用分析驱动的方式，组合来自传感器、信标、智能手机以及其他来源的数据，把智能应用到消费者的情境中（比如他在哪，他此刻想要干什么）并动态地提供最能符合当前情境的体验[10]。”

在了解如何实现之前，让我们先看看零售业的现状。在美国，零售业销售额占据了全国总国内生产总值（GDP）的近1/3[11]。根据美国零售业产出的官方记账机构——商务部的最新数字，2013年美国零售业销售额超过了5万亿美元[12]。

根据美国劳工统计局的数据，零售业在全国直接雇佣了接近1570万人。这个数字在以每年大约10%的速度增长。零售业工人的收入通常在19070美元（收银员的年平均工资）到37670美元（零售经理或主管的平均值）之间[13]。

零售业占据了全国劳动力相当大的百分比，而美国零售联合会表示零售产业间接支持着更多的工作——总记有4200万[14]。这其中包括专门针对零售贸易的保险、医疗、房地产、技术及其他领域的专业人员。这些雇员工作在或支持着全国大致380万个零售场所[15]。

由于仓储式销售、在线购物、店铺整合、市场饱和等其他因素的兴起，过去几年中全美国零售场所的总数一直呈下降趋势。2011年，美国的最后一批Borders书店开始关门[16]。两年之后，巴诺书店开始关闭其1/3的店铺[17]。2015年年初，JC Penney百货宣布计划关闭40家店铺。同时，Radio Shack无线电器材公司开始关闭超过1700家店铺，不过因为Sprint的介入而暂时取消关闭在挣扎中营业的店铺。Radio Shack是幸运的，然而在2015年有大量的零售商决定关闭数千所零售店铺。关闭店铺的列表中还有一度非常成功的公司，包括Office Depot、Abercrombie & Fitch、Target、Wet Seal、Chico’s和Children’s Place[18]。

除了单个实体店，也有整个商场关闭或从零售领域消失。从2010年起，“有二十多所封闭式购物商城被关闭，还有60所在关闭的边缘，”*The New York Times*在2015年1月报道[19]。Green Street Advisors是一家房地产及REIT分析公司，它预测在接下来的10年内美国有15%的商场将倒闭或转变为非零售业场所[20]。到2035年，全美国的1000多所零售商场中有多达一半将倒闭，零售业咨询人员Howard Davidowitz称[21]。

在早期关闭的商场中，有克利夫兰市的 Randall Park Mall，它一度是世界上最大的购物商场，现在已经被拆除或另作他用[22]。商场空间被用作轻工业、办公空间，在纳什维尔甚至被用作医疗中心[23]。为了深入了解为什么会这样，让我们看看 2015 年 2 月版的 *McKinsey Quarterly*。报告总结说商品和服务的数字化（也称为“数字达尔文主义”）对零售业产生着重大影响，虽然对不同产业及其零售商的影响有所不同。

“在这个数字化的进程中产业间存在着一些值得注意的差别。在软件产业，机票预订和公共事业的消费者更可能被完全数字化。汽车、保险和食品业在考虑和评估阶段有相似数量的数字化消费者，但数字化购买的消费者较少。电信、银行和电器业有相对较多数量的消费者数字化地进行产品和服务的考虑和评估，但有较少人进行数字化购买”[24]。

通过为消费者创造超相关性的体验，许多零售商重新为自己定位，以更好地开展业务。不足为奇的是，包括 Simon Property Group 在内的几家美国顶级的房地产业主，已经有了自 2008 年经济萧条后前所未有的入住率和每平方英尺销售额的增长速率，*CNBC* 报道[25]。吸引现实世界中现代消费者的机会，甚至促使电子零售商（包括 eBay 和亚马逊）涉足实体店零售的世界[26]。在它们试验快闪商店（pop-up store）以及其他零售概念的同时，来自现实世界的同行（包括 Nordstrom 和 West Elm）越来越适应电子商务。

所有这些活动的网络构成了新的“全渠道”零售世界，其中线上和线下销售的区别已经变得模糊。当今，“如何”完成交易比“在哪”进行交易更重要。

“全渠道的零售商将定义未来独特的购物体验，”全球管理咨询和战略公司普华永道总结道，“一些店铺将关注店内的愉悦度。复杂的算法可以通过识别有意义的关系来塑造这种方式。其他店铺将加强在线工具，促使店内搜索到购买和完成的无缝转换[27]。”

零售商的基本观点是：无论商业模式如何，曾经威胁零售帝国的互连网看起来越来越像是可以拯救零售业的创新技术。Cisco 在 2013 年完成的研究总结中说，在所有产业中零售业最有机会可以抓住物联网的价值[28]。毫不夸张地说，Cisco 认为一般的零售商仅通过高效地利用物联网就可以增加超过 15%的收益[29]。这将要求三个关键领域的转变：开拓并留住消费者，交易效率和便利性，以及消费者参与度和体验。

让我们先看看第一个领域：零售商是如何开发吸引人的优惠活动来吸引并获取消费者的。

获取注意，绝不放手：吸引人的优惠

圣诞节前夜一直是零售商的大日子，其中也包括 Amazon.com。但 2013 年对于这家公司来说尤其重要，不是因为这天突破了销售记录，而是因为华盛顿的一名专利局职员在那天结束工作前做了一个决定。

2013 年 12 月 24 日星期一，美国专利局给亚马逊颁发了一项专利，编号为 8615473，因其开发了一种“预先运输包裹的方式和系统”[30]。

什么是“预先运输包裹”？这种方式有能力预测消费者什么时候将要购买商品，并在他们实际进行选择并完成交易之前把商品发送给消费者。在零售的世界中，这就几乎和有了一颗水晶球一样，记者及市场观察员 Lance Ulanoff 说。在 2014 年，他写了一篇题目为“Amazon Knows What You Want Before You Buy It”的文章，解释亚马逊是如何使用预测性的分析工具来确定什么时候把货物发送到转运仓库，以减少消费者最终订购商品的寄送时间[31]。

消费者完全不知道亚马逊是怎么做到的。他们知道的只是在亚马逊网站点击“提交订单”之后不久，UPS、FedEX 或其他的运输公司就来敲门了。这到底是怎样实现的？当然，数学是最简单的答案。但使用比其他零售商更好的算法才是真正的答案。亚马逊爱算法，越复杂的越好。与其他公司不同的是，亚马逊有能力组合大量不同来源的数据，为消费者提供吸引人的优惠活动。例如，亚马逊定期收集购物偏好、浏览历史以及经济状况等客户数据，并将其与经济信息、消费者洞见甚至是大气数据混合，以预测零售行为。

比如，如果拉斯维加斯在 12 月出现了反常的晴天，亚马逊就知道在全球超过 2.5 亿消费者中[32]有谁可能想买新的夜礼服、防晒霜以及圣诞节之后的音乐会门票。得益于复杂且不断改进的算法，亚马逊甚至可以预测消费者在坐飞机到目的城市期间会租哪些电子书和数字电影来打发时间。

与任何一个亚马逊的人聊聊，他们都会告诉你虽然亚马逊是做零售业的，但公司的一切都与数据有关。Malachy Moynihan 在亚马逊领导了如 Fire TV 和 Echo 这样的数字产品的设计，他认为亚马逊是“世界上最物联化的公司”[33]。

亚马逊雇佣的数千名数据科学家推动了公司的数字化创新。从你打开亚马逊网站开始，无论是否点击购买，亚马逊都能看到你的行为（包括你上次访问了哪里），并将其与所有用户汇总的知识进行比对。你在亚马逊网站挑选想要的商品时停留的每一秒，都是与你最终进行购买的可能性相关的确定且被测量的指标。

因为亚马逊知道用户的这些信息，它可以创建独特且个性化的优惠活动，并让用户来了又来。预计有3000万到4000万的美国人有亚马逊 Prime 会员也就不足为奇了，一年仅花99美元，就能保证在亚马逊网站上买的几乎所有商品都免运费[34]。不论是85英寸的三星超清LED电视[35]、26英寸的双避震施文山地自行车[36]，还是大号的睡眠创新 SureTemp 记忆泡沫床垫[37]，只要是亚马逊 Prime 会员就都可以免费寄送。

由于对大数据的使用，亚马逊已经代替沃尔玛成为了“变更零售商行为的催化剂”，零售研究咨询公司 Constellation Research 的副总裁兼首席 Guy Courtin 称。在2015年2月为科技网站 ZDNet 网站写的一篇客约专栏文章中，Courtin 说：“亚马逊现在是驱动行为变化的力量。这不再是只关于低价；这是关于无限种获取商品的方式。这是要通过任何设备，在任何时间和地点灵活地完成商品的获取[38]。”

对于所有大小和类型的零售商都是如此，包括 Stage Stores，这是一家运作在 Bealls、Goody’s、Palais Royal、Peebles 和 Stage 名下的价值16亿美元的专业百货商场[39]。从2010年开始，公司已经投资了数百万美元用于开发改善价格优化、库存管理以及产品个性化的工具。这项投资帮助公司实现了零售业罕见的成就：与大的多的竞争对手梅西百货正面竞争。Stage Stores 使用预测性的分析工具，为客户创建专属的优惠活动，让活动更相关、更吸引人且前所未有的即时。

“我们知道我们达不到梅西百货那样的体量，”Stage 百货的 CIO Steve Hunter 2015年年初对 *Forbes Brand Voice* 说，“他们在各地有数千人给公司提供数据，而且有许多人处理这些数据。于是我们决定使用技术和分析工具来让我们达到相同的程度[40]。”

公司要做的第一件事是降价优化，这是尽可能以最高的价格销售货物的艺术。对于热卖商品，只要店铺有足够的产品库存，降价优化是简单的。但是当仓库的货物库存减少时这个任务就变得更困难了。对于特定的商品，正确判断何时减价以及减多少意味着盈利和亏损之间的区别。

Stage Stores 部署了店铺级别的减价优化方式，而且开发并部署了“尺寸—包装”优化方式，以更好地按照更为本地化的方式定制优惠组合。现在，Stage Stores 的减价优化工具可以基于实时的库存水平和客户销售历史对每款商品设置价格。

大多数情况下，这项技术被证明是游戏规则的改变者。但是让每个人都支持它却要花一些功夫。Stage Stores 一开始尝试部署自己的数据分析系统时，供货商和自己的员工都对其嗤之以鼻，认为他们自己才最适合确定什么时候减价，*Forbes* 报道。Hunter 告诉该杂志，人们一开始总是偏向于相信自己的直觉和情绪而不是数据。然而，他认为使用数据是更好的方式。

“通常，零售商会在季末大量降价，为新货物腾出空间。分析系统建议，在需求开始减弱但触及低点之前以较小的折扣销售商品是更好的方式，”对于减价优化，*Forbes* 的特约编辑 Teresa Meeks 写道。为了证明该假设，Stage 发起了 6 个月的试点计划，对比计算分析的结果与由零售商和店内经理组成的控制组的结果[41]。

在 10 次试验中，有 9 次计算机产生的建议都被证明比一线员工的建议获利更多。现在，公司 800 多家店铺全部依赖计算机产生的分析结果，来为客户创建优惠活动并设置价格。

此外，该公司正在研发一款推荐引擎，给售货员提供客户过去购买记录的信息以及相似客户的购买习惯信息，让售货员为客户推荐配件。Hunter 告诉 *Forbes*，Stage Store 不会毫无根据地提出建议，他们可以当场提出有见地的建议，甚至可以在顾客购物的时候制定专门的优惠活动。

在许多 Palais Royal 和 Peebles 的店铺，“我能为你做什么？”这个问题要变成“店里新到了一款衬衫，跟你上个月买的夹克衫很配，而且有你穿的尺码。你想试试吗？”

“我们将迈向的零售业将是科学而不是艺术，”Hunter 说，“我们总是要买对的商品。但是买的方式，以及我们利用技术的方式将持续演进”[42]。

由于有这些成功的故事，整个零售产业已经加速了数据的收集和分析。今天，零售商定期收集网络搜索、智能设备、联网的数字消费品、医疗器具等产生的信息。普拉特零售协会（Platte Retail Institute）的一篇报告称，零售商正在组合从条形码和 RFID 系统、POS 系统，以及金融和库存控制系统收集到的信息来创建新的优惠活动。

“零售商面临的挑战，”该协会总结道，“是快速精准地评估信息以确定最佳营销方式，让现有客户在商品上花更多的钱，同时用零售商的优惠吸引新客户[43]。”

这与以往收集“前沿数据”的简陋方式相去甚远。“在技术应用上发生进步的同时，零售市场研究方面也发生了极大的进步。行业纪律已经从神秘顾客和离职面谈发展到了当前使用的技术，包括观测及人种学研究、在线问卷、几乎瞬间进行的社交媒体评论，以及由视频摄像头和移动手机收集的匿名分析数据，”该协会说[44]。

所有这些数据分析的结果应该是更吸引消费者的优惠。这远超出了交易的范围。比如，为了让购物者回到商场，零售商挖掘数据寻找最能吸引客户的方法。一些商家发现代客停车、免费的儿童看护服务以及免费午餐都和折扣优惠券或延长保质期一样诱人。

这些优惠的关键是相关性和透明性。一旦消费者开始觉得针对他们的个性化优惠侵犯隐私，他们就开始退缩了。这是几家零售商通过沉痛的教训学到的艰难一课。在 2012 年，*The New York Times* 报道 Target 商场挖掘浏览数据、购买信息以及其他信息以确定顾客中谁怀孕，并向其发送有关尿布、婴儿湿巾以及产前维生素的特别优惠信息（这项行为研究导致了一次不幸的情况——明尼阿波利斯市郊区的一位父亲在责骂商场经理 Target 给他家发送婴儿相关优惠券之后，发现自己十几岁的女儿怀孕了）[45]。

乐购（Tesco）是一家英国的杂货商品巨头，通过挖掘客户数据以开发个性化的优惠，该公司也是既受益也受苦。在 19 世纪，乐购作为数据挖掘的先驱，通过巧妙地使用客户研究、分析以及忠诚计划，该公司赢得了当之无愧的声誉。1995 年推出的 Clubcard 积分卡不仅改变了乐购的命运，也改变了整个产业，作家及 MIT 研究员 Michael Schrage 说道。但此后，该公司很难再让其个性化的优惠比其他零售商好得多[46]。

一些英国的顾客认为乐购利用 Clubcard 来对他们进行操控而不是奖励，所以他们就去其他零售商购物，这让乐购大失所望。

尽管数据管理对于零售商来说可能是一项有竞争力的区分因素，但是对于可持续的发展来说，知道何时在哪里应用这些洞见才至关重要。如果零售商以顾客认为可怕的方式应用数据，就像 Target 所做的，或者像乐购那样以没有相关性的方式应用数据，这样的努力可能成效甚微或者适得其反。“未来的顾客几乎一定会把零售商对数据管理的效率作为选择购物场所的条件。一些精明的在线购物用户现在已经这样做了，他们知道一些看起来好的不真实的网站优惠只是商家用来生成电子邮件列表的工具，”普华永道总结道[47]。

除了个性化的优惠，顾客也渴望与理解他们愿望和需求的零售商建立友好的关系，以帮助他们更高效地关闭交易或是更快地找到商品。鉴于已经有了可用的技术，现在不应该再有人开车到店里去查看商品是否有货，也不应该再有人仅为了结账而需要在没有尽头的长队中等待。

随着越来越多的零售商高效地利用互连的数字化技术，人们不必再这样做了。下面就是例子。

没有时间可以浪费：精简流程，提高购物效率

从 1994 年开始，美国密歇根州安娜堡市的美国消费者满意度指数（ACSI）就一直在调查消费者对于许多大型零售商的满意度，其中包括 Kroger、Kohl’s、

Macy’s、Target、Nordstrom 和 Dollar General [48]。

在美国，即便是最好的零售商，客户也认为它们在某个方面一直做得不好。能猜到是哪方面吗？不是价格、商品选择，甚至都不是员工友好性，而是结账。

作家 Chris Morran 在 *The Consumerist* 网站上评论 ACSI 的调查时说道：“对于零售和超市两类商场，‘结账速度’是表现最差的地方，这意味着仅通过多开放几条结账通道，零售商就能让消费者高兴很多 [49]。”

此外，通过淘汰结账通道的方式，零售商们也能让客户更满意。Apple 在 2010 年抛弃了结账通道之后，其销售额在接下来的两年里增长了 40%。更新以及更高级的商品显然在此中扮演了重要的角色。但是在适应了不用排队付款之后，客户非常喜欢 Apple 门店的购物高效性。其他零售商都开始效仿，这也不足为奇。高端服装供应商 Barney’s 发起了抛弃收银台的计划 [50]，Anthropologie [51] 以及 Urban Outfitters [52] 也是如此。与此同时，JC Penney 在 2012 年宣布计划要在 2014 年淘汰结账通道（虽然没有实现目标，但它取得了进展，也希望它的 ACSI 评分能因此而提高）[53]。

Nordstrom 已经是 ACSI 调查中评分最高的公司 [54]，但它也致力于淘汰迫使顾客像小学生一样排队的结账通道。它给所有的 Nordstrom Rack 折扣店都装配了 Apple 的平板电脑，客户可以使用店里各处的平板电脑快速付款并更高效地离店 [55]。

有了连接物联网的智能手机和平板电脑，越来越多零售店里的售货员可以在店内的任何地方进行售货，包括试衣间。淘汰了收银台之后，全世界的零售商正着眼于进一步提升购物效率。再次以 Apple 为例，Apple 发起了众多让购物更愉悦的方案。在 2015 年 2 月，该公司宣布计划使用大数据和客户的智能手机作为改造其客服部门努力的一部分。由于对天才吧（Genius Bars）更优质服务的需求量巨大，公司开发了新的算法，用于对服务请求区分优先级。现在当有客户请求当面的预约时，Apple 的算法会更仔细，以确定特定的请求是否能通过更高效的方式处理——比如，可以是电话通话，或是带相关信息网站链接的电子邮件。如果 Apple 的软件确定客户确实需要技术人员帮助，Apple 将会与客户预约，并在技术人员有空时给客户发送信息 [56]。

所有这些努力造就了重购物、轻交易及解决问题更流畅、便捷的体验。这远超出了服装零售店或者一般商品商店的范畴，一直扩展到所有形式的零售店。以大型五金店为例，在那里客户主要抱怨的不是付款问题，而是寻找商品的问题。

为了帮助客户找到商品，五金巨头 Lowes 在 2014 年 11 月向加州圣荷西的 Orchard Supply 五金店引进了机器人导购。Lowes 的 OSHbot 是与加州山景城的初创公司 Fellow Robots 一同开发的，“将会问候顾客，询问他们是否需要帮助并在商场中引导他们找到商品，” *The Wall Street Journal* 报道。“除了自然语言处理技术，这个 5 英尺高的机器人前后共拥有两块大型的矩形屏幕，用于与店内专家进行视频会议以及显示店内的特别优惠[57]。”

需要一种特殊的螺钉或管接头？只要把它靠近机器人内置的 3D 扫描仪，机器人就会告诉你可以在哪个通道找到商品以及还有多少库存。

除了数字化的机器人，零售商们投资数百万美元购置数字标志，帮助顾客在大型商场内导航，这些商场通常比一些室内的体育场还要大。零售商们还在增强现实应用上投入了大量资金，消费者可以把这些应用下载到自己的智能手机上以帮助他们定位商品。这些应用甚至可以帮助顾客基于他们的数字购物清单创建店内的可视化“路线”。这些工具不仅能帮助客户在实体店里导航，它们也通过即时的优惠奖励客户的耐心和惠顾。

一些公司正在尝试将“网上购物的便捷性”与“店内购物切实的兴奋感”结合起来。这其中就包括西雅图的一家技术开发商 Hointer，其开发了一种物联网创新技术，免去了人们日常生活中一个麻烦的问题：寻找一条合适的裤子。这项技术可以在该公司位于西雅图的男士牛仔裤店内看到，店内安装了使用该技术的端到端软件平台以及硬件设备[58]。

顾客不需要在众多货架间仔细挑选适合自己风格、颜色和尺寸的商品，他们只需要使用自己的移动设备（或者公司提供的平板电脑）扫描贴在商品上的二维码然后就可以进入试衣间了。几分钟之内，需要的商品就会出现在试衣间的滑道上。顾客想试穿多少件牛仔裤都可以。如果想要不同的尺码、颜色或者样式，顾客可以通过智能设备浏览店铺库存，并预定把更多商品送到试衣间来。

“我们提供的令人惊喜的数字化体验能把顾客的智能手机变成实体店的遥控器，让顾客随时可以按照他们希望的方式获得想要的商品，” Hointer 的创始人及 CEO Nadia Shouraboura 说。她是普林斯顿大学的数学博士、亚马逊供应链以及实现技术的前负责人[59]。

尽管这些技术相对较新，但很受消费者们欢迎。思科完成的一项调查的结果可以说明这一点。被调查的顾客中有超过 3/4 的人说与传统的结账通道相比，他们愿意使用“优化的结账台”。同时，有 60%的客户说他们愿意使用扫码支付系统，其中有半数人称有兴趣使用移动支付服务。随着这些技术的激增，对新技术的熟悉和使用程度只可能会增加。

Cisco 的零售业顾问 Kathryn Howe 在公司报告中说：“想象有一个顾客匆忙地

在店内穿行。店内传感器确定这个购物车比平均行走速度快 20%。应用分析之后，零售商甚至可以知道这个客户是一个经常购买尿布和婴儿奶粉的母亲。然而在当时的场景中，尿布的优惠券可能是不相关的——还可能让人感觉受干扰。在这样的场景中，最佳的方式是让自动化的进程帮助顾客寻找店内的最快路径。因而，自动化的进程要在特定时刻对与顾客相关的场景进行响应[60]。”

Howe 说上面这个例子展示了连接物联网的人、数据和事物是如何消除了购物的低效性和麻烦的。给商品增加标签和传感器的方式能让供应链以及库存数据随时对售货员和顾客可用，而这类方式发展得更远。德国的服装业巨头 Gerry Weber，它每一件服装的商标里都缝上了一个 RFID 标签。Gerry Weber 的售货员无需再像田径运动员一样在服装店里跑来跑去，寻找不同尺码和样式的衣服，他们只需要点击智能设备就能确定客户想要的商品能在哪里找到——无论是在销售区之外的展架上，还是在运输半途中的集装箱里。

从 2011 年开始，Gerry Weber 已经在服装里放置了超过 2600 万个 RFID 标签。这样的方式帮助该公司减少了损失和盗窃行为，降低了安保花销，更快地补充货架，并增加了销售额。公司不需要再每年对服装进行一次人工库存盘点，现在每周按一个键就可以进行，而且准确率可以达到 99%。更重要的是，在服装生产时缝入 RFID 标签，意味着 Gerry Weber 的售货员不需要花时间费劲地给店里的每件衣服安装或者移除传统商品电子防盗系统（EAS）的安全追踪器[61]。

从产业的角度看，不得不思考专用安全装置在未来会不会被 RFID 标签代替，每个安全装置大约要花费 0.45 美元，而 RFID 标签能在多个方面提升零售效率，每个却只需 0.12 美元。你也不得不思考让付款、导航和商品搜索那么困难的零售商的命运。对于在线和实体零售商都是如此。

如果可以选择的话，消费者表明他们更愿意把钱花在提供吸引人的优惠和高效便捷的购物体验的零售商那里。

消费者们喜欢使用 Five Guys 的移动 App 购买汉堡包，这个 App 只要求他们输入一次信用卡数据，并能让他们跳过柜台点餐直接到取餐排队的前排。他们也喜欢 Home Depot Pro 的 App，这能帮助承包商、油漆工、水管工、屋顶修理工以及其他建筑工人节省时间，零售商称。专业的技工可以在线搜索最近的有特定商品库存的 Home Depot 门店，而不需要离开工作场地去寻找商品。他们也能通过移动设备直接购买商品，并在特殊的店内取货柜台提取打包好的商品。

虽然便捷性和高效性对于顾客来说非常重要，但它们不是一切，就连吸引人的优惠活动也不是。时不时地，各年龄段以及不同收入水平的顾客都希望从零售商的世界得到更多。他们想要的是体验，那种炫目而愉悦的体验。

现今，在购买像汽车这样的高端商品，或是结婚礼物这样特殊场合的商品，甚至是晚装包这样的个人奢侈品时，富裕而懂技术的顾客希望得到一种和他们购买的商品一样值得回忆的购买体验。

这些体验可能包括让消费者沉浸其中的装饰风格，他们享受的便利设施，以及展示台使用的技术。在线上和线下越来越多的地方，零售商正在使用物联网创新技术把日常交易转变为一些更有意义的事情——消费者忘不掉或离不开的事情。

为了更好地理解这一点，让我们来到纽约时尚的 SoHo 街区。在这里，购物的未来已经展现在了格林大街的一家店铺中。

充满可能性的新世界：好体验自己会说话

“本品不包含牙刷[62]。”

这句广告词不太容易忘记。但除非你是那一类特定的消费者——女性、时尚、外向而且有钱——你可能并不熟悉它。这是纽约设计师 Rebecca Minkoff 用来推销她流行的“M.A.B.”手袋的宣传文案。对于外行人，M.A.B.指的是“Morning After Bag（忘情都市手袋）”。对于时尚人士，M.A.B.手袋是帮助这位聪明的服装设计师扩展到饰品领域的标志产品[63]。

觉得有点厚脸皮？确实是，但有创新性，就像 Minkoff 对待时尚的其他方式一样。以她和哥哥 Uri 在纽约市 SoHo 开设的旗舰展厅为例，在那里，购物不是追求休闲娱乐，而是一种沉浸式的互动体验。就算商品的样式没有让你惊艳（或者附赠的香槟让你感觉索然无味），显示视频图像的镜子一定能启发你从全新的角度来看购物[64]。

这镜子更像是一块巨大的平板电脑，它能交互式地显示 Minkoff 所有的设计品。顾客可以浏览商品外观，把商品发送到试衣间，甚至可以查看商品是否有货。如果愿意的话，顾客也可以在试衣间里进行相同的操作。除了接地的触屏镜子，每间试衣间还装配了可以读取贴在店内每个商品上 RFID 标签的接收器。当客户把包或者上衣带进试衣间时，店内的计算机立刻能记录客户选择的商品。如果顾客愿意，还能让计算机显示与已选商品搭配的其他商品。顾客还可以点击镜子，查看其他顾客在 Twitter 和 Instagram 上对商品的评价。如果感觉渴了，顾客甚至可以通过触屏显示器让售货员拿一瓶气泡水过来。

说到创造真正令人记忆深刻的购物体验，Minkoff 真是面面俱到。

“在我们个性化的试衣间，伴着情绪灯光试穿你最喜欢的款式（不是自夸，我们就是这么认真），而且通过点击镜子可以很容易地切换颜色和尺码，”该公司说，“你也可以得到基于你偏好的推荐，并且可以保存你的试衣过程（如果你犹豫不决）[65]。”

即便你不打算购买一款“最适用于在外玩乐直到天亮的标志性手袋”，你也不得不赞扬 Minkoff 创建的完全沉浸式的购物体验，这种体验能在狭小的零售商环境中展示公司的所有服装货品（以及店内库存）并配以第三方评价，而且不需要客户穿着内衣在店里长途跋涉。

Minkoff 创建的不仅是一种便捷的用户参与方式，而是一种情感上的顾客体验。

许多业界人士认为像这样的数字化增强的体验就是零售业的未来。意大利的眼镜业巨头 Luxottica 也是其中之一，它是世界上最大的眼镜配饰生产商和零售商。

Luxottica 为高端时尚品牌生产眼镜，包括阿玛尼、巴宝莉、香奈儿、Oakley、Oliver Peoples、普拉达、Ralph Lauren、蒂芙尼和雷朋[66]。它也拥有零售店，包括 Sunglass Hut 等[67]。为了接触到更多顾客并提升客户体验，该公司收购了在线零售商 glasses.com 并开发了一款独特的眼镜 App，使顾客可以在家中或者办公室里这样的私人空间“试戴”眼镜[68]。

下载 App 到自己的智能手机或者平板电脑上以后，顾客使用自己设备上的摄像头对自己的脸进行高分辨率的扫描。把这些照片上传到 glasses.com 网站以后，客户可以试戴上千种眼镜产品。在 App 之中，他们可以试戴不同的品牌，不同的风格，更换镜框颜色，替换镜片，并同时比较多个不同的 3D 图像。如果愿意，顾客甚至可以通过社交媒体与朋友分享保存的图片，咨询朋友自己戴特定设计的眼镜看起来怎么样。

选择完设计之后，glasses.com 的顾客可以直接从公司的网站打印瞳孔测距标尺以确保眼镜合适，还可以上传处方照片以确定眼镜的光学清晰度[69]。需要的话，顾客还可以让 glasses.com 为他们获取处方[70]。

glasses.com 几乎在尝试从任何方面革命选择一幅新眼镜的体验，让这个过程少一点不透明，多一点愉快。

“不需要有完美的视力你就可以看到 glasses.com 新的免费 iPad App 的吸引力，” *USA Today* 的专栏作家 Marc Saltzman 在采访中写道[71]。*The New York Times* 的前专栏作家 David Pogue 补充说：“毫无疑问，glasses.com 的 App 代表了最先进的虚拟购物方式，其先进的技术真的能帮助很多人避免尴尬困扰”[72]。

“帮助很多人避免尴尬困扰”在其他行业可能不重要，但在零售业却是个大问题，就像娱乐和旅游业一样，人们的形象极为重要。也因此，零售商在探索新的吸引客户的方式，使用全息广告、虚拟购物助理等。想要购买手表或者一对耳环，却没有时间或者决心亲自造访高档的零售商场？通过全息显示将虚拟物品投射到手腕或者脸这样的硬面上，你可以在家中的私人空间购物，而且可以想买多久就买多久，还不用担心占用售货员太多时间。

Luxottica 集团的 CIO Dario Scagliotti 说，让现代零售体验成功的关键，是确保能充分利用且不影响线下和线上体验的独特功能。

“和所有人一样，过去四年中我们一直在调研电子商务和全渠道的方式，”Scagliotti 2015 年 1 月在科技网站 *Diginomica* 的采访中说到，“我们是最近才出现在电子零售领域的。但我们决定迅速在线上体验方面投资，让顾客定制镜框、雕刻以及任何想定制的部分，使线上体验成为一个差异化的因素，并准确地满足客户的需求[73]。”

为了实现这一点，Luxottica 公司考察了通过其网站和零售连锁店铺完成的 1 亿笔交易提取出的数据。其目标就是为消费者创造一种独特的眼镜选购体验，同时结合线上线下购物的便捷性以及虚拟现实带来的兴奋感。“从这些交互过程中采集到的数据，对于未来的产品、推广、销售以及客户智能来说都是巨大的宝藏，”技术提供商 IBM 说[74]。

这家意大利的眼镜业巨头预计这些努力能提升其 10%的市场营销效率。而对于消费者，这意味可以通过全新的方式看世界[75]。

就像越来越多的零售商和商户一样，Luxottica 意识到数字化为创建可持久的新体验提供了前所未有的机会。零售体验以刷信用卡而结束的理念已经过时了。零售商与顾客之间的关系跨越了展厅和浏览器，一直延伸到顾客生活的方方面面。因为物联网的工具和应用让消费者有机会跟他们最爱的品牌以在十年前还无法想象的方式互动，他们的期望也大为增长。问问那些游览过迪斯尼乐园并试用过这家娱乐业巨头的 MyMagic+手环的人就知道了，*The New York Times* 称这款手环改变了“游客做所有事的方式，从进入酒店房间一直到乘坐飞越太空山[76]。”

迪斯尼在这项技术上花费了 10 亿美元，这项技术让消费者可以在店里自由购物，不需通过传统的信用卡方式付款就能订餐，还能提前预定乘坐设施、观看游行以及与卡通角色见面的前排位置。用过这款设备的人说他们在许多方面都提升了这个主题公园的体验。虽然迪斯尼仍在努力解决一些与等待乘坐时间相关的缺点，但是许多消费者都说他们无法想象没有这些手环应该怎么办。一位消费者在迪斯尼网站上的评论说：“如果你正在规划你的第一次迪斯尼之旅，别担心，MyMagic+系统能很好地工作，它的设计就是要满足你的需求并让你玩得无忧无虑[77]。”

对于另一种被一家零售业先驱提升的体验，许多热衷技术的消费者也有同感。比如，如果一个品牌在社交媒体上明显缺乏存在感，热衷技术的消费者就很有可能看不起那家公司。奥迪就是这样的例子。尽管奥迪因为其高品质的内饰和创新性的数字化展厅而收获众多美誉，但一些买家却认为奥迪的移动App不给力，顾客和评论者说它比不上竞争对手梅赛德斯或者宝马的App。

技术上落后，不能提供沉浸式的体验是否会导致丢了生意呢？毫无疑问，是的，零售分析师认为对于年轻的顾客尤其如此，在众多不同的产品类别上年轻顾客与年老的顾客看中不同的品质。除了关心性能、保质期或是下摆长度，千禧年一代的买家尤其希望品牌能理解他们的渴望，他们想要的是能在还完信用卡账单后还持续存在的360度的体验。

虽然一些创建持久体验的尝试注定会失败，但互连的数字化技术毫无疑问会推动在零售业进行实验和重新思考的新时代的到来。得益于物联网创新技术，零售商可以大胆地建立或者重塑自我，而不用担心那些通常伴随着新实验的经济风险。拥有了管理库存和展示商品的新方式，大型零售商可以探索占地面积更小的门店，这在之前是根本不可能适用于其经营策略的。同时，像Rebecca Minkoff这样的精品店卖家也可以像拥有更多市场资源或更广阔销售范围的大公司那样让消费者倾倒。

不能采用这些技术的商家注定要在艰难中经营。但是那些理解“体验商业”也理解“商品贸易”的商家则有机会以前所未有的方式参与竞争。

超相关性的世界

说零售业的世界被翻转都是说轻了。不用踏进一家商店就能购买圣诞节所有的礼物？数千万的消费者今天都这样做，而这在十年前还是无法想象的。

不进行试驾就买车也是一样。根据DME汽车（DMEa）的研究，现今有1/6的消费者买车之前不进行试驾[78]。事实上，最近几年消费者在购买汽车之前造访汽车经销商的次数明显减少了。10年以前，买车的人在购买之前平均要去经销商的展厅5次。根据麦肯锡公司完成的一项研究，现在，买车者平均只去1.6次。当然，原因就是买车者在踏进展厅之前就已经在线收集到了许多信息[79]。

比如，Google 的一项研究发现消费者在决定买哪辆车之前，会与 24 个“研究接触点”相接触[80]。一般的汽车买家在与销售人员交谈之前，已经了解了汽车的技术参数、平均售价以及客户评分。这解释了为什么奥迪这样的汽车制造商会花这么多钱让消费者的在线体验就像进入展厅的体验一样难忘。

希望通过实时的数据分析开展个性化的优惠活动？想通过移动付款设备和自动化的机器人提升购物效率？想通过虚拟现实购物 App 和触屏镜子造就炫目的购物体验？这一切都是超相关性能够实现的。

现今驱动着零售的不再是新车的气味、有力的握手和免费的咖啡，而是超相关性的技术。这也不只是对于汽车，而是对于任何能打动你的商品。

第5章

智能城市——熙熙攘攘，充满机会

啊，纽约的春天，绿叶舒展，鲜花盛开，橱窗里也五颜六色。

如果你来过纽约，你就知道这几乎是每个人都喜爱的欢庆时间。

然而，“早春”确是大家普遍讨厌的时候。这段时间被 *The New York Times* 描述为“埋在二月暴风雪之下的罪恶在三月肮脏的淤泥中显露出来[1]。”看看地上的烟头、糖纸、彩票和汽水罐吧。

The New York Times 在 2015 年 3 月记录下的这种不堪场景让一位读者开始思考城市里不被重视的清洁工人的意义。“每年这种情况发生的时候，我就会想到他们，”“Jon”在网上说，“以及如果他们停止工作，当懒惰和不负责充斥街头，这座城市将怎样疾病横行。”

其他读者则没有这么胸怀宽广。“哈哈！”一个读者说。另一个读者写道：“我心里还是有点惊讶，这里的每个人好像都认为这是正常人的行为。”

无论你认为乱扔垃圾是可恶的还是“正常人的行为”，你都不得不同情城市规划师，因为他们的工作就是确保垃圾能被高效地运走；这可是个苦差事。打击犯罪、提供电力、管理交通等同样也不容易。每天都有新的挑战，也提醒人们这些熟悉的任务需要有更聪明的解决方案。

在巴塞罗那、费城、赫尔辛基等其他地方，聪明的思考方式致使物联网垃圾桶得以安装，它们装有无线传感器，在装满的时候可以发送警告。这些垃圾桶被安放在公园、城市中心等地方。街上有了这些容器之后，市政领导可以采用新的收集垃圾的方式，更高效地部署垃圾车队。清洁工不需要把收集垃圾当作是日常的任务，而只需在垃圾桶满了或有臭味了再去收集。这能帮助市政领导减少垃圾，对抗污染，并缓解交通。

费拉德尔菲亚市在安装了1100个太阳能供电的大肚（Bigbelly）牌垃圾箱后，在垃圾清理方面每年能节省100万美元[2]。这些带盖的垃圾箱能把5升体积的垃圾压缩到1升，并在垃圾箱满的时候发出消息。根据该市官员，它们不仅能帮助城市减少每周收集垃圾的次数（从平均14次到3次），也让街道变得更干净。

其他城市——包括得克萨斯州的埃尔帕索、英国的巴斯、丹麦的维堡、德国的阿恩斯贝格，甚至是纽约——都投资了大肚牌垃圾箱[3]。纽约市正在时代广场和曼哈顿下城区运行一个试点项目，以考察这种设备能否满足其垃圾收集的需求[4]。

另一家位于芬兰赫尔辛基的公司Enevo开发了一整套基于物联网的系统，据称可以帮助城市在垃圾收集方面节省多达50%的开销[5]。与特殊设计的大肚牌垃圾箱不同，Enevo称其技术适用于“任何类型的容器和任意种类的垃圾”。Enevo的技术使用了无线传感器，收集箱内容量、温度等信息。可以对这些数据进行分析建模，以设计最优的采集路线，甚至能帮助确定需要的人工数量。

如果上面说的这些“脏”话让你屏住了呼吸，那么请考虑一下全世界范围内垃圾对城市中心的影响。根据世界银行的一篇报告，全世界30亿的城市居民每天每人能产生2.6磅的垃圾[6]。一年总共就是13亿吨。

拖走这些骇人的垃圾的开销是巨大的。根据*The New York Times*的报道，单是纽约市每年就要花费16亿美元来移除380万吨垃圾[7]。根据世界银行的报道，世界范围内，固体废物管理的开销总计超过了2050亿美元[8]。这与每年全世界极端天气事件（包括飓风和龙卷风）造成的损失金额总数相当。

为什么废物管理这么昂贵？很大的一个原因是拖运废物所需的设备和人力开销昂贵。在世界上的许多城市中心区域，垃圾是通过卡车移除的，而每台卡车要花25万美元以上[9]。而在美国的几个城市中操作这些卡车的人每年能挣5万美元以上[10]。

可惜的是，派这些卡车和工人去收集垃圾的大部分时间都被浪费了。无论是否需要，他们都遵循着管理者预定的路线进行，而这些管理者缺少实际垃圾量的数据。这个问题也不仅是第一世界的问题。

在菲律宾、秘鲁和肯尼亚等地，城市的管理者只能处理城市中心产生垃圾的一部分。剩下的部分被“拾荒者”捡走了，根据2010联合国人居署报告，他们能捡走全世界城市中产生垃圾的一半[11]。随着这些拾荒者工作机会的增加，他们能找到更好的工作，但是垃圾量还在增加，因而发展中的城市需要更智能的解决方案。

无论你生活的城市是富还是穷，垃圾都是一个从不间断的无情的问题。如果你是这个城市的市长，这个问题更是如此。收集垃圾不仅很大地占据了城市预算，更重压在你的心里。就像道路状况和公交服务一样，垃圾处理是众多市政负担之一，如果处理好了人们不会感谢你，但是如果管理不好则会引起众怒。在北京是这样，在波士顿也是这样。

不管在哪里，每一天都有垃圾、交通、犯罪、污染、能源浪费、用水量、停车位短缺等问题需要面对。这也就是为什么智能垃圾容器这样简单的物联网创新技术能够吸引全世界如此多市政规划者的注意。这些市长和政治家不一样，他们想为社区和市民产生切实的成效。

在2015全国城市联盟年会上，总统巴拉克·奥巴马对一屋子的市长表达了自己对市长职责既赞赏又嫉妒的感受。"你们都有一些共同之处，那就是每天你醒来准备好解决问题的时候，你知道人们依靠你让街道安全，学校强大，垃圾被清理，道路被打扫，"奥巴马说[12]。

没有立法、贸易谈判、外交关系等负担，许多市长都很享受卷起衣袖为社区问题采取务实解决方案的过程。现在，在城市里成千上万的地方，市长们发现创新的点子对于能源消耗、污染、犯罪和交通问题能产生很大的影响。下面就以最普通的路灯为例。

在欧洲，本地政府使用的能源中有多至40%都用在了为路灯供电上[13]。荷兰的设计师Chintan Shah下决心要改变这一点。在一次坐夜间航班的时候，他从飞机上往下看，被人工照明的景象震惊了。他因此致力于减少被浪费的能源。他开发出了Tvilight LED照明系统，能使用植入在路灯里的无线传感器来节约能源。当Tvilight路灯监测到下方有人移动时，它们就开启来为路人照亮。当检测到下面的人经过之后，他们就关闭。让这些智能灯这么独特的地方是它们可以确定行人的方向，并给前面的路灯发送信号让它们逐渐点亮，这样就能确保行人在沿着城市街道行进的时候有照明，又不会因为过多次地闪烁而打扰附近的居民。

*CNN*报道，一些基本的计算表明，使用Shah的发明欧洲可以削减每年130亿美元街道照明开支的80%之多[14]。因为可以对这种灯进行编程，让它在需要更换灯泡的时候提醒管理者，这项新技术可以帮助减少一半的维护费用。综合钱、劳动力等因素来看，你就能意识到物联网技术对于全球的城市是多么具有革命性。

考虑到城市增长的速度如此之快，这项技术的到来还不算太晚。2014 年联合国关于“World Urbanization Prospects”报告中的原始数字很好地解释了为什么。

根据联合国的报告，现今有更多人生活在城市而不是农村。在 1950 年的时候只有不到 1/3 的世界人口生活在城市[15]；到 2050 年，这个比例会达到 2/3[16]。今天，在北美洲、欧洲、拉丁美洲和加勒比海地区，生活在城市的人的百分比已经超过了 70%。非洲和亚洲有现今 90%的世界农村人口，而其城市化人口的数量分别达到了 56%和 64%[17]。

世界城市人口的原始数据已经从 1950 年的 7.46 亿增长到了接近 40 亿[18]。到 2050 年，这个数字还会增加 25 亿[19]。为了形象地表示，可以想象有一个容纳了 10000 个球迷的篮球场。每个小时，全世界的城市中心都增加这么多的人[20]。虽然你可能没有注意到居住城市的人口增长，但是全世界城市每个月总共增加的人口数量大致等于今天伦敦市的人口数。

这样的增长正在创造大的超乎想象的城市中心——而且每年越来越多。比如，在 1990 年，人口在 1000 万以上的城市只有 10 个，这其中包括纽约、东京还有墨西哥这些熟悉的名字。到 2030 年，预计世界上将有 41 个特大型城市[21]。其中的一些城市你可能从来都没有听说过，比如达卡、天津、达累斯萨拉姆和罗安达[22]。但是每个小时，它们都会增加一个球场那么多的人。世界上人口在 500 到 1000 万的“大型”城市也是这样。到 2030 年，全球大型城市的数量预计会增长到 63 个——这是 1990 年数量的 3 倍[23]。

世界上的城市中心适应这些居民的压力将是巨大的。道路、桥梁和污水处理系统将被推至极限，而教育、政府服务以及医疗服务的获取也将经受考验。根据英国石油公司的数据，到 2025 年，城市消耗的能源将比今天多 40%，而根据联合国数据，耗水量至少会增加 30%。这些资源将从何而来？城市又将如何提供必要的清洁水、住房、公共安全甚至是简单的垃圾清理服务给市民呢？

在全球几乎每一个角落，这样的问题都将主导城市规划者和公民领袖的日程，而他们刚开始意识到这样的增长只会让他们今天面对的窘境更加复杂。这些问题没有简单的答案，但是有聪明的解决方案。

这些方案组合使用传感器，有能力捕获从可用的停车空间再到水质纯净度等所有的数据。它们也利用数据分析工具来减少犯罪并改善城市区域的交通流量。它们依赖于积极参与的使命通过自己的移动智能手机报告问题并提出改善城市生活的建议。这些解决方案可以通过物联网组合起来，并对生活质量产生革命性的影响。单独的一个方案不能摆脱贫困、根除犯罪或消除交通问题。但是它们“有潜力成为本世纪革命最重要的催化剂”，Anil Menon 博士说（他是 Cisco 智能互连社区的主席）。

为了更深入了解原因，让我们看看几个在全球城市中心应用的提升市民服务、增加经济机会并提升环境可持续性的聪明的理念。下面以“智能城市”如何为市民提供更好的服务开始介绍。

社会发展与赋能

根据美国国务院海外安全顾问委员会（OSAC）收集的数据，在危地马拉平均每周会发生 101 起谋杀案[24]。危地马拉的谋杀率是每 100000 居民 116.6 人，根据联合国毒品与犯罪问题办事处的数据，是世界上第三高的谋杀率[25]（为便于比较，洛杉矶的谋杀率只有每 100000 居民 6 人）[26]。

危地马拉的谋杀率以及盗窃、袭击、强奸、绑架率这么高有很多原因。在美国国务院的年度报告中，OSAC 说：“由于普遍的贫困、大量的武器、社会暴力遗留问题，以及薄弱的执法和司法系统，暴力犯罪是一个严重的问题[27]。”

当然，当局非常清楚这一点。30 年来，他们在政治派别斗争之中经历了血腥的内战。内战在 1996 年结束的时候，居民们希望有长久的和平。然而，贩毒、盗窃和卖淫却根植于城市之中。此后，街头暴力的数量上涨得更多。由于不堪忍受国家过高的犯罪水平，危地马拉人在 2011 年选举 Otto Pérez Molina 为总统。他是退休军官，后来成为政客，他发誓通过“强硬的手段、头脑和决心”恢复法律和秩序[28]。

在 2012 年宣誓就职之后，Molina 激进的行为让一些人惊讶。他号召毒品的合法化[29]，改革首都的警力，并希望通过新的立法减少街头犯罪。尽管他竭力遏制街头暴力，但违法行为还是照常发生。意识到 Molina 强硬的手段需要智能思考的支撑，危地马拉市在 2014 年 6 月投入了 1.5 亿美元，在首都安装了 1900 个视频监控摄像头[30]。

这项行为有强硬的措辞，也让当地的罪犯受到了警告。知道他们的行径能从远处被看到并能被永久地捕获，市里的皮条客、小偷和毒贩都在摄像头安装后改变了行为。此后，首都的暴力犯罪下降多达 40%，美国的数字军事杂志 *Dialogo* 在发布的一篇报告中称[31]。

现在，警探在中央警察局监控视频录像，并在潜在冲突发生的时候指导巡逻的警察前去处理。“警察有了更多‘眼镜’来监视，这阻止了不法分子进行犯罪行为，”*Dialogo* 内务部技术部副部长 Carlos Argueta 说，“在街上巡逻的警察有中央警局的支持是一件新鲜事。这能让他们当场抓获一些罪犯[32]。”

危地马拉市摄像头产生的影像非常清晰，警探甚至可以看到车辆的牌照，这促使汽车盗窃和劫持案件减少[33]。

虽然危地马拉市取得的成果具有示范性，但是这样的成果却不是广泛享有的。事实上，一些希望通过视频监控技术来减少犯罪的努力成效甚微。但是专家们认为更新的技术，更好的培训，以及更合理的摄像头分布能促成危地马拉市享有的这种成果。一项由坎贝尔合作组织（Campbell Collaboration）完成的研究证实了这一点。研究发现视频监控系统部署在停车场和公共交通系统上时最有效。

有了更好的分析能力、映射工具以及可视化的培训，全世界的城市领导都有信心能够通过视频监控减少犯罪并降低警务开销。危地马拉市深信这一点，除了在 2014 年购买的 1900 个摄像头之外，该市又购置了 2100 个摄像头安装在城市中[34]。

其他的大都市进一步利用了视频技术。以韩国松岛为例，这是世界上最具智慧的城市之一。松岛距韩国首都首尔 25 英里远，它是一所建造在填充黄海得到的土地上的新城市。该城市建造之初就有明确的目的，是要缓解快速扩展的首都附近区域的拥堵问题。为了确保这个社区尽可能地吸引当地居民，松岛市领导几乎将物联网技术植入了社区的方方面面。松岛市的街道上有能帮助改善交通流量的传感器。公交上有 WiFi 连接，给市民提供了最新的便利设施。而且市内几乎每个大型建筑都装配了视频通信和监控技术，有助于让城市尽可能地安全、高效且环境友好。

松岛的每个公寓楼都有自己的综合运营中心，能够管理并改进视频监控系统。这些中心不仅能监控犯罪行为，还能监控火灾、漏水等问题。松岛的几乎每个公共空间和设施——从建筑到道路再到公园——都可以通过视频摄像头远程监控[35]。它是韩国最安全的城市之一，这也就不足为奇[36]。

松岛市的成效很出众，但这不仅是因为其大量使用了视频技术。它是世界上少有的不在街道上收集垃圾的城市。垃圾直接被传输管道从公寓和办公楼内抽出，并被传送到位于分拣中心内存储废物的巨型容器中。在这里，松岛市的废物在送往最终目的地之前会被进行分类和处理[37]。更重要的是，松岛是亚洲第一座符合能源与环境设计领导小组（LEED）关于水、废物管理和绿色 IT 基础设施标准的城市[38]。

也就是说，松岛市让人们一瞥使用智能创新技术的未来城市生活。除了监控视频，那里的每个家庭都装配了 Cisco 网真系统，这是一种实时的视频通信系统，让居民可以使用家教、远程学习、远程医疗这样的远程服务以及如驾照更新这样的市民服务。松岛的视频网络既可以警告人们有犯罪分子试图在停车场偷车，也能支持患者和医生、消费者和商家，甚至是学生和老师之间的通信。

人们更少开车，松岛也因此向居民许诺了一种其他城市无法提供的更清洁、更少拥堵以及更安全的生活体验。这一点在当今世界中很重要，现在上进的年轻人可以选择希望在哪里生活。这些人越来越多地集中在干净安全的城市中，也越来越多地集中在促进可持续发展的企业、非营利组织以及学术机构的城市中。

了解到这一点，全世界有更多的城市正寻求在各个方面利用物联网技术。它们甚至邀请市民提出使用技术的新方式以改善城市生活。在 2013 年，科技研究机构 IDC 发布了一篇有关智能城市的报告，报告分析了不同城市是如何利用收集的数据为城市运作提供新数据的，其中收集的数据来自视频摄像头的安全记录，收取高速公路通行费的收发器，以及安装在桥梁、停车场、水管、路灯等的传感器。“大数据及分析工具将把大量的数据转变为宝贵且可利用的信息和知识。把数据开发给公众的城市带动了新企业的创建；这些企业使用城市数据开发应用，在提供创新性的城市服务的同时也在创造令人兴奋的新工作，”IDC 在其 2013 数字世界研究中总结道[39]。

纽约市就是一个你能看到这些正在进行的城市（如果你能把目光从“早春的垃圾”上转移开的话）。在那里，城市的管理者与纽约市经济发展公司共同举办了一场正在进行中的比赛，以奖励开发使用城市数据的智能应用的企业家[40]。NYC BigApps 比赛在 2010 年开展，已经给第三方颁发了超过 500 000 美元的奖金。在 2014 年，该比赛给了两家公司 Heat Seek NYC 和 Explore NYC Parks 25000 美元的奖金。Heat Seek NYC 公司创建了一组硬件和软件的套件，包含能够记录公寓等私人住宅中温度的连接互连网的传感器，这些传感器捕获的信息能让租户和城市官员确保房东给私人租户提供了他们应该享有的温度。Explore NYC Parks 团队开发了一个移动友好的 Web 应用，帮助用户查找附近的公园以及公园中安排的活动信息。

波士顿也在利用物联网技术从其他方面帮助市民。NationSwell 报道该市是美国首批开发“市民参与 App”的城市，这是美国许多城市在 20 世纪 90 年代建立的 311 热线的现代版。市民参与 App 让居民可以通过他们的移动智能手机直接把道路险情或涂鸦这种滋扰事件报告给城市管理者。通过波士顿的公民连接 App，居民可以拍一张路面坑洞的照面，标记上位置，然后把信息发送给城市交通部门。

提交请求或投诉以后，居民能立刻收到一个追踪号，让他们能查看提交问题的整治工作什么时候能完成[41]。

在波士顿发布市民参与App之后，其他城市（包括奥克兰和费城）也紧随其后。有一些小城市部署了Cityworks这样的第三方App，这是一款由犹他州桑迪市的Azteca Systems公司开发的政府信息系统（GIS）应用。这款App帮助了比如北卡罗来纳州亨德森维尔县这样较小的市政部门提供与有更多资源的大城市一样水平的参与度。看到社区中的问题时，亨德森维尔县的居民可以拍照、标记然后提交以进行整治[42]。

多亏了新兴的物联网创新技术，大城市的生活正随着每个视频摄像头、通信系统以及市民参与App的部署而越变越好。

经济活力

堵在路上的时候你是否问过自己："这些人都是要去哪里？"

这是大城市中心的数百万通勤者每天都会问的问题。每个人都要去看牙医、工作，或是购物？这些人都是要去哪里？

虽然以研究城市生活为职业的专家可能也不确定"每个人"要去哪里，但是他们知道在特定的城市中每天关键时段大约30%的大城市司机要去哪里。目的地肯定会让你吃惊：他们在找停车位，这是专家Donald Shoup，一名加州大学洛杉矶分校（UCLA）城市规划专业的教授给出的答案[43]。Shoup以他在加州韦斯特伍德做的一项研究而闻名，他发现每年仅是人们在UCLA校园里和校园附近找停车位累积的行驶距离就相当于绕地球行驶38圈[44]。

因为在大城市停车通常就是一场靠运气的游戏，有时候感觉就像玩轮盘赌一样随机，司机一圈又一圈地开车，直到命运对他们微笑，给他们一个可以停车的位置。大城市中这场停车轮盘赌的开销是巨大的。据一款智能停车解决方案的开发者Fastprk称，通勤者每天都要花费15分钟来寻找地方停车[45]。这将转换为数十亿美元的生产力损失和额外排放到空气中的数百万吨的污染。这也将转换为数十亿美元城市财政收入上的损失。

虽然市民可能不认为后一项是什么大事，但城市规划者肯定是这么认为的。这是因为在物业和销售税之后，停车产生的费用是第三大市政收入的来源。单在美国，城市每年从停车中能收取4亿303万美元，而全球的总数接近20亿美元。

除了人们寻找停车位耗费了大量时间，关于停车有趣的一点是有许多人不为停车付钱。一些人喜欢碰运气来躲避停车管理人员，还有人把运气用到了极致，在停车费到期前都没能回来开车。在洛杉矶，出于这样那样的原因，有40%的停车场都没能为城市产生应有的收入[46]。

考虑到有这么多没有收缴的停车费，在大城市中负责收缴停车费的人和城市中的许多司机一样都对停车的状态非常失望。让城市规划者尤其生气的是，供给问题通常都不是司机绕着街区转圈找停车位的原因。MIT的教授Eran Ben-Joseph是*ReThinking a lot: The Design and Culture of Parking*一书的作者，他说美国有很多停车空间。他估算有5亿个停车空间[47]，这意味着每一辆注册的汽车都有两个停车位[48]。在一些城市中，停车场覆盖了大都市区域1/3的土地面积[49]。

然而司机还在以一种未被协调的方式绕圈开车。他们需要更好的信息来帮助他们找到停车场。并且在越来越多的城市中，由于对物联网技术投资的增加，司机们已经获得了他们需要的帮助。比如巴塞罗那，一个拥有160万居民和60万车的城市就是这样。

2012年，巴塞罗那启动了一个大工程，把智能科技尽可能地引入到民政管理职能中。这包括公共安全、能源消费、水资源管理、垃圾回收、交通流量、犯罪预防，当然还有停车。

在与Cisco和其他科技公司合作并咨询了合作伙伴之后，巴塞罗那在10个交通流量最大地区市属停车空间的周边安装了数千个传感器。在分配的停车空间周围没有车时，这些传感器就通过无线网络连接到一台中央计算机。这些信息然后将被提供给在智能手机或者平板电脑上下载了城市免费地图应用的司机。通过这些智能设备，司机可以在他们周围一个街区前后找到一个可用的停车空间，并且马上使用他们的智能设备支付。当一个位置被预订之后，每个停车空间安装的计价器就会有所显示。

在已经预订了停车位的人到来之前，万一有人粗鲁地占用了他们的位置，他们可以申请退款，并通知管理局违规停车者的确切位置，这些人将被重罚。

尽管这个服务第一次提供给当地市民的时候有很多问题，但这个系统在巴塞罗那市民中很受欢迎。随着市民习惯于使用物联网应用，他们对停车也有了新的态度。他们不会再像以前那样停车而不付钱，这是因为寻找车位和支付停车费比以前更容易了。更重要的是，离开餐厅或社区活动去续费在巴塞罗那的许多地区已成过去。现在，用餐者可以悠闲地用餐，并直接从自己的智能设备上给计价器增加时间[50]。

“在停车位上安装传感器使得交通流量变得更少，”巴塞罗那市议会Urban Habitat的前副市长Tony Vives说。这项新技术“让城市更宜居，并且人民更高兴[51]。”

在市政大厅工作的一些管理者也很高兴。当把城市所有传统的计价器换成了智能计价器时，巴塞罗那预计每年能增加5000万美元的停车费收入，同时还能减少因司机寻找空闲停车位而造成的交通流量和污染问题[52]。

另一座使用智能技术改革停车问题的城市是旧金山市，它进一步利用了物联网停车的理念。在2011年，加利福尼亚政府与当地企业大众的运输部门（MTA）一起启动了一个试点实验，在城市中使用物联网计价器和数据分析技术。同时，此次试验也得到了美国交通部城市伙伴关系计划项目1980万美元的资助[53]。

该项目代号为SFpark，主要使用传感器技术和数据分析技术去统计在城市关键街区的可用停车位数量，并可以根据对停车位需求的增减，来动态地调整这些地方停车位的价格。政府之所以进行这项实验是希望这种动态变动的价格可以让司机们避开拥塞区域，因为那里停车位可能提高到一小时6美元。而那些相比之下不太拥挤的地方的停车位可能低至一小时0.25美元[54]。

SFMTA公司的首席执行官Nathaniel Ford在2011年的一篇新闻里讲道："这个创新项目可以减少车主们花费很长时间来回寻找停车位和并排停车情况的发生，使城市道路变得更快更可靠，缓解拥挤，使得街道对每个人来说更安全[55]。"政府希望此项目可以提高停车位的利用率，以免街道上下的停车位处于闲置状态，进而为城市带来更多的停车税收。

在安装了8000个以上的传感器、计价器、管理软件等等之后，政府开始在2011年测试这套系统。在2014年的6月，发布了这套系统的测试进展报告。报告中发现，在重要的测试区域里，发生没有可用停车位的情况降低了45%。也就是说，系统被实际证明是有效的。

报道称："尽管SFpark有很多目标，但它的最基础的目标是让寻找停车位更容易。更确切地说是，增加街区有可用停车位的机率，提高车库的利用率。即便经济、人口和人们对停车位的需求增长了，SFark的试点区可用停车位的数量也会显著增加[56]。"

除了巴塞罗那和加利福尼亚外，孟买、班加罗尔和巴黎同样也从智能停车技术中受益。这些技术有的是当地政府自己开发实现，也有第三方机构开发实现的。它们许诺能缓解交通的拥挤，并促进经济的发展。SpotOn App就是这样的例子，众多停车场和车道业主都尽可能用它来出租自己的停车空间。这其中就包括Preston Turner，他是旧金山市三浸信会教堂的理事会主席。在不用于教堂服务及其他活动时，他使用SpotOn出租教堂多余的停车位。2014年，他在SFGate网站的一篇文章中称这款App"对我们的邻居和我们教堂来说是双赢的[57]。"

“租户的‘捐款’资助了教堂的项目。更重要的是，教堂与那些可能从没来过的人‘连接起来并建立了友好的关系’，”记者 Kathleen Pender 写道。

和 SFpark 一样，SpotOn、Parking Panda 和 SPOT 这些让人们租出私有停车空间的 APP 在缓解拥堵及刺激经济活动方面被证明是有效的。而因为用户必须向 IRS 以及他们所在的州和地方政府报告他们通过出租空间获取的收入，这也能增加城市的地方税收。

那些帮助焦头烂额的通勤车寻找市属停车空间的 App 则更有争议。这包括 MonkeyParking 等 App，它们能定位城市街道上的可用停车位，并收取预留位置的费用。社区组织者和城市领导者大声抗议这些 App，认为它们从市属财产中获益。根据 *The Los Angeles Times* 报道，在 2015 年 1 月，洛杉矶市议会投票在该市禁用这些 App。“请求立法的议员 Mike Bonin 将这些 App 比作是‘为公有停车位拉皮条’”，*Times* 杂志报道[58]。

几周以后，旧金山市也效仿了这一举措。其他城市则采取了观望的态度。虽然它们不喜欢让人从社区财产中赚钱这个想法，但它们更希望以减少拥堵和市民不满为由给企业家一些自由的空间，让他们证明自己的价值。

当然，智能停车并不是城市领导用来刺激经济增长并减少城市开销而使用的唯一的创新技术。除了使用物联网的停车方案、路灯、垃圾桶等，他们也在智能传感器上进行投资，将这些传感器植入到与桥梁和收费系统连接的道路上，提供有关路况的反馈信息。必要的时候，交通工程师可以在运行中对交通灯进行编程，以改善交通流量。

城市规划者也在安装智能的电网系统及测量仪器，以更好地管理社区中的能源消耗。他们甚至在考察像智能人行道这样的实验性技术。这是一家英国科技公司 Pavegen 的技术，用于开发专用的人行道地砖，可以存储人流产生的动能并将其转化为路灯等设备使用的电能[59]。

下面，让我们从智能城市的经济效益转向环境的可持续性问题，并考察物联网技术如何能改善快速城市化区域的可持续性问题。

环境可持续性

当环境可持续性首次被提出时，这对位于迪拜的阿联酋高尔夫俱乐部来说似乎是一个荒谬的想法。在阿拉伯沙漠中间建造一个全草锦标赛高尔夫球场？这种想法之前从未在中东实现过[60]。

然而，和阿联酋的很多其他事情一样，“从来没有做过”的字样并不能阻止这些设施的建设：这里的俱乐部已经宣称要建设两个这样的高尔夫球场。为了达成这项不可思议的成就，迪拜市允许这个在 1988 年开业的酋长国俱乐部使用尽可能多的水以保持球道像翡翠一样葱郁。但是，这项决议需要投入很大的环境成本[61]。

俱乐部每年用的水能达到 7 亿加仑，足够填满 1400 万个浴缸，相当于迪拜的所有民用水龙头 1 年流出的水的总和。

当一个城市仅有 50 万人口时，给高尔夫球场投入那么多水是一回事；当一个城市的人口达到 150 万时就是另一回事了，而当项目总监 Craig Haldane 在 2007 年抵达时迪拜人口已经达到了 150 万。他知道这样的耗水率是不可持续的。Haldane 在一篇于 2015 年发表在英语阿联酋报纸 *The National* 上的文章中写道，当你到达新的一站时，你会用一双新的眼睛去看周围的一切，如果我们想要向前进步，用不了太长时间我们就会看到需要改变的事情[62]。

自从他到来后，俱乐部开始使用更多的耐盐草籽，并通过处理污水减少使用的总水量。到 2012 年，俱乐部已经建立了一套使用高科技的物联网喷水系统，该系统使用保湿传感器和相应的处理器来监控水量使用情况。它可以控制俱乐部使用的 2000 多个独立喷头的水流，并通过分析这些设备产生的数据来确定最有效的浇水位置、持续时间和水量，这些数据的产生可能是基于风速、温度、湿度等。由于这些措施实施到位，现在的用水量已经缩减了一半——这对于迪拜这个居民数量已经超过 200 万的城市来说已经是一个极好的消息了[63]。

“在拥有这个‘新洒水车技术’之前，这有点像个猜谜游戏，”Haldane 在 2015 年对 *The National* 说，“相比以前，现在我们手头有更多的信息。作为一个行业来说，我们真是处在一个很幸运的位置，我们只需花费我们必须花费的。”

节约水资源是一个高尚的目标，发展环境友好型的娱乐活动同样如此。毕竟大城市的人需要更多的娱乐消遣活动，而高尔夫运动毫无疑问给成千上万的人带来了欢乐。但是那些在高尔夫项目中用于减少耗水量的简易传感器和基础的数据分析工具几乎是物联网技术帮助市政当局节约水资源改善水质的唯一途径。根据世界经济论坛（WEF）上 *Global Risks 2015* 的内容，就影响力而言，水资源危机已经超过传染性疾病、大规模杀伤性武器和气候变化，成为全球第一大风险[64]。

2014 年，英国巴斯大学化学工程系的学者们公布了一项低成本、基于物联网的可能挽救生命的传感器技术，这种传感器可以检测出所供给水的污染等级。

“和西英格兰大学的布里斯托机器人实验室合作工作，他们使用3D打印技术制造传感器。通过这种方法，传感器可以直接在河流和湖泊中帮助监测水质。” *Consumer Business Review* 报道[65]。

“生物传感器也包括那些在进食和成长过程中释放电流的细菌。如果水中的污染物和细菌有一定的关联，那么电流信号的存在就指示了水中有毒物质的范围。”新闻中如是报导[66]。

这项技术的优势在于它可以向用户实时汇报水是否足够安全去饮用或洗浴。更多的传统技术则是要求先采集水的样本，然后将样本送入实验室进行检测分析。考虑到世界上每年有超过84万人口死于水媒疾病，将物联网生物传感器技术所省去的时间的价值用它所挽救的生命的数量来衡量，这一点也不夸张[67]。

这项技术的一项不那么直接但同样重要的应用就是帮助北京减少空气污染，空气污染对这个首都的居民来说已经从威胁变成了困窘。不幸的是，这个问题至今也没有简易的解决办法。

“这座城市三面都被能够困住烟霾的大山环绕，” Gwynn Guilford在技术和商务网站 *Quartz* 上写道，“污浊空气有大量的来源，而化学物质总是能够通过众多微妙的方式相互连系，这使得很难确定到底需要改进哪些问题[68]。”

为了缓和这个问题，中国政府已经正式向空气污染“宣战”[69]，并决心采用极端措施来减轻这些污染的影响。这促成了一份与IBM达成的名为“绿色地平线”的大规模区域范围内合作计划的产生[70]。

为了使这项计划成功，政府向IBM寻求技术上的支持，包括其著名的沃森认知计算、数据感知以及数据分析技术。IBM正在将它最新一代的光量传感器安装在中国首都的各个地方，以收集地面上以及空中的污染等级数据。将这些数据进行处理并和气象卫星数据进行比对，然后将信息送入IBM沃森超级计算机系统中。该系统将帮助北京政府确定污染来源，并预测污染水平上升到危害健康的程度的时间。

“在这项计划中，我们将看到IBM使用大数据分析技术和气象模型来预测出诸如风、阳光之类的可再生能源的可用性，并限制浪费的能源的总量。计划的第三层涉及到一个IBM正在开发的系统，该系统将帮助相关行业的企业管理能源的消耗。” *Quartz* 报道[71]。

虽然北京的空气质量还没有上升到预期的水平，但这项技术已经给人们带来了希望。此外，它体现了中国应用物联网技术来提升这个拥有世界上最多人口的国家的民众生活质量的兴趣和决心。这也将毫无疑问地带来传感器、移动技术、数据分析以及个人设备的大规模应用。

这项技术所包含的一些创新点，每个城市居民在日常生活中都会用到。比如空气质量蛋——一个基于物联网技术的传感系统。根据开发人员、技术人员和科学家集中他们的资源所开发出的技术，该设备允许任何人采集到室外空气中二氧化氮和一氧化碳浓度的高精度读数[72]。他们的目标是“发展一个社区主导的空气质量感知网络，给人们提供一个参与到空气质量这个话题里来的方式”。

这项技术可以很容易地安装在室外，使用起来操作简易，而且成本低于 300 美元[73]。这些设备所采集到的数据会给人们带来关于产生污染的时间、地点和方式的洞见。

这也是一个新型的名为“Breathe”的个人可穿戴技术的背后所采用的设计思想。“Breathe”由连环创业家、发明家 Samuel Cox 发明，是一个小巧的可穿戴的传感器，大小大约和一块肥皂差不多（Cox 是很多智能设备的发明者，他发明的产品还包括被称为“浮动灯塔”的水平面监视设备和蓝牙控制的无匙“BLE”自行车锁）[74]。

当被用户穿在身上后，Breathe 会监视用户周围的空气质量。如果传感器检测到附近有污染源或较高等级的污染物，设备就会发出语音消息警告穿戴者。同时，它还会用 GPS 技术记录下污染的等级以及相应的地理位置。Breathe 有一个中央数据库，该数据库会从所有选择分享自己个人数据的用户的设备上收集数据。当设备连接到智能终端上的 App 后，该设备会上传信息到终端，帮助用户做出更明智的决定，以尽可能地避免受到污染。如果用户愿意，可以选择将数据上传到 Breathe 的中央数据库。在那里，Breathe 的数据科学家可以分析这些数据并制作出一张污染地图，提供消费者可以应用在日常生活中的洞见。除此之外，这些共享的数据信息可以帮助用户判断出空气质量最适宜锻炼时间，帮助用户决定是否要减少车辆的使用，或是否停止使用烧炭的火炉或壁炉[75]。

麻省理工学院城市研究和规划方向的 Carlo Ratti 教授认为，真正的长期有效的解决方法很可能来自共享的无人驾驶汽车。他指出：“最近麻省理工学院智慧未来移动小组发表的一篇论文向人们展示了一些城市对移动性的需求。比如新加坡——一座最有潜力成为世界第一个拥有开放使用的自动驾驶汽车队的城市——对移动性的需求能被其现有总车辆的 30%满足。此外，同组的其他学者认为考虑到拥有相同线路的乘客愿意共用一辆车，这个数据还可以再往下减 40%——这是通过对纽约出租共享网络的进行分析后所做出的评估。这也意味着在一个人人都能够按需出行的城市里，仅需使用现有车辆的 1/5。车辆数量的减少会显著地降低移动基础设施和相关配套建筑的建设成本和保养成本。更少的车辆也意味着更快的交通时间，更少的拥堵，和更小的环境影响[76]。”

同时，在具备像空气质量蛋、Breathe 等其他设备提供的解决方法中包含的知识后，我们将拥有最好的机会来战胜那些影响到我们的问题，无论是我们呼吸的空气还是我们饮用的水。

这是极其重要的，因为每个人或多或少都会产生污染，而减少有害的影响对大家都有益。

大城市，灯光明亮

大数据分析技术、移动技术、有线及无线带宽基础设施、传感器技术，与道路、桥梁以及下水道一样，所有这些都是现代全球化大都市的支柱。事实上，在涉及到城市的运作时，这些技术可能和领导力及政策一样重要。也正因如此，城市的规划者以及社区的领导人一直在反复思考的不是一座大城市意味着什么，而是一座伟人的城市意味着什么。

除了看起来的雄伟壮阔，伟大的城市必须高效地运转。人口的增长已经使这个要求更加迫切；政府领导人意识到仅仅是钢筋混凝土并不能帮助他们达到这目的。除了规模上的扩建，城市必须变得越来越有智慧。

这种“智慧”涉及到如何更合理地收集垃圾，如何更高效的给路灯供电，如何更好地增加税收，如何更有益的分享信息以及如何可持续地利用自然资源。

那么如何才能让城市变得智慧呢？

IDC 的技术调查员、城市规划师 Ruthbea Yesner Clarke 表示，他们开始制定一个周全的计划，涉及所有的民事部门和市民团体。IDC 智慧城市策略的主管表示，大多数城市都会有多个智慧城市的创新方案，但它们是自组的，在多个部门之间也不能很好地协调 [77]。她建议城市领导者列出所有的需求和目标，制定一个周全智慧城市的策略，然后着手实现基础技术设施的融合 [78]。

如果你觉得这些策略是显而易见的，那么让我说明一下为什么事实并非如此。一座大城市要成为伟大的城市有很多选择。对于投资智慧技术所带来的收益，它们也往往会非常兴奋。但它们需要精明地选择把钱花在哪里。如今，许多方案之间不能相互交流，或者是不能运行在相同的信息通信网络上，各方案也不会产生相同格式的数据。实际上，它们使得第三方创新者不可能在其上进行工作。正因如此，它们注定会成为需求海洋中创意的孤岛。

这就是为什么 Yesner Clarke 建议要协调好涵盖所有部门及市民团体的计划与投资。这就需要启动一个通用技术平台，该平台不仅可以提供多种功能和第三方应用，而且可以预测未来可能的需求。

前 Cisco 执行副总裁首席全球化主管 Wim Elfrink 表示，通过这样一个平台，一座城市可以铺展开一个网络，对人、资源、过程以及事情进行无缝连接。他相信这个统一的，具有良好交互性的平台是正发生在世界各地的新的数字革命的关键推动者[79]。

德国汉堡的港口就是一个正在进行数字革新的地方。这里已经部署了一个统一平台，把街道停车与交通控制连接，再连接到港口的进出港的调度，桥梁升降的操作，等等。当一艘轮船要通过时，交通路线可以被重新规划，以避免开合吊桥的打开影响交通。现在，司机只要打开 App 就可以找到空闲的车位，而不用像以前一样一直开车寻找。货轮上的每个集装箱都装有 WiFi 芯片，港口调度人员可以高效地对货物进行装卸，把货物分派到全欧洲[80]。

通过对这项智慧技术的投资，汉堡市政府有信心把港口的集装箱吞吐量提高到原来的两倍并提高人们的生活品质。

这仅仅是智慧技术改善城市生活的几种方法。一旦建立了一个通用技术平台，城市可以从中获得几乎无限的收益。加州桑尼维尔市 Sensity Systems 公司为城市开发使用的物联网 LED 灯就是一个例子。这些灯与现有的灯柱兼容，不需要额外供电也无需通过线连接网络。因此，它们可以在无需大量投资时间或设备的情况下降低能源消耗并改善公共安全。更重要的是，安装之后灯上的传感器可以把每个灯柱都转换为一个无线的智能节点，它们能被远程控制，也能单个升级，还有能检测路灯下违法活动并自动把潜在的犯罪行为告知警局的摄像头。把这些“节点”连在一起后，它们实际上构成了一个高速无线网，市民和城市雇工可以用它们来连接互连网[81]。

MIT 的 Carlo Ratti 认为这些方案也需要通过“自底向上”的动力直接让市民参与进来。“让人们自己对创建 App 并使用数据兴奋起来这一点很重要。如果我们能开发出合适的平台，人们就有能力解决关键的城市问题——无论是能源、交通、医疗、食物分发还是教育。城市 App 的世界里正在发生的就是这种自底向上方式的一个例子[82]。”

当然，技术是创建智慧城市方案的因素之一。敏锐、有远见的领导力是另一因素。了解相关情况的领导理解封闭的、专有系统与灵活、开放标准之间的区别。他们也能认识到触及所有城市部分及选区组织，与本地以及全球生态系统的其他成员协调投资的益处。这也意味着寻找新的可替代的方式来产生好的理念或资助投资。这就是市民参与 App、第三方创新技术以及新的伙伴关系发挥作用的地方。

当城市达到了这一目标将会怎么样呢？它们将发现从一个领域获得的益处能蔓延到另一领域。比如，更好的城市照明系统不仅能减少能耗，也能减少一些地区犯罪行为的发生，比如堪萨斯城、里约热内卢、阿德莱德、班加罗尔以及多伦多等。

智能的垃圾处理方案在省钱的同时也能提升环境的可持续性。它们也可以支持新型的公私合作关系（PPP），为城市产生收益或节省开支。那些安装在全世界城市之中的带有WiFi功能的垃圾桶可以装配上数字广告显示屏。垃圾桶不再是城市花销的中心，而成为了收益的产生器。而以上所说的只是可以革命城市经济的PPP类型的一种。接受智能技术产生的乘数效应能够革命城市规划者数十年来管理城市经济的方式。

在垃圾处理上节省下来的开销可以被用来帮助周济穷人，建造漂亮的公共空间，还可以购买更多省油的公交车。

智能技术为城市规划者满足城市需求提供了新的方式。在巴塞罗那、波士顿、北京以及班加罗尔都是如此。

当受社会、经济及环境问题所累时，这些多样而充满生机的城市就失去了与其他城市的区别。它们就像世界的其他地区一样，被交通、犯罪和污染问题搅得一团糟。

但是一旦从束缚中解脱出来，这些城市就可以摆脱每天面临的挑战，再次成为数百万人文化的灯塔，宣扬着本身独特、注定不同的理念。

第6章

隐私——我是商品吗

“我们的实验对象是人……”[1]

如果要你来猜这句话的出处，你会选择：

a．纽伦堡审判

b．一部被改的面目全非的国防部备忘录

c．一部科幻小说

d．一个线上婚恋网站的博客文章

尽管“d”看起来最不像答案，但实际上“d”是正确答案。为什么一个婚恋网站会发出一篇这样的文章，我们需要稍做解释。故事开始于另一个社交媒体网站 Facebook 所做的类似的坦白。

2014 年 6 月，社交媒体巨头 Facebook 惹怒了数亿用户，因为它承认秘密操纵了超过 60 万 Facebook 用户的新闻订阅，试图验证令人沮丧的新闻故事是否会降低用户对互连网的热情（事实上是，会的）[2]。

“太不道德了，”一些人对 Facebook 调研小组“情绪感染”项目这样评价[3]。太残忍，”其他人这样认为[4]。当媒体开始介入的时候，CNN 发表了一篇文章，名为“Facebook Treats You Like a Lab Rat”。位于加州门洛帕克的 Facebook 意识到这件事演变成了一场公关危机[5]。Facebook 首席运营官 Sheryl Sandberg 在印度出差时试图化解这场危机。Sheryl 在一个公开集会上说道：“公司会进行实验来测试不同的产品，这次事件就是我们正在进行的实验的一部分。只是沟通有误。我们为我们在沟通上的失误道歉，我们从未想让用户感到不快[6]。”

Sheryl 这一番字斟句酌的话语不仅没有平息此次事件，反而更进一步激怒了大量忠实的社交网站用户[7]。这股怒火不仅仅是针对 Facebook，也蔓延到其他的社交网站。这也包括前面提到的婚恋网站 OK 丘比特。这些公司是否真的如 CNN 所说将网上服务用户当作小白鼠，许多人对此很是惊讶。

对这个问题，“我们的实验对象是人……”的这篇博客的作者 Christian Rudder 的回答是“当然”。Rudder 是一位口才出众的 CEO，也是全球人气最高的婚恋网站 OkCupid 的合伙创始人。作为畅销书 *Dataclysm* 的作者，Rudder 一向以立场激进和直言不讳著称。在 Facebook 灾难事件的洪流中，Rudder 决定对人进行实验以完善网络服务的事件表达自己的看法。

“……只要你用互连网，不管什么时间什么网站，你就是正在进行的数以万计实验的实验对象，”Rudder 在 2014 年 7 月毫无歉意地写道，“这就是网站的运作方式[8]。”

尽管 Rudder 的坦率让人耳目一新，但是他的这番话让那些不了解这些本来显而易见的事实的人未免有些不安。如果你使用诸如 Facebook、Twitter、OkCupid 这类免费的网上服务，你就是这些公司出售的产品。

这里“你”指的是你在互连网上留下的个人数字足迹。尽管你可能没有想过这件事情，但是你的网上活动所创造的数据对其他人来说却是如黄金一般宝贵。这些包括你在 Facebook 上点的赞、你发送的关于你的兴趣爱好的 Twitter 和你的 Google 搜索。

你是否怀疑过为什么你在雅虎上搜索的酒店会出现在你的 Facebook 页面上？为什么你在 Facebook 上刚刚点赞的新款本田汽车，会在每一次你在浏览器里输入“汽车”的时候奇迹般地被推荐。这是因为正有某个商业组织在记录你在网上的一举一动。虽然人们经常谈论的是诸如 Facebook 和 Google 的这类互连网巨头，但是不仅仅是这些科技巨头在追踪你的一举一动，各个大大小小的公司都在追踪。

在过去的几年里，数据经纪商作为一个产业正在崛起，它用你的私人信息积累了数十亿美元资本。这些数据经纪商们从各种各样希望在你身上赚钱的第三方那里收购和售卖你的私人信息。这些第三方包括贸易商、零售商、制造商和产品开发商，甚至包括慈善机构和非营利性组织。大体上，这个产业缺乏监管。这一定程度上导致它的发展程度和复杂程度超出想象。在 2014 年 3 月，联邦贸易委员会（FTC）委员 Julie Brill 告诉 *60 Minutes* 的记者 Steve Kroft，美国人已经基本屈服于商业利益，“对大部分私人信息的管理已经失控[9]。”

然而联邦贸易委员会（FTC）确实也行使了一些权力来抗争对私人信息的滥用，它敦促美国国会在2014年5月制定了更加严格的法律使数据经纪商产业对消费者来说更加透明，并对数据经纪商如何收集、分享和使用私人信息加大管理力度。紧接着联邦贸易委员会（FTC）发布了一篇名为“Data Brokers：A Call for Transparency and Accountability”的报告，报告认为“很多数据经纪商收集和使用数据的目的对消费者构成威胁[10]。”

虽然指责这些唯利是图的商人很容易，但是消费者本身对造成现在这种状况也有不可推卸的责任。为什么？因为我们越是不断地使用和依赖互连网进行搜索、浏览、评论，最终购买商品和服务，我们泄露的个人信息就越多。

在还是只能用台式机或笔记本电脑来连接互连网的时候，互连网能够从我们的活动中发掘出的“金矿”数量还是相当有限的。但是网络公司的员工非常精通业务分析，他们意识到我们大部分的线上活动都有利可图。在21世纪初，移动智能设备的出现改变了人们的社交方式，也导致我们线上活动产生的价值大幅增长。当我们家里、公司和社区的大部分设备连接在一起后，产生的价值更会呈指数级增长。这是因为每一台设备都会采集关于我们和我们周围世界不断增长的各种数据，这些数据最终被第三方利用。采集的数据数量如此之多以至于某些专家猜测“隐私”这个概念是否会在一二十年后消失。

Richard Clarke在2014年的*The Wall Street Journal*上写道，“久而久之很少有人能记起在信息时代以前享有隐私的感觉，而大部分人在成长中也会对隐私的概念越来越淡薄。虽然可能有人会抵制隐私被侵蚀，但是担心政府和大企业数据的只会是少数人。”这位前白宫网络安全负责人担心有一天只有富人和技术派能够享有隐私。“支持隐私的团体很可能不仅被公司利益和安全产业的复杂性打倒，还有贪图小便宜的大众，他们会仅仅因为免费而使用能够获取数据的设备和应用[11]。”

然而，欧州的普遍看法是在允许数据分析市场发展的同时，需要制定一套明确到位的隐私保护措施来保护消费者。

当你从全世界的角度来看待隐私问题，会注意到每个人关于隐私的态度是不统一的；这些差异显著体现在地域、社会经济地位和人口结构方面。这些差异构成了公司和政府在试图平衡利益和满足各方意愿时所面临的关键挑战。

比如说，一些人认为隐私是一种财产权，它可以被换取价值、自由转移甚至被其他权利压倒，例如言论自由。另外一些人认为隐私是一项基本的人权，它不能被以任何价格出售或剥夺。对于这些人来说，个人隐私和宗教信仰自由一样神圣。

或是出于激情，或是由于世界观，关于隐私看法不同的双方都会牵动你的心弦并引起你的认真思考。要理解双方有一个方法，这个方法虽然简单却十分有效，那就是想象如果隐私权被侵犯以后的情况。

如果你认为隐私权是一种财产权，那么就可以像未经许可侵占他人其他财物一样拿走它。在这种情况下，隐私与经济相关。对于这样看待隐私权的人来说，个人应该能够自由地用金钱或其他价值来交易他们的财产权。

相反地，如果你认为隐私权是一项基本的人权，那么想象如果它被剥夺，就仿佛你被绑架一样，这样会唤起你的本能反应，甚至想象被剥夺隐私权就好像摘走你的身体器官一样。对于这样看待隐私权的人来说，关于隐私的辩论提出了深刻的伦理问题，并且画出了公司和政府都不能逾越的底线。

很多人认为美国关于隐私权问题更倾向于经济或财产权观点，而欧盟更支持隐私权是基本人权的观点。一般来说这种看法是正确的，但是并不是普遍如此。这种评估太生硬并且过于简单化。事实上，存在很多因素会影响个体关于隐私权的看法，这些因素包括个人的世界观、政治倾向、受教育程度、经济水平等等。它们在很多问题上影响了你的态度，是支持还是反对，个人家庭隐私重要还是公共场所隐私重要，个人隐私更有价值还是公众人物的隐私更有价值。话虽如此，不同地域间关于隐私权的看法正在逐渐靠拢。

数字化和万物互连的有趣之处在于：不管你如何看待隐私——是将它看作一份财产还是一项基本人权——创新都正在颠覆它的传统定义。正因为如此，个人隐私和更广泛的社会责任间当前的平衡也提示了它们异于传统的地方。

在本章，我分别考察了受影响的三方：希望从提供的免费服务中获取回报的商业公司；相对于个人保密性来说更加重视公共信息安全的社会团体和试图平衡集体安全与个人自由的政府机构。你可以这样认为，这三方正是隐私权与利益、隐私权与言论自由、隐私权与安全之间的斗争。

下面我们就从商业利益给个人隐私造成的压力开始，而且一些不容忽视的事实和政策挑战加剧了这种压力——其中之一：当涉及到互连网，每一个人都在说谎。

同意的陷阱：人类的货币化

问题：“我已经阅读并同意相关条款和条件。”当你不经思考地点击商业网站上这段话旁边的小方框时，你是在说实话吗？

当然不是。

在注册 iTunes 账号、订阅 Box 或者 Twitter 协议时会阅读相关条款和条件的人最多只有个位数，具体数值可能会有些许偏差，但情况基本就是这样。谁又能责怪他们呢？iTunes 在 2015 年 6 月 30 日发布的最新版本的同意协定中内容超过 20000 字——这大概相当于你最近正在阅读的书籍的 1/4 的长度[12]。它的长度差不多是 Albert Einstein 的广义相对论的两倍[13]。

你可能没有认真思考 Facebook 和其他商业网站的用户协议，就直接点击了同意，你要为这些没有恶意的小谎言付出沉重的代价。这个代价就是你的个人隐私（美国喜剧中心制作的娱乐恶搞动画片 *South Park* 把 iTunes 用户协议精美打印出来，这个代价可就更大了）[14]。

就拿你的浏览习惯来说，如果你肯花时间认真思考隐藏在 Facebook 条款中的内容，会发现那些条件你可能不会欣然接受。比如说从 2015 年 1 月 1 日开始，Facebook 通知用户，用户使用 Facebook 提供的服务时允许 Facebook 使用他们的姓名、资料图片、发布的内容和由 Facebook 提供或推广的商业、赞助的相关信息（例如你喜欢的品牌）[15]。

虽然表面看起来好像没有什么不妥，但是这些条款也包含着这样的信息：这意味着你允许一个企业或其他实体付钱给我们来展示你的名字或包含你的信息内容的资料图片，却不会给你任何补偿[16]。

另外，用户们还同意 Facebook 可以“通过比较你朋友的照片，你的个人资料照片以及其他你被标记过的照片，推荐给你的朋友在上传的照片中标记出你[17]。”

大部分人没有意识到注册 Facebook 就意味着允许该公司追踪你的浏览历史和移动应用的使用情况。类似地，它可以通过 GPS 来追踪你的个人活动。Facebook 确实也说过它不会“同广告商，测算或分析的合作伙伴分享可以识别出你的个人身份的信息……除非得到你的许可[18]。”

这就是说，令大多数人（尽管不是所有人）惶惶不安的现实是 Facebook 通常知道你在哪里，正在做什么，甚至可能知道你和谁在一起。

Facebook 经常宣称你拥有发布到 Facebook 上的所有数据，但是通常轻描淡写一个不可忽略的事实：除非你特别要求，Facebook 可以任意使用你的数据，例如你的名字、资料照片、性别和人际网络，你甚至都没有选择的权利[19]。在欧洲，Facebook 已经被要求需要向用户介绍一些方法来控制 Facebook 使用用户的数据。虽然取得了一些成效，但是某些报道称 Facebook 目前还没有完全遵从。

当然Facebook只是众多使用你的个人数字信息的公司中的一员。这份清单上的公司有无数多个。同样地，它们每次从你访问一个网址或使用一个移动应用程序时收集到的数据也是无穷多的。以安客诚公司（Acxiom）为例，它就是一家之前提到过的数据经纪商公司。安客诚公司总部在美国阿肯色州的小石城，是数据收集和传播行业中规模最大的营销公司之一。根据 *The New York Times* 报道，这个公司拥有“关于全世界五亿活跃消费者的信息，平均每个人1500个数据点”。报道中指出，这些活跃消费者包括美国的大部分成年人，其中包括参加911恐怖袭击事件的19名劫机者中的11个人的信息[20]。要知道911事件发生在2001年，那时候谷歌还只是一家小公司[21]，而Facebook还没成立，因为它的创始人Mark Zuckerberg还在读高中[22]。

那么第三方利用这些信息可以做什么呢？你肯定想不到。

把你的线上活动交到出色的数据分析专家手里，他们能挖掘出大量关于你的个人信息——包括你的金融净资产、政治倾向、性取向、社会关系、社区活动和消费偏好。数据分析专家知道你住在哪里，开什么样的车和下一辆你想要买的车。他们知道你喜欢看什么类型的电影，听什么类型的音乐和读什么类型的书。他们甚至知道你是否讨厌色情杂志。

还有其他的吗？数据收集者知道你有几个孩子以及他们的年龄，你的医疗状况，和其他一些甚至你自己都不知道的信息。有这样一个案例，是2012年的一个头条新闻。Target百货公司的数据分析专家识别出密尔沃基郊区的一个未成年少女怀孕的信息，而此时少女的父亲还不知情。在分析完她的网上活动之后，这家零售商确定了她的医疗情况，开始给这个高中女生发送一些婴儿服装和相关商品的促销活动信息。女生的父亲被邮箱里的促销信息激怒了，他冲到当地的Target商店向经理投诉，“你是不是在鼓励我的女儿怀孕？”[23]

如果前面这些内容让你决定抛弃智能手机，然后移居到一座废弃的小岛生活，请稍等一下，你需要考虑这个复杂问题的两面性。在一些情况下，即使Target或者其他公司会从中获利，你可能仍然愿意让它们获得你的数字足迹。获得了你的个人信息，零售商或其他商业公司也会回报你的忠诚惠顾，他们会提供更多的信息来帮助你做出购买决定，甚至能够帮助你省钱。为了这些利益，你可能会选择放弃某些个人信息。

还有另外一些情况，例如当分享个人数据可以帮助提高你的健康状况甚至挽救你的生命的时候，你很可能还会选择分享其他的信息。比如说你每天使用的可穿戴健身设备就是这种情况。

因为这些产品可以自动化测量和测试数据。而且测量得到的数据数量和精确度相比以前也大幅提高。Saviance Technologies 是一家总部在新泽西专注医疗保健产业的 IT 服务提供商。Saviance Technologies 认为，如果使用得当，这些数据能帮助科学家取得新的医疗突破，更好地运行医疗设施，并协助医护专业人员做出更明智和及时的决定[24]。

如果以能提升你健康状况的见解作为交换，你愿意放弃一些你的个人隐私吗？相信我们中的大部分人都会很高兴地说：“我愿意”。

现在想象一下你的个人数据为其他领域的研究员带来的利益，这包括运输、能源和政府机构等领域的研究人员。如果个人和团体降低他们关于数据的安全标准并且同意可以更加广泛的使用他们的个人数据，那么这些数据在经济、公共安全、环境可持续发展等领域中将会产生巨大的利益。

在你思考上面这些问题的同时考虑一下这个问题：你最近一次开支票给 Facebook 是什么时候？当然答案是从来没给 Facebook 开过支票。在考虑 Facebook 和其他公司产生的隐私问题时，有一点很重要不能忘记，这些公司为用户提供的服务是免费的。除非你是高级用户，Google 没有指望你为使用它的服务而付费。雅虎、Twitter、LinkedIn、OkCupid 和大部分其他公司也是如此。提供相应的这些服务并不便宜。在 2014 年年度财报中，Facebook 的总成本和费用，包括员工工资、物业租赁、设备投资等总计 75 亿美元[25]。这是 2010 年的 7 倍[26]。在 2014 年，Facebook 在科研和开发中投入 27 亿美元，是其全部收入的 21%[27]。即使按照硅谷的标准，这也是一个很高的百分比，而且它仅仅只用于提高改进免费的服务。

从 Facebook 的角度看，没有人强迫你去使用它的服务；但是如果你选择使用这些服务，你的隐私权就必须与义务相平衡，你有责任让 Facebook 获得利润。

所以，我们也许不应该仅仅担忧我们的信息被收集或使用，甚至是为某些特殊群体定制使用。或许我们反而应该确保数据的用途符合终端用户的合理期望，以及终端用户对数据被使用不感到意外。“如何”和“为什么”使用我们的信息才是紧要的。就个人医疗保健来说，这样做对个人和社会的益处显而易见。而对于 Facebook，我们可能认为它提供的免费服务值得我们去分享数据。

如果终端用户的期望和抉择决定了是否可以使用他们的数据，那么我们需要确保他们所做的这个决定是有意义的。关键是要为用户提供透明度和控制力。同时，我们也需要承担一部分教育我们自己的责任。一旦我们了解了责任，我们需要明确的选择来允许我们的数据或部分数据被使用。

不幸的是，当日常用品中都被嵌入传感器，在这样一个新兴的万物互连的数字世界中执行透明度和控制力并不容易实现。不是所有的设备都有笔记本电脑或智能手机一样的用户界面。在笔记本电脑或智能手机上，我们可以很方便地在屏幕上阅读条款和复选框。但是你能想象一个路灯询问我们在路过时是否需要提高亮度？未来当我们行走在城市中愿意被成千上万这样的传感器纠缠吗？

Cisco政府事务高级经理Chris Gow说，问题的答案不是用大量愚蠢的请求来轰炸消费者，而是精简信息，用易懂的方式汇集决策点，这样我们才不会手足无措。而且一旦同意被滥用（举例来说，为了公共安全这样的共同利益），我们必须确保其他的隐私保护措施到位，以消除公民的担忧。

Chris Gow说："为了提高透明度，公司需要考虑分层的隐私政策，使得条款更详细，摘要更容易理解。为了提高控制力，公司需要考虑对消费者的易用性——他们是否能够做出单项决策来达到他们对这一系列用途和服务的期望。为了增强隐私性，他们需要考虑诸如匿名和汇总这样的技术和原则，将安全措施和根深蒂固的隐私观融入劳动力文化中——包括可能开发出新产品和新服务的工程师，也就是设计时就考虑隐私问题。"

换言之，我们需要的是一套可以随时被引用的隐私权条例。举例来说，匿名并不总是有效——如果你连病人是谁都不知道那么治好病就无从谈起了。但是很多情况下，公司没有理由去识别你的身份，匿名就没有必要了。

然而，我们在这一章中讨论的对信息的控制监管和从信息中获取价值之间的矛盾，不是万物互连导致的唯一困境。万物互连考验隐私的另一种方式是用你的个人隐私同社会共有的言论自由权利对抗。

纵观历史，这两种权利一直争斗不休。随着新科技的发展和物联网的崛起，这些自由权彼此之间将会产生比以前更大的冲突。

为了更好地理解，来看下面这个得克萨斯州人Frank Rodriguez的案例。

绝不放手：被遗忘的权利

来自得克萨斯州考德威尔的Frank Rodriguez有很多身份。他是一位忠诚的丈夫、一位慈爱的父亲和一名敬业的员工。同时几乎他的半生都被登记为性侵犯者。但在你匆匆得出结论前，注意Frank不是传统意义上的性犯罪者，而是互连网时代下的产物。

Frank在19岁的时候，他和他的女朋友Nikki Prescott发生了性关系。尽管是在双方都同意的情况下，但是因为当时Nikki未满17岁，而在得州法定允许发生性行为的年龄是 17 岁，Frank 的行为因此属于犯罪。

在 2011 年 7 月出版的 *Marie Claire* 杂志上刊登的文章 *The Accidental Sex Offender* 中详细披露了 Frank 的噩梦：Nikki 的妈妈担心女儿和 Frank 的关系变得越来越认真，所以向警方报案。她只是想让警方警告一下 Frank，但是她却给 Frank 带来了一个永远无法摆脱的法律噩梦，Frank 成为了一个被永远登记在册的性侵犯者[28]。

在他的名字被列入得州性侵犯者名单之后，Frank 面临着一系列的挑战和障碍。他仍然努力尝试着融入社区。虽然当 Nikki 年满 17 岁后，他们结了婚，并育有四个漂亮的女儿，但是他不能参与执教女儿们的足球队。而且他也不能陪伴女儿们去游乐场、公共游泳池或者任何其他孩子们聚集玩耍的地方。

Frank 并不是个例。

美国全国范围内，有将近 650 000 人被登记为性侵犯者。虽然其中大部分是性变态者和性奴役者，但还是有一部分人和 Frank 一样——是由于年轻的时候与一个未成年女孩坠入情网。比方说，在 Frank 遇见 Nikki 的时候，18 岁的 Frank 是当地高中校橄榄球队的明星球员，而 15 岁的 Nikki 是羞涩的新生啦啦队队员。

具有讽刺意味的是，Frank 却是这份性侵者名单的忠实信徒。毕竟他是一个父亲，和 Megan Kanka 的父母一样。正是因为这名 7 岁的小女孩被性侵者杀害，在 1996 年美国颁布了《梅根法案》(Megan's Law)。法案规定，社区居民有权知道附近居民的情况[29]。Nikki 和 Frank 看法一致。她告诉 *Marie Claire* 杂志，让社区内的家长和孩子了解居住在他们周围的性侵者这是一件好事，只是 Frank 不应该出现在名单上[30]。

只要美国还存在互连网，Frank 就会出现在名单上。即使在得克萨斯州开始区别对待少年犯和惯犯的情况下，也依然如此。

因为互连网永远不会忘记。

也许有一天性侵者名单上 Frank 的名字会被划去。但是互连网将会永远记住他曾在名单上出现过。

如果 Frank 生活在欧洲，情况也许就会不同了。因为在 2014 年春季欧盟法院决定个人有权让搜索引擎删除这样的信息链接“不恰当，不相关或不再相关，或就目的而言处罚程度过重和已经过了时间期限”[31]。

关于西班牙律师 Mario Costeja González 的案件把问题摆到了中心位置，Mario Costeja González 曾陷身于财产偿还纠纷。在 1998 年，西班牙报纸 *La Vanguardia* 刊登官方通知，对拍卖 Mario Costeja González 的房产以偿还其债务一事进行了通告。据 *The New Yorker* 杂志报道，虽然 González 清理了他的债务问题，但是多年后通过谷歌搜索他的名字仍可以链接到这些报道[32]。González 声称，在法院已经除去他的名字多年后，这些链接仍极大地影响了他的声誉。尽管欧盟法院在某些方面关于欧洲隐私权法律的带有扩张主义的解释让人大跌眼镜，但是在这个具有里程碑意义的裁决中，欧盟法院做出了有利于个人的判决。它规定个人可以就某件具体事宜要求谷歌或其他网站删除某个特定链接。

在 2014 年 9 月 *The New Yorker* 杂志发表的这篇震撼人心的文章中[33]，文章的作者，法律学者和电视评论员 Jeffrey Toobin 说，欧盟以牺牲更广泛的言论自由为代价来提高个人隐私权的举动，与美国的做法形成了鲜明对比。在美国，个人自由经常要让步于政府的干扰和商业性开发。

Toobin 在 *The New Yorker* 杂志的文章中写道，近年来很多人（像 González 一样）做出了同样的努力。其中有希望私人照片不被广泛传播的演员，也有不想因犯罪前科影响找工作的释囚。尽管情况不同，但是所有人都希望拥有这项美国不存在的权利：被遗忘的权利。

在万物互连的年代，官方提供这种“权利”变得越来越难。举例来说，如果你用智能手机购买一张电影票，第三方不仅能知道你喜欢的电影类型而且知道你所在的方位。如果你通过社交媒体告诉朋友们你对这部电影的观后感，那么电影的制片人也将会看到。而且如果你在片尾字幕出现时就离开了座位，GPS 追踪技术也会记录到你的行动。

并非一时，或许一世。

这是不是一件好事呢？很多社会学家和法律学者都不知道。这仍有待商榷。一方面，人们有权知道周围的人是否有过性侵犯罪史。但是这个权利如果侵犯了像 Frank 一样的成千上万人的人身自由，就会失去平衡。这么多年以后 Frank 还不能有一点隐私权吗？

在 Frank 的案件中答案是显然的。

但是其他的情况呢？欧盟裁决产生的直接后果中，据 *DailyMail.com* 报道，第一个发出文件要求谷歌和其他公司执行判决删除链接的是一个当时正在竞选连任的政客，他曾被判持有儿童色情图片罪[34]。另一个是一位收到病人差评的医生。在每个案例中，大多数人都同意被遗忘权是非常珍贵的，不能被封锁起来。

言论自由倡导者们开始感到不安。Cisco 首席隐私官 Michelle Dennedy 指出，自创世伊始，我们从来就没有“被遗忘权”[35]。她说，我们已经有很多保护隐私权的法律机制，比如诈骗法和诽谤法，可以被用来解决这个问题。

维基百科媒体基金会执行理 Lila Tretikov 在其网站发表博客称，“欧盟法院放弃保护人类最重要和普遍的权利之一：搜索、接收和传递信息的权利。导致的结果是，在欧洲准确的搜索结果正在逐渐消失，这一切都没有公开说明，没有真凭实据，没有司法审查和上诉程序。最终互连网遍布记忆空洞——在那里不利的信息都消失了[36]。”

她文中指出的“没有司法审查”让透明度支持者感到特别棘手。目前，是由搜索引擎公司决定它们会链接什么不会链接什么。虽然他们都是独立的仲裁人，但是对当前申请被遗忘权程序持批评态度的人注意到，这些科技公司不是专家，它们不能够对相关内容做巧妙的决定。

但是这只是冰山一角。从最初判决开始，欧洲监管机构发现欧洲公民想要获取关于社区、历史和其他公民的信息不只依靠搜索 Google.fr 或者 Google.es，这两个分别是谷歌在法国和西班牙的域名。相反地，他们经常在总部位于加利福尼亚州的全球网址 Google.com 上面查询信息。欧洲监管机构的执法态度非常坚决，为了使欧洲公民不能查询到已被认定为“被遗忘的”信息，他们要求 Google 删除任何相关搜索结果，不仅只是欧洲网站上面的结果，而且包括美国、南美洲和亚洲网站上的结果。实际上，欧洲的监管机构不仅试图限制欧洲公民在网上的合理搜索结果，而且也在限制几乎其他所有国家的公民的搜索结果，同时运营搜索引擎或社交媒体网站的科技公司正在变成仲裁者和执行者。

Intel 全球隐私官 David Hoffman 认为，需要一个集中化的无名方案来解决这个问题。他建议：像 Google、Facebook 和 Twitter 这样的公司每年提供一定比例的资金，设立和运行一个集中管理的非营利性中心。该中心由监管机构进行培训和批准，作为仲裁者决定哪些内容可以被删除。参与公司承担有限的责任，只要它们遵守中心的裁决[37]。

在 2015 年 2 月 *The New York Times* 发表的一篇社论中，*The New York Times* 编委会抨击了欧盟委员会在执行欧盟法院判决过程中的强硬做法。编委会认为：“欧洲的立场令人深感不安，这样做会导致公职人员介入审查来洗白他们的过去经历。同时还为其他国家的官员树立一个非常糟糕的榜样，他们也想要互连网公司删除不喜欢的链接[38]。”

美国联邦贸易委员会委员 Julie Brill 在 2014 年 9 月 11 日 Mentor Group 维也纳论坛中的讲话指出[39]，合理的解决方案会在“时机成熟的时候”出现。她以美国的《公平信用报告法》（FCRA）为例来解释说明这个问题。“经过一段时间之后——大部分情况下是 7 年——有关债务追讨、民事诉讼、税务留置权甚至刑事逮捕的信息都会变得‘过时’，因此必须从消费者报告中删去。”这种类型的政策决策加上“具体义务来允许消费者对有关他们现在和过去生活的信息行使更大的控制权”。

当然在一个理想的世界中，科技可以帮助协调隐私和言论自由之间的冲突。但是正如你所见，数字化带来了新的挑战。

没有什么能比美国宪法第一修正案中的冲突更能说明问题。第一修正案保证了言论自由、和平集会等权利。第四修正案保护个体免受不合法的搜查和扣押。由于新的改革，政府以保护公民的名义侵犯公民的隐私权从未变得如此容易。

安全但不可靠：头脑中的内容

人类拥有隐私的权力。

Apple 公司的 CEO Tim Cook 如是说。

2014 年秋天，Apple 公司由于给 iPhone 6 装备了最新的端对端加密技术而受到安全社区的质疑。对于外行人来说，端对端加密技术是一种使设备不能被解密信息的技术。利用这种技术，第三方不能破解手机或者查看手机的内容。

其中对 Apple 这一决定反对呼声最高的是 FBI（美国联邦调查局）局长 James Comey。据 *Time Magazine* 报道，James Comey 抱怨说，这种情况下要破解一部手机需要花费“超过五年半的时间，来找出一个由小写字母和数学组成的 6 位密码的所有排列组合情况[40]。”

Apple 行政长官说，这正是关键所在。

当被告知 Apple 公司的设备正在协助恋童癖和恐怖分子犯罪时，Cook 抓住机会提醒每一个人拥有不受干涉权是被载入美国法律的。在公共广播公司（PBS）和哥伦比亚广播公司（CBS）通讯记者 Charlie Rose 的采访中，库克确立了 Apple 公司在政府干涉问题上的立场。他直言不讳地说：“人类拥有保持隐私的权力。而且我认为在未来一年左右这将是一个非常重要的话题[41]。”

2014 年全年，安全利益集团和自由主义者一直围绕政府需要保护公民和个人隐私权问题争论不休。在 2014 年 11 月和 2015 年 1 月，犹他州众议院的一名忠诚的支持安全的议员威胁要支持从根本上切断一项秘密武器水源供给的立法，这个秘密武器是在 911 事件之后修建在犹他州沙漠中的价值 17 亿美元的数据中心。当他得知这个机构里的工作人员能够监听全国每一个电话和每一封电子邮件时，他变得义愤填膺[42]。

在 2014 年 6 月，地方执法人员是否可以强制个人透露私人设备中的内容，就像强制嫌疑人交出口袋里的东西一样，在美国最高法院对此问题做出判决之后，群众对政府监管的愤怒达到了白热化程度。法院对“莱利与加州执法”一案的判决中罕见地一致决定，政府在没有允许或搜查令的情况下无权搜查嫌疑人的移动电话[43]。

自由主义者为这个判决欢呼庆祝，而安全专家们却大为恼火。在宣布判决的新闻发布会上，联邦调查局局长科米用激烈的言辞表达了自己的担忧。

他说：“令我担忧的是公司营销的商品明确允许人们认为自己可以超越法律。有人在卖一个永远不能被打开的橱柜——即使这涉及一宗儿童绑架案和法院命令——我认为这不可理喻[44]。”

在斯诺登事件以前，科米的话可能很有说服力。但是斯诺登事件发生之后，他的话没有了效果[45]。在2013年前美国国防项目承包商Edward Snowden将美国政府监听项目的秘密文档披露给了*The Guardian*和其他媒体。甚至连美国最高法院保守的首席大法官John Roberts都认为政府的看法是移动智能手机里的数据和没有通过嗅觉测试的钱包里的东西没有什么不同[46]。

Roberts在法院的判决中指出：“这相当于辩称骑马无异于乘飞行器去月球，都是从A点移动到B点。但是不能把它们混为一谈。现代智能手机储存着大量的个人信息，同烟盒或钱包比较并不恰当[47]。”

Roberts还认为，“在手机出现之前，搜查一个人仅限于身体检查而且对隐私的侵犯非常有限……相比之下，在今天毫不夸张地说，超过90%的美国人都在用手机记录他们生活的方方面面——从日常生活到私密行为[48]。”

法院的判决和Apple、谷歌以及其他公司为消费者增强隐私保护都突出了*The Wall Street Journal*所说的“应对新技术的持续执法挑战”。

该报纸在2014年9月的一篇文章总结道：

“其他一些新发明，比如发短信、即时通讯和视频游戏聊天，这些都为通信监管造成障碍，然而执法机构最终都能找到方法来克服这些困难。但是这次美国最著名的两家公司都在宣传它们的手机系统能够打破法院命令，把这项技术交到数千万民众的手里[49]。”

在一次*The Wall Street Journal*的采访中，从事研究帕兰提尔科技公司（Palantir Technologies Inc.）和IBM公司隐私权问题的斯坦福大学研究员Brian Pascal说，“突然之间，一家营利性公司做出决定，‘我们将加入消费者反抗政府的第一战线’[50]。”

考虑到物联网技术的开发数量，有一个值得注意的现象会使政府比从前更容易干扰公民的日常生活。这些技术包括间谍技术如“dirtboxes”，司法部在小型飞机底部安装上这种装置来追踪犯罪嫌疑人（更不用说恰好在这个范围内的其他任何人）。还包括消费级技术，使用基本的计算机技术就能入侵具有 WiFi 功能的汽车[51]。

CIA（美国中央情报局）局长 David Petraeus 在 2012 年技术会议上发言说，智能连接设备为暗中从事谍报技术的人员监视个人提供了前所未有的转型机会。

Petraeus 说：“相关内容将会通过一些技术被定位、识别、监视和远程控制，如射频识别、传感器网络、微型嵌入式服务器和能量采集器，这些都与下一代互连网相关，在下一代互连网会运用大量低成本高效率的计算方法[52]。”

《连线》杂志在 2012 年的报道中写道，什么样的技术会允许这样做？几乎所有设备都可以，从用来归档照片的个人云存储账户到为了用户方便而设计的连接设备。据杂志报道，“随着‘智能家居’的兴起，当你使用手机上的照明应用程序去调节起居室气氛时，情报部门能够实时拦截你发送的标记地理位置的数据[53]。”

显然，滥用的可能性是存在的。根据 *USA Today* 和其他媒体报道[54]，自从揭露了“在 911 事件发生之前将近十年时间里”美国司法部和禁毒执法局一直在追踪国际电话之后，事实更是如此。为了更好地保护公民，各部门采用极端的措施来监视通信和追踪个人活动。显然，其中的某些不管是法律保证的还是政府约束的措施完全践踏了个人隐私。

针对上述情况，私人团体和商业界都向政府和其他主管部门提议，采用合理的类似“道路规则”的指导准则，保护万物互连年代的个人隐私。美国在线（AOL）、Apple、Dropbox、印象笔记（Evernote）、Facebook、Google、LinkedIn、微软、Twitter 和雅虎在“改革政府监督”联盟的支持下联合起来，“目的是确保政府执法和情报工作受到规则约束，是具体的、透明的和受监督的。”他们支持的原则包括限制政府收集用户信息的权力、监督和问责、政府需求公开透明、尊重信息自由流动和避免政府之间的冲突[55]。

同样地，Cisco 整理收集了一份希望全世界政府都能采用的原则清单。具体来说，它们号召政府不要干涉生产合法交付的产品；不要试图把未记录的后门包含在推向商业市场的 IT 技术中；不要干涉隐私部门开发或使用用来保护客户隐私和安全的加密技术；不要要求公布推动网络攻击能力的源代码。思科还要求政府不要制定这样的准则，要求公司收集保留客户通信或交易的记录，而且政府应该利用双边或互助法律条约程序，而不是要求访问跨国界数据来制造法律冲突。

鉴于一些国家政府正在努力制定关于数据主权和数据驻留的法律，清单的最后一项格外具有争议性。外国政府为回应美国政府在数据收集方面的努力，从巴西、俄罗斯到中国都通过了法律，欧盟成员国也在要求同样的措施限制数据在国界以外的流动，要求数据储存，或者用像处理领土冲突的方式对数据进行司法管辖。

Intel 公司的 David Hoffman 认为各国对数据定位采取三种不同的方法：要求将数据存储在本地，并以可在本地访问的格式存储（俄罗斯和印度的方法）；要求数据不流向其他人（例如 NSA）可以访问的地方（德国和巴西的方法）；以隐私和安全问题作为烟幕，保护当地产业的竞争力[56]。

虽然起草这些法律的初衷是保护公民的个人隐私权，但是这些法律会影响人们使用创新的云服务，甚至可能在国外无法使用信用卡或者旅行时无法使用境外航空公司签发的电子客票。

尽管这些法律不是合理的解决方法，但是显示出在谈到政府监督问题时，个人和政府的担忧如此相似。欧洲、亚洲、南美洲和美国，以及世界各地的公民无不如此。

另一个迹象是 2015 年 4 月电视主持人、喜剧演员 John Oliver 和 NSA 揭发者斯诺登之间的采访视频。视频在 HBO 电视网播出后一周，在互连网上已经被观看将近 500 万次。截至写作本书时，视频已经被观看超过 900 万次[57]。

弯而不折：隐私权的演变

货币化的你。被遗忘的权力。你头脑中的内容。

或者，前文提到的，隐私权相对于利益，隐私权相对于言论自由和隐私权相对于安全。

不仅仅是抽象的概念，这些关于隐私权的问题在万物互连的世界中显得尤为突出。

随着更多人以不同的方式连接到互连网，隐私权将会受到来自营利组织或企图利用个人数据赚钱的人们的进一步考验。

隐私权还会受到来自出于善意的法律、媒体机构和非营利组织的考验。他们想通过时时刻刻促进言论自由来服务广大社群，即使有时以牺牲个人自由为代价。

在政府不同安全部门工作的人们，他们是专门负责保护我们安全的人。如果他们扩展使用万物互连技术，正如我们所知，他们也会威胁我们的隐私权。

作为回应，各界力量融合到一起保护并重新定义了隐私权。其中包括美国最高法院法官 Sonya Sotomayor，她帮助法院用 2012 年发布的意见书中的新方式处理隐私权问题。她写文章支持大多数人的决定，在用 GPS 设备追踪嫌疑人之前要求执法机构持有搜查令。Sonya Sotomayor 法官指出，“有必要重新考虑这个前提，个人没有理由主动将隐私信息透露给第三方[58]。”

在数字化时代，她写道，“人们在完成日常工作的过程中，向第三方透露了大量的个人信息。拨打的电话号码透露给移动电话运营商；访问的网址和对应的电子邮箱地址泄露给互连网服务供应商；以及购买的书籍、食品杂货和药品泄露给在线零售商[59]。”

她补充道，虽然人们表示愿意用一些隐私来交换便利性，但是也希望隐私权受到保护。包括知道谁能获取他们的数据和如何使用这些数据。换言之，人们想要信任和透明度。当无法得到时，人们仍然期望可以问责。

对法律学者和微软总法律顾问 Brad Smith 来说，这是对隐私权的新理解。在 2014 年布鲁金斯学会（Brookings Institute）的集会发言中[60]，他提到随着新技术和新思想的到来，隐私权的意义在演变，但是它的价值不会衰减。

比如，可以从数字足迹中挖掘出大量你的个人信息，而且它会以一种你无法改变的形式存在很长一段时间。是不是就意味着你的数字足迹像你的种族一样无法改变呢？它们如何被使用或甚至被滥用[61]？

如果消费者和监管机构能更好地处理数字化带来的隐私权挑战，他们就能更好地表达对私人科技公司和政府本身的期望和要求。因为斯诺登事件和其他相关技术的发展，这些努力在帮助保护隐私权方面都发挥了作用。

以消费者行为为例。

如今，比以往更多的消费者开始考虑这些公司如何使用他们的个人信息。由于消费者利用社交媒体可以发布全球即时公开的言论，以营利为宗旨的企业面临着更大的监督压力。

除了消费者，很多立法者也加大力度支持隐私权法。目前大约有 100 个国家制定了隐私权法来保护公民隐私。而上一代人以前，制定隐私权法国家的数量远小于这个数目[62]。而且每年都有更多的新法律提出。仅加利福尼亚州，在 2013 年州立法会议期间，就提出就超过 30 个新隐私权法案。虽然没有通过所有法案，但是在 2014 年州长 Jerry Brown 签署了一些重要的法律，如保护学生隐私、消费者数据的完整性和“复仇色情”受害者。一年后，州长签署了附加的法律，加强对个人隐私和消费者权益的保护[63]。

如果你重视隐私权，那么这些进展——包括最高法院对执法人员需得到允许或持有搜查令才能搜查你的手机的裁决——会给你带来希望。总体上，不断变化的公众态度，政府反应和企业问责制的趋于一致，正在产生积极的影响。

虽然有人担心数字化和万物互连给隐私权带来了前所未有的威胁，但是史密斯和其他人指出隐私权在此之前已经受到威胁[64]。

试想一下美国开国元勋亚当斯当政时期，这个笼罩在间谍疑云中的新建立的国家通过了 1798 年外侨和煽动叛乱法案，限制了个人自由。64 年后的内战期间，林肯总统暂停了人身保护令，这则法令是任何被监禁的人在法院审判之前都享有的权利，决定在公共安全面前牺牲个人自由。罗斯福总统也是如此，在 1942 年发生了将美国推向二战的珍珠港事件后，罗斯福总统下令将所有日裔美国人拘留。

在每一个案例中，公众的强烈抗议，政府的行为和行业的反应都在加速恢复被剥夺或妥协的自由。

正如 2014 年微软的 Smith 在布鲁金斯学会向听众提出的这个问题，“在美国历史中有很多次通过采取措施保护公众安全的危机时刻。但是最终当危机解除，这个问题总会出现：当危急时刻结束时，钟摆应该停在哪里”[65]？

近 250 年来，权利法案中铭记的价值观经受住了战争的冲击、公众态度改变的挑战和难以置信的创新速度的考验。

尽管毫无疑问，隐私权会不断地演变，被考验或被滥用，但是我相信隐私权在数字时代一定能生存和发展下去。

第7章 安全——攻击发生前、发生中和发生后

家居用品、服装、个人护理用品等全部9折。

总部在明尼苏达州明尼阿波利斯美市的零售巨头Target百货公司经历了美国企业历史上最大的一次商业数据泄露，它把上百万客户的信用卡信息和个人信息置于危险之中，在这段混乱、不确定的日子里，Target百货公司的高层领导希望通过一次优惠活动恢复顾客的信赖，鼓舞投资者重拾对陷入困境的Target公司的信心[1]。

几乎从各个方面来看，这次限时优惠活动都远远不够。

民众没有蜂拥到Target宣称的全国范围的1800家门店周围[2]，而是谨慎地对待这个问题，考虑到该公司遭受了这场相当于21世纪版本的传染病的恶意软件攻击，民众的反应也并不让人意外。恶意软件是一种可以造成损害的计算机代码。它不是传染给人类而是把病毒传染给计算机、网络、智能设备和Target公司事件中的数字收银机。当顾客在被传染的Target商店中使用信用卡的时候，恶意软件会窃取他们的数字信息，并会为网络犯罪分子在Target公司总部开一个数字后门让他们逃之夭夭。

当一切发生之后，网络窃贼植入Target数字系统的恶意软件让Target公司损失了上亿美元和无法估量的商业信誉，这同时也让时任CEO的Greg Steinhafel和一些Target公司高管丢了工作。

所以作为全美第五大的零售巨头——在沃尔玛、克罗格（Kroger）、家得宝

（The Home Depot）和好市多（Costco）之后——Target公司是如何成为企业网络犯罪的典型代表的[3]？答案可能会令你大吃一惊。黑客利用一个看起来不太可能的后门漏洞来入侵这家零售业最先进的公司，这个漏洞就是提供该公司供热、通风、空调控制单元维护服务的第三方承包商。事实确实如此，全美零售业叱咤风云的CEO之一跌落高位只是由于外部空调系统服务方的员工点击了一封电子垃圾邮件。

事情是这样的。

作为Target百货公司承包商之一，宾夕法尼亚州的夏普斯堡法齐奥机械服务公司（Fazio Mechanical Services of Sharpsburg, Pa.）被授权接入Target公司网络，来进行电子投标、提交合同和远程项目管理。在2013年初夏，该公司一名员工点击了一封感染软件病毒的邮件，他的电脑被恶意软件挟持。这个恶意软件开始在法齐奥公司的办公室中传播，使黑客可以访问员工硬盘中的内容和公司的数据服务器。当一个黑客发现Target企业网络的接入代码后，他登录系统把恶意软件传播到Target[4]。

很快，罪犯发现他们越过了这家零售商紧锁的大门和电子防火墙，可以随意翻找它的大量电子文档，并把恶意软件传播给更多的设备，其中包括Target在美国超过1800家商店使用的POS机。经过几个月的“踩点”，罪犯盗用了客户的信用卡号码和个人身份证件，包括电子邮件地址和PIN码[5]。

2013年11月底这些罪犯开始使用找到的信息，美国的银行注意到数目惊人的可疑信用卡交易。每一张可疑信用卡交易的共同点：每张卡最近几天都在Target百货被使用过。在网络安全界，这就是确凿的证据[6]。

作为Target的高管，Steinhafel说他直到12月15日才意识到数据泄露。他告诉美国全国广播公司财经频道（CNBC），当被电话告知这个坏消息时，他正和妻子在明尼阿波利斯郊区的厨房里喝咖啡[7]。

第二天，Target开始注意付款处理器和信用卡网络的潜在问题。但是它没有告知消费者存在安全漏洞。在12月17日，计算机专家，著名安全博客作者Brian Krebs收到风声，并联系Target公司发请求说明。事后他告诉美国国家公共电台（NPR）记者和主持人Terry Gross，Target的官方代表断然拒绝了他的询问，回复他“懒得理你[8]。”

Krebs继续调查这次事件并将其发表在12月8日的博客上，“源头：调查Target数据泄漏”，将整个事件公布于众[9]。几小时内，全世界各地新闻媒体都开始报道这个事件。第二天早上，Target发表的声明证实它“意识到这些对支付卡数据的未授权访问，会影响某些顾客在美国的商店里使用信用卡或借记卡购买商品”[10]。直到声明的第三段才提到“在2013年11月27日至12月15日之间，接近4000万信用卡和借记卡账户受到影响[11]。”

虽然华尔街还因该公司黑色星期五的销售业绩忙碌着，网络安全社区却变得躁动不安。4000万张信用卡数据被盗？这对安全专家来说是一个非常严重的事件。然而Krebs 18日在自己异常火爆的博客中轻描淡写地说：“事态发展迅速，一有新情况我就会更新，请大家及时关注[12]。”

这真是受害者版的“速度与激情”。

几天后，Target公布这次事件受影响的消费者数目是7000万，而不是4000万[13]。

在2014年1月中旬，Steinhafel在CNBC上向消费者道歉并承诺解决问题。他将怎样解决这个问题却并不清楚[14]。

接下来的一个月，Target的CFO John Mulligan关于数据泄露事件向参议院司法委员会作证[15]。几周后，他回到华盛顿向参议院商业、科技与交通委员会作证[16]。

冬季过后，Target公布了这次大规模数据泄露导致的损失。比如，在2013年年终收益报告中，由于网络的非法入侵产生6100万美元意外损失[17]。Target还表示消费者对公司信用卡系统产生的不信任导致2013年第四季度收入下降46%（截至2015年初，损失总数最终超过1.6亿美元）[18]。

之后，Target的财政状况开始下滑，同时几位公司高管的职业生涯也画上了句号。执行副总裁兼首席信息官Beth Jacob第一个离开[19]。到了5月，Steinhafel被辞退[20]。

和许多其他惨败事件一样，围绕这次Target攻击事件的事后剖析表明，如果Target的信息技术专家正确地配置IT系统和设备，整个事件在无人工干预下是可以避免的。美国参议院商业、科技和交通委员会在此次事件报告中总结道，甚至最初遭受攻击时，如果公司官员能听从发送到他们移动设备和邮箱里的警告，Target本可以阻止这场大灾难。参议院工作人员指出，“在2013年Target数据泄露事件‘杀伤链’分析中，Target没有响应公司反入侵软件的多个自动警告[21]。”

后来，Target试图通过向顾客提供一年免费信用监测报告服务来做出补偿[22]。但是这个做法让专家们嗤之以鼻。Krebs表示，这项免费监测已经是被黑客组织默认的补偿方式，它要求谨慎的消费者向靠出售消费者资料获取利润的第三方公司递交更多个人信息。其中一个第三方公司百利资（Experian-owned Court Ventures）无意中向犯罪分子出售了信息。同时，它们也是世界上最容易遭受网络黑客攻击的目标。Krebs补充道，事实上，Target希望靠一年免费协议吸引刚遭受损失的顾客的做法是可笑的。在 *The Guardian* 的社论中，Krebs 总结了安全社区对整个事件的看法。

Krebs 写道："显然 Target 和其他大零售商把钱花在了错误的地方——它们为黑客留下互连网漏洞使他们能继续偷东西。当企业认识到如果没有被授权的极客帮助及早识别这些攻击入侵，就算在安全软件、硬件和服务上投入无底洞一样的预算仍无济于事[23]。"

当然他是对的。Target 应该调动更多资源来帮助受影响的顾客和修复它的防护系统。但是这些揭示了一个更大的问题：当代的互连网安全问题已经超出用枪、保安和大门来保护周边安全这样的传统的思维方式。今天，新的范式是必须优先考虑世界各地的数据和系统，并建立有深刻见解和创新思维的保护方式。当万物互连初具规模时这变得尤为重要。由于物联网的普遍性，很难界定什么是防火墙，什么在防火墙背后。再一次以 Target 为例。

如前所述，Target 的后门是被接入 Target 企业网络的空调系统承包商无意中打开的。虽然这家公司没有远程控制 Target 空调系统，却有这个控制能力。随着越来越多的组织利用过去被认作是离线和"愚蠢的"远程监控能力，至少在数字时代，黑客将有更多切入点来制造混乱。

这已经为医疗专家拉响警钟，他们担心连接到互连网的胰岛素泵、心脏除颤器和其他设备会受到攻击，还有消费者保护组织记录黑客会攻击的一切事物，从汽车到婴儿监视器到灯泡再到温控器——正是中央调控专家们每天远程监督的那种类型。

为什么安全问题如此困难？

Tntel 公司安全总裁 Chris Young 指出一些问题。他说："在大多数组织中，大多数事物都因为可以被衡量而被管理。但是对于安全问题你却做不到。没有高标准的字典或高标准的方法使一位 CEO 能真正理解他们的系统是多么脆弱。在很多情况中，CEO 甚至都不知道要向首席安全官提出什么问题。CEO 最关心的是'我不知道什么'[24]？"

对 Young 和其他安全专家来说，目前安全领域存在三种力量：第一种是随着攻击者技术越来越复杂，攻击地点正在发生改变；第二种是攻击的范围正在增大；最后，是运行新旧混合系统而带来的复杂性和碎片化。

Young 补充道："我们不打算用下一代设备或软件应用来解决这个问题。这是一个非常复杂的问题，外面存在大规模多样化的攻击者社区，它们有不同的动机和方法。由于工具和功能变得越来越便宜易用，攻击成本大大下降。更重要的是，攻击技术越来越精妙，而承担的后果却相对较少。所以如果你还以为用科技这个良方所有问题就会迎刃而解，这已经不可能了。”

RSA 总裁 Amit Yoran 给出一个发人深省的评价。“每一个现代国家和每一个有组织犯罪都在线上收集情报和货币化方案。它们享受巨额回报还能逍遥法外[25]。”

如果你开始重新考虑万物互连的可行性，或者完全数字化的走向，请千万不要动摇。首先，人们无法阻止物联网的推广，尤其考虑到它的优点，比方说惊人的运行效率，收益潜力，减少环境影响和便利性。但是更重要的是，有一种方法可以正确地保护现代技术——不是用前文 Chris Young 提到的科技良方，而是用战略思维和果断行动。这个想法不围绕任何一个技术本身或任何特定的哲学思想。相反，它通过针对连续攻击来处理互连网安全问题。这意味在攻击发生“之前”“中间”和“之后”采取正确、恰当和明智的措施。Cisco 称之为“之前—中间—之后”框架。同时，Young 称其为“保护—检测—修正”方法，该方法是美国商务部国家标准与技术研究所（NIST）开发策略的修改版。

不管如何称呼它，这里的基本主题是消费者和组织可以利用某些行动和思想提高他们在每一阶段的安全性。虽然每个人的终极目标都是提高安全性，但是这些行动和相关思想有不同的特点和注意事项。在下一节中，我将一一说明。让我们从灾难来临前的正确做法开始。

大坝决堤之前：建立信任而不是建立边界

如果你关注家庭自动化，最理想的功能之一是只用一个设备来控制家里的所有电器。想要打开一盏灯？更换电视频道？调节百叶窗？使用合适的设备和合理的设置，你就可以拥有。

如果你想亲自领略该功能，可以参加家庭自动化交易活动，参观当地家庭自动化展厅，或者入住越来越多的可以展示这种科技的豪华酒店。迷人的深圳瑞吉酒店就是这样一个地方。坐落于罗湖区金融中心的这家酒店的 297 间客房和套房都装配有瑞吉酒店所说的“最新科技的的便利设施和奢华定制装饰的落地窗”[26]。用 iPad 2 几乎可以遥控客房中的一切设施，如电灯、百叶窗和娱乐系统等[27]。虽然科技非常耀眼，但是一直到最近它都承受着一个巨大的缺陷：正如旧金山安全顾问 Jesus Molina 所说，它没有安全性。

Molina 曾是富士通的研究员，现在担任可信计算组织主席，他是国家科学基金（NSF）资助评审，并在 IEEE *Security & Privacy* 杂志担任客座编辑[28]。此外，他以围绕智能仪表和其他技术的进攻性安全研究工作闻名。在安全领域他是一名活跃的演讲者和评论员，并且提出的观点都受到了重视。

Molina 在 2013 年参观了深圳瑞吉酒店，客房内的 iPad 2 给他留下了深刻的印象。他很惊讶可以用 iPad 2 作为遥控器控制房间里的设施，于是猜想是否可以用他的笔记本电脑来控制这个房间。经过一番努力，他发现可以利用电脑打开房间里的电灯。然后他猜想是否可以控制其他房间的设施。经过一些试验，他发现不仅可以控制自己房间的设施，还可以控制酒店里每一个房间。他可以改变电视频道，升起或降下所有的百叶窗，或随时播放音乐[29]。

而且他这样做不会被任何人或任何设备检测到。

为什么会这样？回顾起来，仅仅是因为酒店管理人员做出采用三个不可靠技术的决定。第一个是部署未受保护的 iPad，让顾客可以使用或篡改；第二个是顾客可以把他们的私人设备与 iPad 连接到同一个网络；第三个是管理者未能充分保障其网络的完整性。

不说太多技术内容，酒店使用通用协议连接 iPad 到客房内的娱乐系统，照明系统和百叶窗。这样做是为了使所有设备能兼容。当各种基于不同制造标准的设备集成技术把它们的商品连接到物联网上时，这种做法很常见。

Molina 解释道，在深圳瑞吉酒店这个案例中，酒店采用的是在中国最常用的家庭自动化协议——KNX。KNX 是在 20 世纪 90 年代为有线设备开发的技术。因为近距离连接的有线设备很难被黑客入侵，所以最初 KNX 开发者没有做太多安全投入。当 KNX 经过改进可以连接无线设备后，它成为了入侵的切入点。

如果有一些基础编程，酒店就可以用 KNX 在客房内的设备和 iPad 之间建立一个可靠连接。连接被建立起来后，会让顾客和热衷者兴奋不已。但是由于匆忙采用这项技术，酒店不能保证这些连接的安全性，使得这些设备非常容易被其他电子设备操纵。

Molina 是如何做到的呢？

仅需少量工作和一些简单猜测，Molina 就获取了酒店的 IP 地址图。因此他可以控制房间内连接到网络上的几乎所有设施。在 2014 年年度黑客大会的安全会议的 YouTube 视频中，Molina 做出了解释[30]。

Molina 被他可以连接酒店内所有设备的能力感到震惊，于是决定直接联系酒店管理者并告知他的经历。他后来形容这是自己一生中最“尴尬”的谈话之一。他同管理深圳瑞吉酒店的喜达屋首席信息官以及公司的代表律师进行了交谈[31]。

连锁酒店的管理者询问Molina在当前设置情况下最坏的结果是什么。Molina非常清楚真正黑客的破坏力。但是为使这家有服务意识以顾客为导向的公司能清楚理解，他这样解释：如果顾客知道有人可以控制所住房间内的主要电器，包括摄像头，他或她还愿意入住这样的酒店吗？

酒店高层管理人员思考了很久才给出他的回答。然后他们做了明智的决定：向Molina寻求建议。Molina欣然同意。Molina告诉他们，首先，每当新技术被引进时要升级安全策略；其次，确保用来连接不同设备的任何开放协议都要足够安全；最后，在顾客和酒店管理者使用的网络之间建立安全屏障。

Molina的建议本质上就是，控制设备，强化安全漏洞和执行安全策略。

Molina说，“值得高兴的是这件事有一个圆满的结果。酒店立刻禁用了系统，然后更改了所有酒店的政策，包括喜来登饭店和圣瑞吉斯酒店等[32]。”

虽然这家连锁酒店采取了Molina的建议，但是当Molina在做关于企业和个人安全的演讲时还是有人对此表示不在乎。有人问他，“为什么我要在意别人可以打开我的电灯？”Molina坚持认为相对于不便来说存在更大的问题：安心。他说，如果有人可以按照他们的意志来控制我们周围的设备，他们最终会控制我们本身。

幸运地是，在攻击发生之前，组织和个人可以采取基本的措施来避免。在这期间，安装适当的防火墙，建立虚拟专用网络（VPN），并安装统一威胁管理工具（UTM）和其他先进安全工具。现在是时候开发策略和程序来监测威胁，尤其是那些目标是连接到互连数字世界的被修正过的早期技术。同时，执行相关分析并采用可能需要的安全服务。是时候有一个明确的“失败—安全”的运作模式来定义什么必须保持运行。也是时候成立由内部“黑客”组成的“红色联盟”，在入侵发生之前就能发现系统的缺陷或漏洞。一些科技公司甚至付费给外界机构以寻找其商业产品中的漏洞。例如，微软设立了高达15000美元的奖金，奖励任何在伴随新的操作系统Windows 10而推出的Spartan浏览器中发现重要漏洞的人[33]。

当然，关键是要预测整个现代数字环境中存在的所有相互依赖性和动态漏洞。这包括经典技术栈中各级别的技术——从芯片到主板、存储系统、操作系统、网络协议、应用程序等等。虽然传统的黑客主要针对技术栈的下端，在这造成的损害更广泛，但是最新的攻击都集中在技术栈的中上层，包括端点和电子邮件系统，这给安全专家提出了新的安全漏洞挑战。

进行“攻击前”准备的好的起点是阅读由“安全设备和软件厂商、安全服务的公司、互连网服务供应商和其他安全组织发布的安全报告”，Scott Hogg说。他是全球技术资源（GTRI）的首席技术官，GTRI是一家总部在丹佛的技术咨询公司。在2015年*Network World*中，Hogg建议安全专业人员一定要仔细阅读Verizon数据泄露调查报告、Cisco年度安全报告、微软安全情报报告和波耐蒙研究所的年度报告[34]。

Hogg写道，“IT安全和使用牙线有很多相似之处。我们知道使用牙线可以增加预期寿命，但是你需要坚持不懈地每天占用一点时间来完成。类似地，IT安全要求相对较小的资本和时间投入，来配置精细粒度的策略并保持警觉性[35]。”

虽然这个建议看起来很简单，但是它并不容易实施。

首先，顾客要知道他们在防御什么，但由于每天发生的攻击类型和数量，这很难确定。安全软件专家卡巴斯基实验室每天能在网上识别出325 000个新的恶意文件[36]，一年将近1.2亿个。为了看起来更加直观，公司开发了一个地球的交互地图，显示时时刻刻正在发生的攻击的时间和地点。查看地图可以访问http://cybermap.kasper.com，地图上不断变换的模糊色彩显示了攻击活动的疯狂程度。如果曾看过全球航空公司航班时刻表的动态图，你就会明白了。

然而，威瑞森公司在2014年数据泄露调查报告中认为，尽管看起来如此有视觉冲击，但关于网络攻击有一个重要的事情值得注意。研究人员指出，“威胁的世界是无限的。但是我们分析的近10年以来100 000起攻击案件中的92%都可以被分为9种模式[37]。”

这9种攻击模式包括网络间谍活动、拒绝服务（DoS）攻击、Web应用攻击、支付卡黑客、恶意软件、内部滥用等。虽然这些攻击的性质各不相同，但是若安全组织在很多入侵发生之前使用正确的规划和先进技术，可以削弱它们的影响。

RSA总裁Amit Yoran说，“拥有这样一批核心人员，他们真正了解自己的员工，热衷安全工作，具有狩猎的心态和好奇的个性”是很重要的。“因为这是一场不对称的战争——国防部可能声称他们有50 000名网络安全卫士——最重要的是谁是关键人才。必须扩大比例，但是不能超出规模[38]。”

另一种驱动安全纪律的方式是调整激励机制和利用有效的法律框架。麻省理工学院教授和著名的麻省理工学院媒体实验室的创始人，Alex ‘Sandy’ Pentland指出，每天现金交易量达3万亿美元的SWIFT银行网络尽管连接着世界各国成千上万个银行却没有发生过泄露事件，有一部分原因是他们有必须强制执行的合同，参与机构都清楚明白违反合同需要付出的成本。再加上适当的技术，这种由共同合同和明确的奖罚机制组成的系统迄今已被证明能有效地确保安全[39]。

但即使是最完美的打算也不能保证绝对的安全。正如Cisco的首席安全官John Stewart说：“我认为没有人在完全被控制的情况下会感到舒服——包括我自己[40]。”

这是因为一个或几个攻击可能就会摧毁你的防御。关键是知道它们什么时候会发生。不幸的是，许多入侵行为很难被发现，而发现时为时已晚。

因此这是为什么在网络攻击中有一个应对方案是如此重要，而且宜早不宜迟。

遭遇袭击：在袭击过程中迅速反应

2015年1月初，金融巨头摩根斯坦利做了一件令每一个证券公司都惧怕的事情：摩根斯坦利联系了客户，并通知客户他们的账户名和密码已经被窃取（摩根斯坦利必须这样做，因为依据全美洲议会联合会，纽约以及其他46个州再加上哥伦比亚特区、关岛、波多黎各和维尔京群岛出台了法律，要求在出现涉及个人识别性信息的信息安全漏洞时，相关企业或政府机构都必须告知相关个人）[41]。

这次事件的罪魁祸首是摩根斯坦利一个居心不良的员工，这位员工企图通过出售客户信息来捞一笔金。据 *The Wall Street Journal* 报道，犯罪的这位员工偷取了大约35万摩根斯坦利的理财客户信息，并把将近900名客户的信息发布到网上，企图吸引在网上寻觅此类信息的网络犯罪者的注意[42]。

摩根斯坦利在一份声明中说到，这位员工已经被开除，摩根并就此次事件咨询了执法部门和相关法规机构的意见。就目前情况而言，摩根斯坦利的客户没有损失财产，也没有任何账户密码或社会保险号码被窃取[43]。

但是，你还是会有疑问：一个一流的金融巨头，生存之本就是依赖于客户隐私和组织安全，怎么会在毫不知情的情况下遭受这样的袭击？

专家称问题不是在于“怎么会”而是在于“何时”。专家们一致认为，在美国，每一个大公司，以及大量的小公司都迟早会成为网络犯罪的受害者。有可能是公司内鬼所为（根据威瑞森公司2014年数据泄漏调查报告，员工盗窃是当今各个机构面临的最为常见的安全威胁）、外部犯罪机构侵入甚至有可能是国家组织的间谍小组通力窃取商业机密。

过去发现网络袭击的时候，IT经理通常的应对措施是取消员工假期、请求外部专家支援、封锁部门网络甚至是暂时性关闭系统。所有这些措施都是应对网络攻击的理想解决方案。但是这些方案都有一个共同的弱点：这些方案只有在你意识到遭受攻击的情况下才会起作用。

如果你遭受攻击，而自己并没有意识到呢？事实上，这种情况经常发生，比你想象得要多的多。索尼娱乐就是一个例子。*The Interview* 这部饱受争议的影片上映前夕，索尼娱乐遭受了黑客攻击，大家都还记得这次黑客袭击所带来的损失。

The Interview 讲述了某国领导人被刺杀的虚构故事。这次黑客袭击导致公司文件泄露和数万索尼员工及其配偶和子女的个人信息（包括医疗记录）被公开 [44]。据 *The Hollywood Reporter* 称，索尼的高管们在邮件里毫不避讳地对奥巴马总统开起种族歧视的玩笑 [45]。在另一封邮件里，一位索尼的高官称 Kevin Hart 是“贱人”，缘由是 Kevin Hart 因为通过社交媒体宣传电影一事索要更高的酬劳 [46]。

这次灾难性事件之后，安全委员会内开始激烈讨论这次网络攻击事件是愤怒的朝鲜人所为还是一个对公司不满的内部员工所为。淹没在这一片讨论中的有一个值得一提的观点：攻击发生之时，索尼对此全然不知。

无论如何，索尼在“事件发生过程中”都是一个彻头彻尾的失败。然而，索尼并不是个例。在 2014 年 10 月播出的 *60 Minutes* 中，关于全球网络安全进行了一段令人不寒而栗的采访。联邦调查局局长 James Comey 说道，在美国有两种类型的大公司：“一种是知道自己已经被他国进行了网络攻击，另一种是不知道自己已经被他国进行了网络攻击 [47]。”

那些不知道自己被攻击的公司尤其容易遭受损失，因为不像“打砸抢类事件”，网络攻击的犯罪分子可以慢慢部署来造成最大伤害。黑客们可以详细考察网络连接情况，分析私有数据，甚至还可以干预商业应用。他们还可以安装能自行感染尽可能多设备的恶意软件，安装键盘记录器，远程拷贝用户创建的每个密码，甚至还会植入计算机蠕虫来操控控制一切的软件代码，从交通信号灯到工业设备再到电网，无一例外。

不管这场攻击的发动者是他国黑客、西非的诈骗犯还是街区里的邻居小孩，这一点都是毋庸置疑的。

那么，公司如何在攻击发生的过程中保护自身呢？关键在于从一个新的角度来看待这个问题。商业领导人和社会活动家不应把网络攻击看作是一个一次性事件，而应该像医院管理者对待急诊事件一样。急诊室里的每一事件都是独一无二的，创伤是持续存在的。因此应对这种持续存在的危机是一项永远不能停止的事业追求。

只有当组织机构能够接受它们一直在遭受网络攻击的观点，它们才更有可能采取措施来侦查、阻止和回击即将发生的攻击。公司如果认为它们一直处于攻击之中，就更有可能采取相关措施，比如说持续监察邮件和网站流量。它们更有可能重视警报，那种 Target 官员会忽略的警报。它们也更可能利用意在挫败各种威胁的创新性工具。

Cisco 就是一个例子。Cisco 是全球最大的互连网技术开发商，总部位于硅谷的中心圣何塞。不管你是从工作场所打出一个电话还是从家发出一封邮件或者从车里发 Twitter 吐槽堵车，你的互动在传输路途中很有可能会经过 Cisco 的设备或是软件。

今天，Cisco 在全球有七万内部员工和五万外部承包劳工。Cisco 的全球足迹遍布 130 多个国家，Cisco 每天的业务运营也需要依赖 8.5 万个商业合作伙伴和数千个供应商和厂商。因为业务的复杂性和劳动力的虚拟属性，保护知识产权对 Cisco 而言就成了一项重要的挑战。尤其是网络犯罪分子对 Cisco 的一项先进产品设计的仅仅一张设计图就可以出到百万美元的价格，在这种情况下，保护知识产权显得尤为重要。

保护 Cisco 知识产权免受黑客袭击的任务就落在了 Cisco 安全部副总裁 Steve Martino 的肩上。像很多专业人士一样，Martino 知道不可能提前阻止每一次攻击。因此，除了细心筹划应对攻击和盗窃前的准备之外，Martino 投入大量时间来寻找当下就发生在 Cisco 眼前的可疑活动。换句话说，对组织机构的安全而言，“正在发生”和“发生之前”同等重要。

Martino 说道，“如果你想一下，之前轰动的大型攻击事件，这些攻击都不是在两周内发生的。给 Target 造成损失花费了几个月的时间。我们的目标是在 24 小时内发现犯罪活动并在 36 小时内控制住，这样就不会发生攻击事件。”他还补充道，90%的情况 Cisco 都能够击中目标。为了降低剩下的 10%的比率，Martino 和的 Cisco 工程师一起开发了高级威胁侦查（ATD）工具和程序。不幸的是，这些工具提供越好的网络威胁侦查能力，它们能够发现的威胁就越多。

“大家都知道，一个机构在遭遇攻击的时候，会发生拒绝服务（DoS）攻击，这是因为黑客为服务器注入大量流量，让服务器瘫痪，相当于阻止了所有正当的活动。但是独立的外部攻击事件只是公司需要留心的攻击方式中的一种，”Martino 说道。

还有两种更加隐秘的攻击，各种组织机构必须一直加以防范，其一是如非法文件传输这样时刻进行的内部威胁，还有就是因为日益加深的复杂性而极其难以识别的恶性软件攻击。

Cisco 保护知识产权所应用的工具之一是智能情景感应监督（iCAM）技术。iCAM 可以帮助 Cisco 侦察到网络环境中的异常行为。有了 iCAM 这个工具，Cisco 能够识别数据流量模式，然后将其和用户、设备、数据文件相联系。如果这个软件感应出任何异常的活动，软件会以简单易懂的语言向网络管理员和经理发送警报，管理员和经理进而会采取措施阻止这些个人给公司造成更多的伤害。

今天，iCAM 监管着储存在 Cisco 网络的 400 亿个文件。每一天，iCAM 都追踪着从全球 1.4 万服务器中收集而来的 30 亿事件。除此之外，iCAM 还追踪着 13 多万用户和 20 多万台设备上产生的数据，监管着 200 份 Cisco 产品档案和来自多重数据源的 500 个政策规定[48]。

自 2011 年 iCAM 软件安装以来，它已经识别了 240 多起被证实的攻击事件，预计使公司免于 7000 万美元的损失。这包括一次一个在校的大学实习生在他离开公司前试图将 4000 多份源代码文件传输到自己的电脑中。

为了应对高级的恶性软件攻击，Cisco 依赖于 ATD 技术，研究病毒并且每天在 2500 多万的互动和机器连接中探寻模式。当 ATD 发现异常的时候，它就会通知 Cisco 的经理来解决问题。

有了 iCAM 和 ATD 技术，Cisco 既能够分析个人的行为又能够分析组织性模式。这能够帮助 Cisco 在即便是已知的最猛烈的攻击的情况下依然能够保护 Cisco 的系统、设备、应用和数据。

但是即便是 Cisco 也知道没有一项技术或是政策能够在所有情况下提供最全面的保护。

“如果最后的 5%蒙混过关会发生什么？”Martino 在 2013 年 Cisco 的一篇博客中写道，“缓解计划是至关重要的。你需要数据收集、数据分析和一个专职的队伍在严重的损失发生前就能够发现这些攻击事件。你也需要想方设法把损失最小化，同时以一套准确又及时的应对措施把所有影响都最小化，以此来应对你的商业伙伴和客户[49]。”

万物互连的时代尤其如此。之前黑客和网络犯罪分子不能企及的设备，在万物互连的状态下也是危机重重。这包括电网、建筑工程、汽车、市政工程等。

在万物互连的时代，应对网络犯罪的新模式会应运而生。例如，在传统的信息通信技术的世界中，保护知识产权和制度性财产是唯一且最高级别的安全任务。但是在万物互连的时代，持续可用性会成为一个同等重要的问题，在涉及人身安全的时候尤其是这样。例如，如果你发现你的个人电脑或是智能手机被病毒感染，你或许会想要把设备立即关掉来控制损失。但是在马路上对联网的车辆采取相同的举措恐怕不仅是对车里的乘客不方便同时也存在潜在的危险。同样的，胰岛素泵和交通指示灯遇到网络攻击时也是如此。

再换个角度考虑，该如何应对不同设计理念下生产的设备呢？在电子设备的世界中，智能数字设备在设计之初就设想会在几年后升级或淘汰。但是在工业的世界中却不是这样，电能表、铁路道岔和生产流水线机器人设计的是部署许多年而不需要任何改进。万物互连的世界中新的恶性软件攻击每天都在发生，而这种模式在万物互连的时代如何运作呢？

显然，这种模式根本无法运作——尤其是当你认可这种“正在发生”的状态是永无休止的。

危机后：收拾残局

攻击发生前的恰当准备防卫工作和攻击发生过程中的合理应对都非常重要，而最为重要的是在灾难发生后能够有担当地回应。为什么？因为如果一个机构在攻击发生后草草应对，那么攻击发生前完善的方案和攻击发生中值得称道的举措都会一文不值。

不幸的是，许多组织机构都不明白这一点。这当然包括 Target 百货公司，但是有些涉足数字领域的公司也是如此。eBay 就是个例子，eBay 向来吹嘘自己拥有 1.5 亿多活跃用户[50]。当然 eBay 是当今世界最大的线上拍卖网站，在 eBay 几乎可以买到任何物品，不管是一辆新车还是一双二手袜子。自 1995 年创办以来，两亿多人已经使用过这项服务。仅仅在 2013 年，eBay 就处理了用户间 5000 多万次的交易。顾客通过他们的个人电脑、智能手机或是其他设备来使用这项服务[51]。

对于每一位用户，eBay 拥有用户的用户名、邮箱地址、收件地址、电话号码、生日，在很多情况下还有用户的信用卡号码。正如你想象的，eBay 为信息安全花费了百万美元。eBay 也对员工进行安全预防和安全防御的培训。但是 2014 年的冬天，eBay 被未识别的用户攻击，攻击者使用公司内部账户潜入 eBay 的内部网络窃取了 2.33 亿份纪录。很明显 eBay 对如何善后攻击事件毫无概念[52]。

eBay 没有直接告知用户他们的个人信息已经被窃取，而是在网站上发布了一条通知建议用户修改密码。值得注意的是，这条通知并没有刊登在每一个用户登录 eBay 网站（ebay.com）时的主交易页面，而是将消息发布在公司网站（ebayinc.com），这是公司为投资者、记者和其他专业人士发布法律和金融数据的网站。

令人不解的是，eBay 也没有直接通知它的支付子公司 PayPal 的用户，许多 eBay 用户都将自己的金融信托投资其中。在 PayPal 的网站上，eBay 发布了一条通知说用户应该考虑修改密码，但却没有给出其他解释。正如《连线》杂志所说，eBay“在通知的正文中没有给出进一步的信息，文字都是‘占位符’而已”[53]。

当媒体开始呼吁之时，eBay 撤掉了这条消息。当 eBay 意识到它所处理的是一场灾难之时，网站的交易主页面终于发布了一条用户信息被窃取的通知。但是这一次 eBay 依然省略了关键信息，包括用户的金融信息是否被窃取。更诡异的是，eBay 等了好几天才直接用邮件的方式通知用户，而直接邮件通知才是 eBay 日常所采取的与用户的沟通方式。

随着压力的增大，eBay 的高管终于在公司的主页博客上做出了解释。但是解释用的是极其生硬的语言和第三人称，很难分清这条解释是为了帮助用户还是为了保护公司自身。

“eBay 对内部网络进行大量测试后，发布了外部公告，指出没有证据显示这次攻击导致任何对 eBay 用户的非法活动，没有证据显示任何金融或信用卡信息被非法使用，这些信息是以加密形式单独保管。但是，修改密码仍然是一个最佳选择，也会帮助 eBay 用户提高安全性。”博客中写道[54]。

eBay 继续说道，公司的网络在“2 月底和 3 月初”遭受攻击。之后 eBay 用户的用户名、密码、邮箱地址、收件地址、电话号码和生日的信息都被获取。eBay 承认它们是两个多月后才发现公司网络被黑客攻击，又在紧张不安的两周之后才通知用户这个消息。

尽管如此，eBay 依然坚称“信息安全和用户数据信息保护对 eBay 公司来说至关重要”，eBay 会“全力以赴维护一个安全、可靠、可信的国际市场[55]。”

如此无力的回应不仅令用户愤怒也让整个网络安全协会挠头。为什么 eBay 过了这么长时间才通知用户？eBay 的全球市场总监 Devin Wenig 在路透社的采访中所做出的回应也是于事无补：“很长一段时间，我们都不相信 eBay 的用户信息被窃取了[56]。”

尽管 eBay 信誓旦旦宣称会审查它的程序，强化运行环境和加强安全等级，在几个月过后的 2014 年 9 月 eBay 再次被黑客攻击。黑客伪装成 eBay 用户，在网站上创建大量虚假交易信息。许多交易页面都带有一个“购买前请先联系我”字样的链接，诱使用户去点击。当用户真的点击了，就会被悄悄地带到另一个网站，用户的付款信息就会被收集起来。这些黑客从来没有将承诺的物品寄出，基本都是卷款潜逃[57]。

据 *Forbes* 报道，此次黑客事件后，包括康涅狄格州、佛罗里达州和伊利诺伊州在内的几个州都开始了对 eBay 安全程序的调查。纽约检察长 Eric Schneiderman 呼吁 eBay 为此次攻击事件中受影响的用户提供免费信贷监控服务[58]。

这次攻击事件发生的时间对 eBay 来说最糟糕不过了，因为 eBay 正在将子公司 PayPal 分离出来，试图让 PayPal 上市，以发掘其潜在价值。eBay 这类企业的成功或失败至少在一定程度上是依赖于用户对公司的信任。现在，这份信任却在经受考验，这件事说起来也很遗憾，因为毕竟 eBay 是这次攻击事件的受害者。

安全咨询公司 TrustedSec 的 CEO Dave Kennedy 在《连线》杂志官网的一篇文章中说道：“这是过去 10 年中我见过的公司遭遇黑客袭击后做出的最糟糕的回应，”他还说到 eBay 的回应“简直是一种更为特殊形式的列车失事事件[59]。”

那么 eBay 到底应该怎么做呢？专家的意见是，eBay 应该启动一个恰当的方案，收集所有的损失信息、控制事件以减轻影响，采取补救措施使运营恢复到尽可能安全的状态。这说起来容易做起来难，因为很难确切地知道你是否已经回到一种已知的良好状态中。RSA 公司的 Yoran 说道："现在安全团队犯的最严重的一个错误是低估这种安全事件的影响范围，急着去清理被攻击的系统而并没有真正了解被攻击的范围和可能波及到的更广的范围[60]。"

要把这件事情做好，一个组织机构必须有合适的计划来识别出攻击事件的所有范畴，包括威胁的源头所在。就现在而言，这个源头可以是任何地方，包括网络本身、终端；包括不是传统 IP 设备的终端、全世界各地都在使用的移动智能手机，甚至是只存在于"虚拟"空间的软件。

攻击事件发生后，聪明的机构会迅速判断这次攻击事件带来的影响的范围。做到这一点可能需要在一个可控的环境中秘密监控黑客，并且跟踪他们的行动来判断他们可能在哪里上传了恶意软件并且获取了哪些文件。如果管理层的工作重心是分散的，那这一点自然是很难办到。比如说，通过看 Target 百货公司的行动，可以看出该公司管理层的工作重心不仅在用户安全上，也同样在销量和公关关系上。这种工作重心的错误匹配自然会让公司付出很大代价。

对于那些管理层不准备公开网络袭击事件的机构也是如此，这些机构甚至会拒绝雇佣外部专家。这是一个非常严重的错误，因为外部专家通常都有非常客观的视角，他们能够发现错误的购买决定或是敷衍的程序所带来的结构薄弱之处。外部专家在彻底清除恶意软件和识别被攻击的设备方面也是经验丰富。这包括反复冲刷数据发现遗留的破坏源，推荐增强防御的新设备或新软件，甚至是帮忙和外部相关人士（例如投资者和媒体）进行有效沟通。这些都能够帮助机构有效地审视、控制和修复当前局面。

在万物互连的新时代，为你的公司、员工、客户等打造一个安全的环境已经不仅仅是避开单个威胁、关闭一个设备或网络、或者是控制住一次网络非法入侵能够做到的。现在，这是完全不同的一件事，需要改变你的思维模式[61]。

威胁是持续存在、无迹可寻又难以预测的，它们迟早有一天会找上你，一些威胁会对你产生危害。产生多少危害不是取决于谁攻击的你，而是取决于你如何更好地进行应对。

完全疯狂：为神经质世界带来平静安心

"恭喜您，您刚刚赢得一百万美元！"

“找出谁在搜索你。”

“您的账户即将被冻结。”

看起来很眼熟？如果你使用电子邮件的话，这的确会眼熟。

每一天，数百万的网络攻击会通过信息的服务发送到个人和机构的邮箱中。这是网络攻击渗透电子防御的一个常用手段。就像一部经典的诈骗案，这些钓鱼诱饵盯上我们的弱点和脆弱之处。如果不是因为我们的贪婪、虚荣和恐惧，网络安全防护会容易很多。

但是，我们是人类。所以我们会点击本不应该点击的链接，搜索我们不应搜索的事物，为了方便而忽略常识。

如果我之前所说的有让你信服的地方，那么我们就要随着世界的变化而改变自己。更大的便捷性要求有更好的保护。报道 Target 百货公司遭遇攻击事件的作者是研究员 Brian Krebs，他推荐消费者遵循几条基本规则。

他说道，如果你浏览网页不是为了搜寻软件，那么推送的任何不熟悉的软件都不要下载。他和其他专家都建议保持你的系统处于最新版的状态，并且及时更新软件版本。密码也是如此。谨慎对待你的密码并且经常更换。最后，如果你怀疑主动发送给你的信息，不要点击这个链接，而是应该直接去这则信息或请求所声称的信息源，比如说你使用的银行或电话公司，如果核实没有此事，那就直接忽视任何与之相悖的建议。

这些简单的建议益处非常大。但是只有这些建议是不够的。

同样地，国家技术标准局（NIST）于 2014 年在白宫命令下颁布的指导方针或者是全球的权威和顾问给出的建议，虽然有效但是远远不够[62]。虽然他们做出了最大努力，想破了脑袋，但是他们能做的很有限。

为什么？原因在于我们人类共有的弱点。

只要我们是好奇的、麻木的或粗心的，我们就会为自己以及我们连接到物联网的设备制造出弱点。总有一天，一次疏忽或错误会开启噩梦。

如果你不相信，想一下索尼电子遇袭事件的教训，一个外部入侵者想让他/她的入侵事件被众人知道。专家称这种类型的入侵发生的概率 1%都不到，大部分入侵者都不会在他们入侵的机构内留下足迹。

如果这让你开始担心起工作的地方，你的担心是对的。

但是无须恐慌或害怕，我们可以自信地应对，信心来源于我们知道在恶意攻击事件发生之前、发生过程中和发生之后该如何应对。

第 8 章

管理——新兴游戏，需要新规定

构成纽约市的 301 平方英里土地囊括了全世界最为昂贵的房地产项目。最近，纽约一个可以俯瞰中央公园的私人公寓以 7000 多万美元的价格售出。价值 1500 万公寓的成交量每周都在破纪录，没人注意也没人意外。

这个城市的住房对当地居民来说非常昂贵，他们几乎要花费收入的 60%用在住房上，其实对游客而言也是如此[1]。据市长办公室和纽约市旅游会展局（城市旅游数据统计单位），2014 年 5640 万游客游览了纽约[2]。游客带来的经济活动价值非常可观，有 613 亿美元之多[3]。而这其中大部分花费又是在酒店上。平均下来，纽约的游客每晚花在酒店房间上的费用将近 300 美元[4]。据统计学者计算，这一数目在全国范围内都是最高的[5]。

考虑到酒店房间的价格，再加上整个纽约市的居住率接近 90%[6]，Airbnb 这个科技创新者在城市居民和游客中都流行起来也就不足为奇了。

如果你还不熟悉的话，Airbnb 是越来越多的“共享经济”公司之一，将有需求的消费者和可以提供供给的个人或组织联系起来。Airbnb 交换的产品是住宿，住宿条件可以是豪华公寓，可以是一间空客房，也可以是一张沙发[7]。

任何一天，Airbnb 上都有 150 多万条住宿信息，自 2008 年创建以来已经招待了 4000 万客人。Airbnb 的服务覆盖全球 190 多个国家的 34000 多个城市[8]。

Airbnb 很受它的粉丝的喜爱，据 *The Wall Street Journal* 报道，这些人在 2013 年大约花费了 2.5 亿美元在 Airbnb 上。支持者里有数百万的私房房主，他们之前从未想过将家里的空间租给那些把每一分钱都花到刀刃上的游客们。“不管是住一晚公寓、住一周城堡还是住一个月的别墅，Airbnb 提供给用户的是独一无二的多种价位的旅行体验。” Airbnb 在公司的资料中写道[9]。

Inc.Magazine 非常看好 Airbnb，称赞 Airbnb 是 2015 年的“年度公司”，专门有一篇文章讲述 Airbnb 如何一跃成为世界旅游业的佼佼者。文中巧妙讲述了 Airbnb 凭借什么与其他科技创新公司区分开来。“今年 Airbnb 如此卓越的原因是它已经不只是在构建一家颠覆性的公司，而是在与既得利益者相抗衡”，*Inc.Magazine* 在 2014 年 12 月写道。

与既得利益者相抗衡成为全球许多地方许多公司所面临的重大挑战。贬低者尤为愤慨 Airbnb 对租赁房产相关条例的漠视。酒店必须遵守非常严格的规定，从房间大小、卫生标准、停车、保安和旅客安全都是，但是 Airbnb 和酒店不同，Airbnb 用户不必遵循酒店行业的众多传统守则。

例如，在纽约，Airbnb 的用户忽略城市的最低逗留 30 天的规定，这个规定是为了预防老式的多住户的公寓楼被改造成临时酒店。用户还可以忽略一个房间可以住多少人甚至是什么构成一个居住单位的规定。还有之前提到的沙发上的空位也是。你可以用 Airbnb 在纽约和旧金山以大约 80 美元一晚的价格租到一个沙发位。

正如你想象的，这种对任何人开放的模式在房主中很不受欢迎，他们有严苛的政策反对自己房子里的过夜出租，当地政府机构也收到层出不穷的反对 Airbnb 用户的投诉。虽然大部分 Airbnb 的房主都热情好客，但是仍然会有一部分人使用这项服务进行卖淫、赌博和吸毒。有时候，Airbnb 的房主对房客在他们私人住房里的所作所为无比惊讶。

Airbnb 房主喜剧演员 Ari Teman 在 2014 年刚刚返回到他在切尔西曼哈顿街区的公寓时，正好碰见了公寓管理中心的人，他们正在制止 Teman 卧室里的一场狂欢。事后 Teman 对 *The New York Times* 说道：“互连网最糟糕的部分正在我的房间上演[10]。”

纽约州参议院 Liz Krueger 是一位民主党人士，她代表纽约的大部分市民。Krueger 厌倦了这些投诉，于是发起了一场要求 Airbnb 一类公司遵守当地法规的活动。2010 年 Krueger 支持“非法酒店法”，用来管理城市内短期租住问题[11]。

Krueger 一直致力于限制 Airbnb 的肆意发展，因此她在媒体那里获得一个昵称“Airbnb 首席质疑官”[12]。Krueger 在 2014 年 9 月的播客中对 *Freakonomics* 的作者 Stephen Dubner 说道：“有些人似乎认为互连网的经济模式就像有魔法一样。实际上它也只是商业模式而已。政府有充分理由来管理商业，不管是有具体地点的实体商业还是虚拟的云端商业[13]。”

无论你是喜爱还是讨厌 Krueger，不得不承认的是她说的有一定道理：我们在生活中需要管理来保护我们自身，保护我们免于他人的伤害。我说的不是过于繁重的规则，比如说在某些州理发师需要有美容执照才可工作，而美容执照的课程中却没有美发的相关指导[14]。相反，我说的是常识性的管理，帮助市场良好运作，保护无辜者免于身体伤害、钱财敲诈等。

提到宏观经济学，你会意识到有许多相关者都需要这种保护。比如说，消费者依赖于各种标准保护他们的安全，而另一方面公司则依赖于政策和法规来提供一个公平的竞争环境，需要法规的指导。政府则依赖于法规来确保公平交易、公平税收和政策执行。

一般来说，这些相关个体的安全由一系列政府举措和商业机制来保护。在万物互连的时代也是如此。万物互连在大多数情况下意味着，数字化的城市、数字化的工厂、数字化的企业等，这些已在现有政策的管理下（这些政策是关于隐私、安全、消费者保护和反垄断）。然而，由于科技创新所带来的独特机遇和挑战，监管部门需要应付新的挑战。随着市场的成熟，职责会逐渐明确，由谁来负责保证提供高品质的商业服务、有竞争力的市场价格、恰当的市场保护、合理的消费者保护和公平的竞争环境，会逐渐清晰。

总体来说，我相信未来电子经济的世界里，市场会发挥作用，证明市场能够创造出一流的服务和有竞争力的价格。但是仅仅依靠市场不能保护消费者免受伤害或是使市场免于类似于次贷危机的伤害。当涉及到创造公平的竞争环境时，可能的情况是我们会需要更多前瞻性的政策来确保经济实体的最大利益。

在许多方面，Airbnb 在酒店行业引起的争议象征着许多行业共同面对的更大的难题：互连网把信息、人和事物组合起来之时为市场带来的改革有时甚至有颠覆性的影响。

在这一章中，我会从三个角度来谈论管理面临的挑战：保护消费者的切身利益、推进重要的商业议程和保障政府的合法角色，换句话说就是数字时代的游戏规则。

我们先来探讨消费者和与其相关的问题——消费者如何以一种安全、舒适和可负担的方式在数字时代展开活动。

从法理到事实：保护消费者的切身利益

“他们在这是非法的[15]。”

非法移民？这次不是。上面这句话的谴责对象是那些对科技敏感的 Uber 注册司机用户。

Uber 成立于 2009 年，是目前使用范围最广的共享乘车服务[16]。Uber 数字化的先进技术把市场信息（用户的网上叫车需求）和可实时显示位置的人（包含空闲的司机）联系起来（例如，司机的智能手机的 GPS 功能，给正在等待的乘客提供视觉的反馈，告知他们司机到达的时间）。

和传统的交通运输提供者不同，Uber 没有自己的车队也没有雇佣一批司机。至少，现在是没有。在 2015 年 6 月，加利福尼亚劳工委员会办公室规定，加州的 Uber 司机应该归属为正式员工而不是个体劳工，因此 Uber 应该负担司机的医疗和其他福利。

Uber 对此进行上诉，因为 Uber 甚至不认为自己是在交通行业。Uber 的总裁喜欢这样说，Uber 是一家科技公司，提供平台让独立的用户可以连接到日常的消费者。

有了 Uber，乘客可以召集司机去他们的目的地，然后在 Uber 的应用里从同意接单的一批司机中选择一位。在每次出行结束后，乘客和司机都可以对此次行程评分。这些信息对于每个使用 Uber 的用户都可见。

除了方便，Uber 还给交通业带来了前所未有的体验：透明和高效。就拿透明性来举例，在 Uber，乘客不仅可以看到司机的姓名、车的类型、车牌照，还可以看到司机的评分。因为这一点，大多数 Uber 司机都会保持车内干净和驾驶安全（因为大多数司机都是开的自己的车，他们不愿意走坑洼的小路或是在十字路口猛踩油门）。至于高效，比起传统的出租车公司，Uber 能够更精确地匹配供给和需求，这意味着司机花更少的时间在街上闲逛等待乘客招手，乘客花更少的时间来拦截车辆。

如果这些你都觉得毫无新意，那不妨考虑一下 Uber 对全世界出租车和豪华轿车行业的影响。现在，全球大约有 800 万人用 Uber 去上班、外出就餐后回家或是去学校接孩子放学[17]。2015 年 1 月的时候 Uber 在美国就有 16.2 万注册司机同意接单。这个数据很快就接近了美国全境的出租车和豪华轿车司机的总数。而且 Uber 每个月都在增加 4 万名新司机[18]。每一天，Uber 司机在全球接近 300 个城市完成 100 万次行程[19]。

或许你会把 Uber 看作是 Apple 应用商城里的一款软件而已，然而 Uber 的创新之处远不止于此。Uber 不仅在挑战全球估值大约 1000 亿美元的出租车和豪华轿车行业[20]，也是在改变交通行业，这是一个价值 20 000 亿美元的行业。这就是为什么 Uber 的创新远不止于一款应用软件。

Uber是一款端到端的程序，利用他人的资产来产生可以被工作者和消费者共同分享的价值。数字技术使这一切成为可能，而且因为程序是数字化的，因此它很便宜、使用范围广泛而且非常好用。正是由于这种独特性，Uber能够将它的服务推广到每一个和互连网连接的人。

事实上，Uber这家科技公司的优点很多，说服数以万计的新新人类重新考虑买车或是推迟买车计划[21]；帮助重新激活像洛杉矶市中心这样的都会中心[22]；驱使汽车生产方负责人重新考虑设计、生产甚至是出售汽车产品的方式。福特汽车首席执行官Mark Fields在2015年1月份宣布福特在考虑出台共享乘车服务来和Uber在私家车和节省费用的乘车分享服务的世界中竞争。

“我们业务的每一部分都在驱动创新，我们要成为一个汽车公司和交通公司，最终改变这个世界的移动方式，就像我们的创始人Henry Ford在111年前所做的一样。” Fields说道[23]。

Uber能对市场造成如此大的影响力一点也不奇怪。今天Uber仍然在许多地方面临着严峻的反抗，比如说巴黎和拉斯维加斯，因为在这些地方Uber挑战了现状。但是毫无疑问，Uber利用数字化创新不仅是要改变一部分细分市场（指的是出租车和豪华轿车），更是要改变全球的行业。因此，Uber是在影响绝大多数人的生活。

对Uber的忠实粉丝而言，Uber无疑是改变都市生活的上帝的馈赠。Uber提供了一种可靠、舒适又价格实惠的交通方式，这种方式比市政工程和传统交通公司提供的交通方式要好很多。而对于贬低Uber者而言，Uber就是一个妖魔，它将消费者置于危险的境地，使专业司机失业，而且Uber对管理机构提出的意在保护消费者和为所有交通方式提供方打造公平竞争环境的规定视而不见，这让管理机构十分头疼。

那么，这两种情感哪一种是正确的呢？事实上，两种都是正确的。

就像我们最初提到的态度，“他们在这是非法的”，这是一位拉斯维加斯的出租车司机在2014年11月气急败坏地对内华达州（KTNV）电台的记者说道[24]。那一晚，这位司机和另外几十位司机一起把车开到了拉斯维加斯大道的中央大街，这里是中心区域，一直被称作“主干道”，这些司机发起了一场反对Uber的示威游行。这位司机表达了全世界许多出租车司机的想法：Uber就是一个出租车和轿车公司，它应该遵循其他交通公司都遵守的法规。这包括同一时间运行的车辆数量、管控费用、司机背景调查、车辆安全检查、保险证明、牌照费等。Uber坚称许多规定都不适用于Uber的情况，因此Uber才会忽略一些约束传统交通提供商几十年的规定。

Uber 不依赖于行政法规来保护消费者，Uber 坚称自己的商业政策足够强大可以保护消费者。Uber 的商业政策包括司机的背景调查、车辆的安全检查等等。不可否认这些规定在大多数情况下都成功保护了消费者的利益，但是这些措施也不能完全避免不好的结局。

首先，Uber 未能淘汰掉不适合的司机。一些司机被指控对乘客进行犯罪活动，包括波士顿的一起性侵犯事件和印度的一起强暴事件[25]。然而，从这种个例中得出的结论并不能代表 Uber 的整体情况。并且，出租车也有类似的袭击事件。例如，*The Atlantic* 在 2015 年 3 月份报道，"出租车司机上头条的概率与 Uber 司机平分秋色。在过去的一年，在西雅图、华盛顿特区、波特兰、劳德代尔堡等地都有出租车司机袭击乘客的事件发生。2012 年，华盛顿发生了一系列事件，几周之内就发生了 7 起袭击事件，促使华盛顿区的出租车理事员对女性乘客发布了警报[26]。"杂志最后说道，"没有材料显示新型的乘车方式比老式的危险[27]。"

Uber 也在需求高峰期和恶劣天气时对乘客收过高价。2014 年 12 月，澳大利亚悉尼的 Uber 司机在市中心人质劫持危机中向乘客敲竹杠，但是 Uber 后来对此事进行了道歉并且对乘客提供了免费承载服务和退款[28]。

除了一些 Uber 司机，Uber 的部分高管也展现过恶劣的行径，尤其是在涉及到消费者隐私的时候。至少之前 Uber 的一位内部员工就因为使用之前还不为人所知的"上帝视角"仪表盘来追踪一位记者的行踪而受到处分[29]。

尽管有过几次过失，Uber 在道歉之后继续向前发展。一位高管曾建议雇佣侦察员来挖出一位报导 Uber 不足之处的记者的丑闻，Uber 的首席执行官 Travis Kalanick 代表公司在 Twitter 上就此事致歉[30]。但是他并没有直接道歉也没有开除那位提出此事的高管，Travis 被指责更加自以为是。

这些却没有影响 Uber 的净值。自 2010 年以来，Uber 已经吸引了硅谷创投公司的名家进行投资，还有全球财富管理基金的投资，包括标杆资本、Google 风投、金卡塔尔投资局等，他们认为 Uber 可以利用数字化来改变交通和改变更多方面。他们的支持使 Uber 在本章写作之时的净值已经达到大约 500 亿美元[31]。这比企业的中坚力量联邦快递、美联航、嘉信理财和梅西百货加起来的还要多。

虽然全世界仍有一些城市在抵抗 Uber，拉斯维加斯在 2014 年 11 月禁止 Uber 在城市界限内运行，纽约市长 Bill de Blasio 威胁说如果不能达成协议就要限制 Uber 在纽约市内的足迹，但其他城市与消费者仍在热情欢迎 Uber 的到来[32]。墨西哥城的官员对 Uber 赞赏有加（虽然这个城市的 14 万出租车司机对 Uber 的反应是抗议和拳头）[33]。在锡达拉皮兹市和爱荷华州这种被忽略的市场，民间领袖也对 Uber 很是称赞。Tom Corbett 对 *The Cedar Rapids Gazette* 说道，“Uber 和像 Uber 一样的公司真正改变了整个出租车行业的运作方式。Uber 和科技的结合和它自身的特征的确使它比传统的出租车服务更有吸引力[34]。”

我们来看看大家对 Uber 的另一种看法，Uber 有上百万的忠实支持者，包括司机、车友和社区领导。正如之前提到的，南部加利福尼亚州的社区领导者都对 Uber、Lyft、Sidecar 和其他的共享乘车公司赞赏有加，因为这些公司在洛杉矶的市中心带来了复兴的局面，这里已经几十年来都没有见证过充满活力的夜景，停车问题、出租车服务的不可靠性和对酒驾的严格规定都使洛杉矶市中心失去了活力。在 2014 年 11 月，同为 Uber 用户的电视编剧 Ryan O’Connell 从纽约搬到洛杉矶后对 *The Los Argeles Times* 说道，“我非常清楚我能用 Uber 了，能够过上我想要的生活方式[35]。”

接下来再说说为 Uber 开车的人们。盐湖城的司机 Oleyo Osuru 就是个例子。Osuru 的故乡是饱受战乱的苏丹，他在 2009 年来到美国，想要让自己和他的家庭过上好日子。他在盐湖城的西部郊区重新开启生活，靠为犹他州的一个老牌出租车公司开出租车为生。但是生活依然艰难。他挣的薪水让他的家庭有了一定的生活水平，却也总是接近社会的边缘。

Uber 刚刚来到盐湖城的时候，还未得到盐湖城管理当局的认可，Osuru 看着自己的同事一个接一个辞去了出租车公司的工作，而主动辞职要扣掉他们薪水的一半以上。这些人紧接着加入了 Uber。Osuru 在机场看到他们在等乘客时，总是会问一句新工作怎么样，而答案每次都一样：比以前好多了，谢谢。

当被盐湖城管理当局认可后，Uber 可以在盐湖城合法运作，Osuru 和其他四位同事辞掉了出租车公司的工作，在第二天就加入了 Uber。很快他就挣够了买一辆更大更新的车（道奇凯领）的钱，他现在就用这辆车载客。接下来 Osuru 又有了一个更大的飞跃，这不仅影响了他的工作也影响了他的个人生活：他买房了。

“作为一个出租车司机，我就是一个月光族，只能租得起房，”Osuru 说道，“虽然我生活在美国，但是没有归属感。但是为 Uber 工作后，我挣得更多，也有了储蓄，我买了自己的第一个房子，虽然不是很大，但让我感觉我是美国梦的一部分[36]。”

如果你还是不确定我们该如何平衡创新和管理，那就考虑一下现有法规管理出租车行业的效果。你是否有过从肯尼迪国际机场打车到纽约市的经历，如果有的话，你就会发现这次经历就是管理的平庸的体现。首先，你对车辆没有选择的余地，在机场只能排队等待，坐上随机出来的出租车。你也不得不忍受当地的规定，以安全的名义在出租车里安置玻璃屏障把司机和乘客隔开（除了让人不愉快之外，这个玻璃屏障也让乘客的腿的活动空间仅有区区几英寸）。乘客要支付的费用除了行车费用之外还包括机场接机费、额外乘客的费用、在不同的进城点收取的通行费，这些也都做了规定。而有些则不收取这些额外的费用，每个情况都不一样。

到达目的地后，你不禁怀疑，到底整个出行的哪部分由于市政法规的规定而改善或是受到保护。司机的技术和知识？你乘坐的车辆的状况和新旧？对你的收费？似乎没有一点是意在保护消费者的切身利益。

Uber的到来，像O'Connell对顾客说的，事实上，“我们能做得更好，给你想要的生活。”而且在很多方面，的确是这样的。想一下车辆保养，你便明白了。

Uber的汽车都非常现代、干净和保养良好，不是因为市政规定，而是因为司机的名誉就取决于这些。和eBay类似，Uber依赖于用户评级系统。一次交易后，司机和乘客都可以对他们的体验进行评分。乘客给出的差评会让Uber用户选择评分高的司机，因此这种评分制度会促使司机保持他们的车辆以最佳状态运作，还配有特殊的小设施，比如为了乘客的方便准备各种型号的智能手机充电线。

本质上来说，Uber评分体系已经取代了法理角度的政府法规，取而代之的是事实角度的消费者习惯。但是正如市政法规在保护消费者的切身利益方面功力尚浅，行业标准在这方面也是如此。

那么消费者怎么认为呢？我的观点是既不要完全的自由市场也不是完全的政府调控。我相信在管理的融合体系下，这个世界会变得更加美好，这个体系是法律、政策、行业标准甚至是消费者评估的融合。

试想一下：尽管Uber和其他的共享乘车公司都犯过错，但是它们已经证明个人交通市场一直处于服务不完备的状态，并且这个市场被当地政府颁发的出租车命令而人为地限制住了。政府的做法是在满足当地出租车公司的需求而不是大众的需求。这也扭曲了自由竞争的市场应该带来的益处，例如，低廉的价格、优质的服务等。

换一种说法，太多的政府干预带来的坏处远比颠覆性创新带来的短期混乱要大得多。

共享乘车自然是把这个局面搅得火热，自从共享乘车出现在纽约、芝加哥和洛杉矶这一类地区，这些地区就需求激增经济活动活跃。并且，供给的丰富性使得一些人开始重新考虑他们的出行方式。不难想象，未来几代人有可能看待乘车共享就像我们看待拥有私家车一样。这样会减少单人使用的汽车数量，有效缓解交通堵塞、环境污染、停车难等问题。

并且，共享乘车已经证明市场能够更好地调控每日的定价、车辆的整洁度和司机的专业知识等等。

但是，事实上管控制度远远不够。这些制度不能保护消费者免受敲竹杠、保险诉讼、司机的攻击等危险，也不能保障消费者在需要的时候可以随时打到车。

这就是为什么我相信植根于明智的管控框架内的法律管控和实践操作的结合，在保护消费者的同时也鼓励创新，这才是我们在数字化时代所需要的。给消费者提供更多的创新服务，我们必须为市场创新者提供调整的空间。这也就是说我们需要明智的管理来确保消费者能够获得基本的安全和公平的价格。例如，如果波士顿有一场暴风雪，Uber 司机不应该就一次简单的行程收取高额的费用。Uber 采纳动态定价的方式让司机能不虚此行，也应该能鼓励更多司机加入平台中。合理的“动态定价”对大家不都是件好事吗？

我们的观点是当下使政府权威和自由市场利益对抗的做法对各方而言都是事与愿违。那更好的方法是什么呢？均衡两方的势力，确保两方都可以发挥作用，一方又没有被另一方压倒。如果政策制定者认为需要制定一些法规，那么这则法规应该有针对性，也要适度。大部分人都会同意 Uber 司机应该被投保险，那么管控机构就应该是把对乘客的合法保护作为重中之重，而不应该是对新的市场进入者制造障碍。

在实际运作中，这可能意味着终结已经运行几十年的牌照垄断，同时强调共享乘车公司提供原本出租车公司和轿车汽车租赁公司提供的保险。

如果恰当处理的话，我们就能够创造出数字经济中既能提供消费者想要的服务又能提高消费者所需的保护的政策。这不仅适用于共享乘车也适用于其他类型。考虑一下与互连网连接的可穿戴设备。这些设备可以监测人体健康状况和身体活动，又会为消费者带来一批全新且有益的手机应用。因为一些设备会捕捉数据，只有靠医疗设备才能进行测量，这就需要监管确保所有设备都严格遵守责任法案的规定。一些监管要来自政府，但是很显然由于全新的可连接电子设备的先进性，像政策和标准一类的监管则需要由这个行业来提供。

我所说的是，我们不需要对立的体系，实际上是恰恰相反。我们需要的体系是在促进创新的同时保护消费者的权益。

我们将视角从消费者转移到数字科技在知识产权、行业标准等领域中提出的商业企业和全新的管控问题。

没时间要流氓：推进重要的商业议程

如果喜欢瑜伽，你应该知道没有几个动作比全蝗虫式或孔雀式更困难，当然了除非你说的是 YogaGlo 申请版权的扭转[37]。现在，这个 YogaGlo 版权的扭转其实才是一种扭曲。

如果你对 YogaGlo 不熟悉，这是一家总部在加利福尼亚圣塔莫尼卡的公司。正如你想象的，这家公司的重心就是瑜伽，但不是任何类型的瑜伽，而是向全国观众播放的网上课程。几年前，这家公司在客户群众中还有良好的声誉。但是在 2010 年这家公司申请版权之后，声誉开始急转直下。在申请中，YogaGlo 声称自己开发了一种独特的拍摄技术，这是公司的私有财产。YogaGlo 尤其强调它采用的摄影角度和观众的位置，这在线上推送的运动课程中可谓是一个突破。2013 年后半段，美国专利商标局（USPTO）同意授予 YogaGlo 专利，专利号：8605152[38]。

很快，YogaGlo 开始给瑜伽练习者发信，通知他们版权和版权维护的事情，一些人曾经是 YogaGlo 的顾客。这包括要行业的瑜伽提供者完成的“一个申请”，只有付给 YogaGlo 专利税，才允许他们从事自己的业务。在法律界，这被称作“勒索”。

当瑜伽界听说了 YogaGlo 的战术后，反应既不友善也不令人宽心。Tom 是一个瑜伽客户和全国广播公司的摄影师，当他听说 YogaGlo 因为它的拍摄技术而获得版权，Tom 对 YogaGlo 的博客维护公司的一系列行径做出了如下回应。

“我的职业是专业电视录像制作人，在国家广播公司工作了许多年。我同时也是一位瑜伽老师，也是 YogaGlo 的成员。以我作为瑜伽练习者和电视录像制作人的经验，我认为你们公司申请的版权愚蠢至极。我拍摄了数千部故事片，所有摄影师都必须身临其境才能讲出最好的故事，捕捉最好的画面。这就是摄影师和录像制作人的工作。我拍摄瑜伽课程的历史远比你们公司的要长，而我没有选择去申请版权因为我是一个有天赋的摄影师，摄影就是我要做的事。”

除了 Tom 之外，许多顾客都取消订阅 YogaGlo 的课程，事实上是在告诉 YogaGlo 它的版权已经没有地方销售。历经数月的负面宣传和行业报导之后，YogaGlo 在 2014 年 10 月妥协了。YogaGlo 宣布会缩小其维护课程“形式和氛围”的范畴。几天后，YogaGlo 更新了网站宣布放弃版权，也不会再申请其他版权[39]。

虽然瑜伽练习者欢心雀跃，但是考虑到问题的严重性，其他人却没有心情庆祝。这包括一个专注在电子领域推广人权的非营利组织电子前线基金会（EFF）。

早前，该基金会把一个模棱两可的“年度最蠢版权奖”颁给了 YogaGlo。当 YogaGlo 放弃版权之后，电子前线基金会夸奖 YogaGlo 重拾理智，但同时也说道 YogaGlo 事件对正在发展的万物互连时代的新一波创新的知识版权申请敲响了警钟。

电子前线基金会在 2014 年 10 月的一篇博客里说道，“尽管 YogaGlo 放弃了自己的版权，但我们认为这个版权故事依然值得提起，这则事件揭示了我们的版权体系正在崩塌。YogaGlo 的版权就是一系列疏忽和错误导致的版权闹剧，一个在最初之时就不应被授予的版权，和一个无所不用其极去申请更多版权的版权申请者[40]。”

不幸的是，当今颁布的许多版权都是这种情况。现有的知识产权的管理政策不仅没有推进商业议程，反而是经常令商业发展受阻。法律专家认为现在的版权更多的是被用作剑而不是盾，这带来的是一场零和博弈，一个公司带着一系列版权利剑去攻击另一个公司，企图先发制人不让自己成为攻击对象。在过去的几年里，无数公司就像野草一样迅速蔓延，它们所做的就是集合一大批版权，然后起起诉那些看似违反了它们版权的公司。像这样的版权“流氓”让美国经济的发展付出了惨痛的巨大代价。

The Direct Costs from NPE Disputes 一书的作者法律学者 James Bessen 和 Michael Meurer 在 *Cornell Low Review* 中写道，专利授权公司（NPE）和它们授予的版权使美国经济每年蒙受 290 亿美金的损失。他们写到，大部分损失都落到小公司或是中等规模的公司头上。

“这里提到的专利授权公司诉讼的快速增长和高额成本应该拉响警报，提醒政策制订者版权体系仍需重大改革，以真正发挥它在促进创新方面的作用。”Bessen 和 Meurer 写道。此外，二人还呼吁政府加强执行“确定版权的标准”并且呼吁政府采纳最高法院的决定限制“商业运作的专利性和其他难以定性的抽象程序”。他们还呼吁整个版权体系应加强公开透明性，还要“将费用更多转向版权流氓案件的被告[41]。”

我大体同意他们的说法。

全新的数字经济会成为创新的分水岭。除了新设备以外，还会应运而生新创意、新技术和各种各样的新事物。像知识产权这样的数字时代的财产正迅速占据所有财产的半壁江山，因此保护数字财产的需要就变得更加突出了，尤其是通过明智的版权体系和互连网协议体系。同时，更加需要一个明智的管理环境，可以更加容易地制定互连网协议，提供一个公平竞争的舞台。这些是当今电子时代的需求。

比如说，联邦版权改革诉讼需要“抑制过多的版权诉讼，提高版权质量”。Cisco 就是一个例子。Cisco 支持通过常识性版权改革立法，与实业集团和立法者一起努力处理这些问题。

“修补美国版权体系的版权改革立法会促进创新，增加对科研和工作的投资，从而为股票持有人带来更大的价值，提高美国经济在全球市场的竞争力。”Cisco 首席法律顾问 Mark Chandler 说道[42]。

Cisco 呼吁解决的重要问题有：加大投入提高版权质量、及时检查现有版权、完善赔偿比例、完善惩罚性赔偿制度、禁止“择地刑诉”（是指原告尽可能在看重版权案的法庭审判的现象）。

尤其是对于那些流氓公司，他们财大气粗，有自己的律师团，不仅攻击大公司，也不放过没有反抗能力的小企业。Cisco、Netgear 和摩托罗拉共同拦截一个版权流氓公司，这个公司对许多小公司发出 1.4 万封律师函，状告这些企业使用的产品，违反了该公司的版权，状告的版权费用高达 40 亿美元。Cisco 花费 1300 万美元来为消费者辩护，最终将判决降低到 270 万美元，使得数百万消费者免予一次被称为“一个侵略性的版权组织提出了一个可疑的诉讼，来申请一笔名不副实的高昂赔偿金”的灾难[43]。

“我们应该回归到一个鼓励创新打击投机和机会主义者的版权体系，这些投机者和机会主义者用法律诉讼和不良版权从经济生产要素中攫取钱财。”Chandler 说道。他和其他一些法律专家对一些私人利益实体尤为愤怒，这些实体企图利用美国专利商标局的资金不足的弱点。在美国专利商标局，税负过重的专利检察官不能容易地找到法律界所指的“先有技术”，也就不能阻止这些可疑的专利起诉案件。

“当我们的专利检察管能够说‘我们知道我们所知道的’，我们就又迈进了一步，更加接近创建者的目标‘真正推进科学和实用技术的进步’。”Chandler 说道。

虽然我不赞成过多的政府干预，但是我相信在涉及知识财产的保护时，政府在版权改革中应该发挥自己应有的作用。企业和政策制定者不应对立，而是应该协同努力，创造一个公平、稳定、持续的体系。

在标准制定、税收政策、基本科学研究、认证、数据开发访问等方面也是如此。政府的职责是确保市场能够恰当、高效运转，企业获得良好发展。然而，这不是选择胜者和败者（每一次新科技颠覆现状的时候，都会有这种倾向），也不是用不可行的法律保护特殊利益群体（例如数据主权），在一个颠覆性创新几乎每周都在涌现的领域，这种法律不能被执行甚至是遵守。大多数情况下，现有法律和法规能够保护消费者也能够为企业提供一个公平竞争的环境。但是在一些领域，比如隐私和安全领域，正如我们在之前的章节讨论的，我们需要更好的监管来充分保护消费者和企业。

因为科技发展的颠覆性本质，医疗、交通、通讯、生产和金融等众多关键的生产部门都在经历重大革命。很自然地，强大的经济实力力图保存现有利益，而新兴实体则试图利用巨大经济转型所带来的机会颠覆现有利益，两方势力互相对抗。

消费者、企业和法规机构需要合作来确保企业的合法利益得以推进，而同时消费者的利益也得以保障。比起物质世界，在新的数字时代，这要更加困难。除了公平的竞争环境和传统的知识财产保护，我们需要一个专门保护和促进数字创新的体系。只有提供正确的激励、恰当的保护和可以谋利的市场机会，美国企业才会在数字科技中投入得更多。

在下一小节中，我们看看政府如何下放责任在确保自身有效运行的同时来保护消费者和促进企业发展。这是一个高难度的平衡动作，值得最合适的瑜伽练习者挑战。

从对手到联盟：保持政府的合法地位

漫长的雪夜过后，清晨漫步在加利福尼亚约塞米蒂谷，立刻就知道这种感觉你终生都不会忘记。积雪踩在脚下发出清脆的声音，山间清新的空气扑鼻而来，湛蓝的天空闪闪发光。这些景象美得令人出神入胜。你静立在马里泊萨号树林里，高耸的红杉树屹立在这片树林里已达三千多年之久，你会体验到此生都无法忘怀的平静。

这是神奇的时刻。

如果你非常幸运地有过此番体验，一定要默默地感谢第 38 届美国国会和亚伯拉罕·林肯总统给我们这次机会。是他们好意地命令加利福尼亚商业和社区领袖，把这片区域留出来做保留区和公共使用。在这之前，美国从未有这样大规模保留一片区域，这也为后来国家公园管理局的建立奠定了基础，今天国家公园管理局监管着部分美国最为珍贵的宝藏。公园管理局的管辖范围包括：约塞米特蒂国家公园、犹他州的国家拱门公园、怀俄明州的黄石公园、缅因州的阿卡迪亚国家公园、北卡罗来纳州和田纳西州的大烟山。

尽管现在很难想象，但是当时不管在哪种情况下，建立一个新的国家公园都意味着克服根深蒂固的公民个人利益和强大的商业利益。幸运的是，后来几百年间，联邦政府意识到政府自己就有这个独一无二的权力和权威把这些地区永久保留起来。而公共财产的管理权这个角色在现实世界中的作用和在电子世界中同样重要。

为什么？因为没有任何人或是任何实体真正拥有互连网，互连网就是由一小波科学家、学者、政府官员和全心投入的网络爱好者组织起来的网络。他们以一种松散和随机的形式操作，建立了技术标准、所有权、命名习惯等等，他们做到这些没有费一枪一弹、没有提起一宗诉讼或是释放众多电脑病毒来建立自己的权威。

尽管他们的方法在这几十年间有所改变，但是初心未变，最重要的目标依然和互连网创建初期时的一致，当时的互连网只包括位于加利福尼亚的三个科研实验室和一个与犹他州相连的科研实验室。这个目标就是让互连网尽可能地成为一个自由的随时连接而且益处多多的地方。

一些观点认为，这种理想在现代社会中是可能实现的。我和 Cisco 的全球技术策略副总裁 Robert Pepper 博士谈过这件事，Robert 博士曾任美国联邦通信委员会（FCC）政策和规划长官 16 年之久，他对消费者利益和商业利益的观点虽然激进但是依然理智。

“政府和监管部门需要非常谦逊，尤其涉及技术的时候更应该如此。”Pepper 博士 2015 年 2 月在伦敦的图灵讲座系列中谈到这点[44]。他特别谈到以多方参与的形式来监管分享的方式，来监管如宽带接入等分享类的科技资产。

“如果你问人们，谁拥有互连网或是谁控制着互连网，你会听到各种各样的答案。但是，只有 15%的人了解真相，答案就是没有人，”Pepper 说到，“自互连网最初创立以来，一直都是采取自下而上的方式进行监管。曾经有一段时间，互连网上的每个人都是互相认识的状态。我们还有人记得具体是谁想出了命名习惯和地址系统。现在要认识网上的每个人或是了解网上的每件事是不可能的。但是在很多方面，管理体系仍然是一样的。”

私营企业、管理部门、学术研究机构和消费者保护团体不应该去试图控制互连网而是应该互相协作、互相公开以达到 Pepper 和其他专家一致所称的“大体共识”来监管这座全球沟通宝藏。

Pepper 解释道，大体一致这个概念是经过探讨后大家共同想出且达成协议的一系列指导方针、原则和政策以此来保护和促进更多人的利益。之后，他们执行了这些概念，也清楚这些概念并不完美也不是永恒的。一旦这些概念执行了，利益相关方都明白边线和球门柱会时时移动，相关方只能在一定区域内活动，但是他们会一直准备好做资本投资，来一笔大赌注。

在这个去中心化、分布式计算的时代，每一台设备都会与互连网有些许连接，这样自然会被因为各种各样的原因以从未有过的方式而受到考验。首先因为市场上资金充足，让商业利益者不去分得一块更大的份额是一件很有难度的事情。考虑到收集和分析用户数据的容易程度，同样很难的是阻止主权政府滥用权力。

如何管控互连网成为了一场宏大的战役，在美国，在世界很多地方都正在上演。竞争的各利益方都在针锋相对，这场战役更是说明了竞争对手选择对抗而非合作之时，最终会发生什么。这一事件自然就是网络中立性，这是由美国、欧洲和其他地方的各个相关人共同制定的政策框架，意在阻止主要的电信运营商来拦截或蓄意破坏互连网的流量，也确保所有人都可以连接到网络。但是采纳的网络中立性政策不仅仅会限制不轨的行为也会严重限制电信运营商开发新的互连网商业模式的空间。正如你想象的，这是一场具有高度争议性的讨论。

美国参议员 Ted Cruz 认为网络中立政策是“互连网的奥巴马医改”，一个无用、短视又累赘的方针，只会对经济造成损害[45]。对“网络中立性”这个词的缔造者哥伦比亚大学的法律教授 Tim Wu 而言，这个概念代表了“一个普适的古老原则，阻止公共基础设施的无差别化”[46]。

就像评价医疗法案或是“奥巴马医保”一样，网络中立性在华盛顿和许多地区都成了一个有争议性的话题，不仅在共和党和民主党中产生分歧，在企业和消费者保护团体中也产生了分歧。例如，许多共和党人谴责这个概念，并给它贴上了“反商业”和“干涉主义”的标签。然而，民主党和消费者群体则称这仅仅是一项基础人权而已。美国家庭影院（HBO）电视主持人和喜剧演员 John Oliver 代表全世界的消费者说道，“我宁愿听一条卡其裤跟我讲它做的怪梦”，也不愿意去考虑网络中立性。但是 2014 年 Oliver 在自己的节目 *Last Week with John Oliver* 中对观众说到，这个问题“十分重要”[47]。

2015 年 2 月，联邦通信委员会投票采纳了许多以网络中立性为依据的原则[48]。包括禁止付费优先权和“信息快速通道”，而提倡这些收费的人，都是想让制作方获得额外收益。这也包括禁止拦截或限制合法内容，企图迫使消费者花费更多钱的行为。如果被采纳了，这些新法规也会适用于无线网络，这是宽带扩张的最新前沿[49]。

果然，网络中立性的反对者们宣誓反抗联邦通信委员会的决定，但是企业的真正问题是：这个系统能否发挥作用保障为大多数人带来最好的结果？

事实是，在美国很多地方，消费者可选择的宽带非常有限，这个市场竞争非常不充分。宽带普及的地方，价格都很高，而客户服务则是不出意外地很差。

相反，你很难找到一个人他能够诚实地说自己为我们看作理所当然的宽带和互连网服务支付了全部费用，包括提供 3G 或 4G 无线网络的发射塔和 Panera Bread 面包店的免费无线宽带服务，在这里你可以查看你免费的电子邮件，阅读免费的报纸，并同时在后台观看 Netflix 的剧集。

一个更应该考虑的问题是，对于这个给太多人带来太多的价值，同时又创建了一种鼓励创新者挑战现状并为所有人提供基本水平的服务的系统，我们应该如何维护它呢？

互连网作为一个创新性平台的美妙之处在于，它是在没有各大政府监管的状况下演进而来的；政府想要参与监管必须得有非常好的原因（比如市场失效）。当市场失效发生时，互连网很容易被过度监管，潜在的投资也可能被冻结。

几乎所有人都可以使用宽带网络。例如，网络信号不仅能被接收，还可以灵活地对信号加以创新以改变用途——这和高压手段管理的离开、进入和定价等控制有很大差别。这不是说网络已经是原本应该有的高速和廉价的状态——远非如此——这仅仅是指出现在的管理结构使得网络繁荣和创新，并为数百万人提供了机会。

在世界很多地方都是如此。

很多人认为政府在管理科技市场运行方面没有作用，我不同意这样的观点，我认为政府确实有一定的作用。我并不是说起到很大作用，但是它确实起作用了。政府没有偏袒，确保竞争发挥作用；保护消费者而不扼杀创新；加强法治而不超越职权。

现在商业界的主流是反对任何形式的政府调控和干预。他们用道貌岸然的语调来谴责政府的干预，当然，直到他们需要政府干预的时候，这一切就不同了。

相反，消费者希望得到几乎任何形式的保护，直到他们得到的这种心满意足的新服务可能会侵犯其他人的权利，包括商业企业的利益。当这种情况发生时，消费者就会想要免除这些为他们服务的保护措施。

消费者和企业与其互相争斗，不如互相让步于多方共同制定的合理政策。这适用于网络中立性以及许多其他问题，包括宽带频谱分配、标准的发展、公平市场准入、数据收集、法治等更多问题。

关键时刻：驱动创新的政策、保障安全的法规

保护消费者。促进企业发展。保护共享资源。

这些只是几个在新的数字经济下会更加复杂的问题。随着数字经济的发展，从消费者隐私、反竞争行为到工人安全、公平市场准入等问题都需要一个全新的面貌。

虽然新的数字经济仍处于起步阶段，但是已经向我们透露出一些事情。首先，推动数字化的公司已经证明了它们在调解供需平衡方面，发挥了显著作用。尽管它们的规模相对较小并且缺乏经验，但它们可以是聪明的创新者和强有力的竞争者。

但它们还表明，它们可以创造挑战。它们可以颠覆成熟的市场，将消费者边缘化，有时甚至能够不正当地排除竞争。

因此有时候就需要调整治理，以避免市场的不对称性，这种不对称性能够过度影响现有市场或是市场新进入者。如果调控在不知不觉中创造了市场稀缺或主导地位，然后一个颠覆者进入市场，使之更有效率，那么此时恰当的回应应该是减少对现有市场的调控而不是加强对市场新入者的调控。在其他情况下，相反的方法可能更好。关键是建立一个灵活的、可行的框架，可以在需要的基础上进行调整。

新的数字服务和供应商可能需要一些新的调节能力。但是，在哪里调控？调控到什么程度？以共享乘车作为一个例子。

无论你喜欢还是讨厌，你不能否认，尽管有一些挑战，但是像 Uber 这样的公司已经动摇了个人交通世界。它们已经证明，以市场为导向的机制，如驾驶员和乘客的评级系统能够产生更好的消费体验——清洁的车辆，热情的司机，有竞争力的定价。

为了规范这些实体，我们需要能够融合最佳的法律保护和事实便利的政策。只有所有市场主体协调合作，这一点才有可能。这包括消费者、企业和政府。作为一个三条腿的凳子，没有一条腿能在不影响稳定性的情况下站得比其他的高。

如果我们不把管理看作是政府官僚遗留下来的毒瘤，我们就可以促进消费者需要的保护，推进企业发展的议程，并保留我们都依赖的资产。

如果能做到这一点，我们就可以充分利用数字革命在科技创新和社会进步方面带来的益处。我们需要一些巧妙的思维来开展这项任务，但是我们完成的肯定不仅是这个任务。

是时候让优秀的管理发光发亮。

第9章

财务业绩——用老方法挣钱

湖岸特急。加州和风号。炮弹特快列车。

如果你是美国火车旅行爱好者，一定能一眼认出上面这些名称。它们是美国历史上最具有代表性的列车。这些列车和其他列车会出现在诸多小说中、无数电影中，以及在歌曲中被铭记。在1972年开始热播的民谣*City of New Orleans*中，Arlo Guthrie唱出了浪漫的列车之旅，这趟列车穿越了夜晚并跨越了500英里。

人们现在仍然可以乘坐City of New Orleans列车从芝加哥去往密西西比三角洲。在所有由列车演绎出来的历史和浪漫中，人们忘记了它们在美国人意识中的最初角色。也难怪现在没有更简单的方法能够穿越美国东西海岸；人们必须在芝加哥或者新奥尔良换车，才能完成旅途[1]。除非你住在拥挤的东北走廊沿线城市中，否则作为客运交通方式，火车还真没有太重要的意义。

但列车在货运领域的职责是不容小觑的。

虽然被誉为“无尽的高速公路”之国，但美国也正在成为铁路强国。每过一年，铁路就会运载更多美国所需的商品和原材料。就以石油来说，根据美国铁路协会的数据，2008年美国一级铁路运载了9 500车皮的原油；但2012年这个数字增长到了233 000；又过了一年，通过铁路运输原油的车皮数量突破了407 000[2]。但如果考虑到铁路运载的货物总量，这也只是一小部分而已。现在用于家庭和企业供能的煤[3]以及用作燃料的乙醇[4]，都有70%是通过铁路运输的。

铁路行业增长如此之快的原因之一是运输效率。比如一节车厢装载的玉米，足够2 300只鸡吃一年；再比如一节车厢装载的煤，足够62个家庭烧12个月[5]。另一个重要因素是燃料效率。Guthrie在他的歌里唱到City of New Orleans在一天之内可以跑500英里，这差不多是很多现代列车承载1吨货物，消耗1加仑燃油，能够跑出的距离[6]。

根据*Progressive Railroading*杂志的报道，为了达到这种燃油效率，铁路行业已经在过去10年中尝试了各种方法。其中包括发明更省油的火车头、安装AESS（汽车引擎启动停止）设备，以及安装更润滑的轨道以减少摩擦。但2010年，该杂志指出这些都只是提高铁路运输能源效率“唾手可得”的方法[7]。为了在燃油经济中获得更大收益，铁路公司纷纷求助于更高级的自动化形式——尤其是数字化。

“火车不再是20世纪那种拼凑的金属物件了，”*Forbes*特约撰稿人Dan Alexander写道，“如今的火车头可是车轮上的电脑，而且它们开始从油老虎半挂汽车那里抢生意了[8]。”

为了保持自己对于卡车的优势，铁路公司在每个车厢以及铁轨沿途都安装了无线电和传感器。它们还安装了电脑辅助制动系统和节流系统，并且已经投入了数百万美元用于业务分析。仅在美国，这些投资就帮助铁路公司每年节省了超过37亿加仑燃油的消耗[9]。而且更重要的是，技术可以告诉铁路公司，效率的缺口是哪里——起伏和转弯。

经过适当的培训后，工程师和司闸员通常能够以较高的效率在平坦笔直的轨道上驾驶火车。但当工程师遇到一连串的起伏和转弯路段时，事情就变得困难了。每节车厢之间的间隙或“相互作用”会扩大或缩小，这样会沿着列车的长度带来摩擦力。当发生这种情况时，效率就降低了，尤其是那些长度非常长的列车，有时长度可以达到1英里或更长。

NYAB（纽约空气制动）公司是一家创建了125年的老牌工程和咨询公司，开发了集成的列车控制系统，它帮助铁路公司更好地理解了这一现象。总部设在得克萨斯州欧文的NYAB的TDS（列车动态系统）事业部建立了一套硬件和软件系统，专为铁路公司解决这个问题。通过使用传感器、软件和无线电设备，TDS的LEADER（机车工程师辅助/显示及事件记录）技术帮助北美、南美和澳大利亚的铁路公司提高了效率；通过精确定位列车流失效率的具体位置，增强了日常运营规划的合理性。

虽然这系统非常好，但有些公司认为它的灵活性不够强。通过传感器、无线电系统和其他源收集到的数据经常没有统一的格式，因此在能够对其进行分析前，需要大量的修改工作。而且即使把数据都改为了某个标准格式，也需要一整个团队盯着它看上个把小时，才能得出有意义的结论。

由于坚信能够以更好的方法从大量信息中提取有效内容，TDS决定根据铁路公司的研究案例，投资一项新的分析技术[10]。经过一番审查后，它选定了一款由Splunk开发的软件平台，Splunk是一家总部在旧金山的潜力公司。Splunk公司成立于2002年，通过为客户检测IT基础设施的问题为自己赢得了名声。它的一项重大突破是开发出了跟Google搜索有一拼的工具，这个工具可以为客户检测设备错误和系统崩溃后留下的大量日志文件。在几年之内，Splunk公司发现自己善于利用以前无法使用的数据，为客户挖掘出新的有用信息。因此它为了这一目的开发出了多种工具。

借助Splunk的企业版软件，TDS现在能够为铁路客户创建各种显示板，帮助他们更好地理解如何通过小幅度的调整速度、制动，以及驾驶培训，更好地克服地形、轨道条件、天气，甚至运营规划对于燃油经济带来的不利影响。“显示板中可以报告燃油效率、准时达到目的地的影响、列车缓冲力、驾驶合规性以及其他因素，然后把这些与整体的燃油节省和其他经营宗旨关联起来，”Splunk公司这样介绍[11]。

让TDS印象更为深刻的是，Splunk公司正在致力于把LEADER技术集成到它的软件中，来扩展软件的供能。“TDS的工程团队已经开始在新型传感器中使用Splunk软件，这些新型传感器将会部署在车头和车厢中，”Splunk介绍说。此外，TDS还计划使用Splunk的分析算法和显示板，从模拟运行产生的大量数据中挖掘新的有用信息。

有了技术和有用信息，铁路公司相信他们能够以最为经济高效的方式运营列车，同时会出现很多“黄金运营”成绩的获益公司。

显而易见的是，减少燃料消耗有助于提高净收入，但这还不够。减少转弯和起伏对车厢带来的间隙，以及减少刹车次数，都有助于减少列车磨损，这样做可以减少由于维护而无法运营的车厢数量，从而提高资产利用率。除此之外，平稳地驾驶列车也有助于减少接头脱钩以及其他会导致出轨等重大安全问题的故障。反过来说，这样做有助于铁路公司在降低风险的同时，通过更多能够正常运营的车厢获得更高的利润。

当然了，你可能并不从业于铁路行业，甚至与这行相隔甚远，但可以这么说，你也和“为铁路公司工作的”男人和女人一样有以下问题。增加收入？降低成本？提高资产利用率？这些是每个企业都想实现的。

在本章中，我会讨论不同行业中的公司如何使用传感器、大数据、移动性、社交媒体和无处不在的连接，通过提升财务业绩来实现这些目标。

让我们从你最熟悉的地方开始：你自己的家。

增加收入

“无知带来利润。”

以前听过这个格言？多年来旅游、汽车销售和计算机倒卖行业以此为生，直到出现了 Travelocity 在线旅行社、Edmunds.com 汽车交易平台和 CNET 科技资讯网。它们揭开了各自行业用来盈利的面纱——永远改变了商业模式。与其去离你最近的旅行社规划下一次旅行，你肯定更愿意使用在线旅游网站。现在，OTA（在线旅行社）的订单占所有航空公司、酒店和租车预订总量的将近一半，也就是每年会产生数千亿美元的收益[12]。

“无知利润”的谚语还是适用于少数行业的，这些销售人员和供应商掌握了消费者无法了解的重要信息和产品库存，并以此获得利润。比如医院计算患者账单的方法，这不仅对患者是个谜，甚至很多从业者也搞不清楚。

但在售后服务行业中，颠覆性创新者都在问“为什么”。如果旅游行业的资讯水平对于其他领域的客户来说也是透明的会怎样？这样会不会导致行业收入的重新分配？

这些是我想在本节讨论的问题。

在几乎所有你能够说出的行业中，总是有些公司在利用数字化技术改变现状。在有些领域中，商业规则是由那些追随新机遇的新人制定的。在其他领域中，商业规则是由那些进行数字化革命的企业建立的。

我们从前一种说起，看看创新性新企业（无论大小）是如何利用新型数字化技术，拉近卖家和买家距离的。在这样做时，他们让消费者的生活变得更加方便，让那些遵循老旧商业模式的企业变得难以生存。

想要在今天立一个简单的遗嘱？不需要找律师，只需要访问 LegalZoom 法律文件创建网站就可以了，它可以帮你在家中极具隐私地创建法律文件。不需要医生来帮你诊断简单的疾病，因为你可以使用 WebMD 医疗健康服务网站和其他工具；也不需要保险代理人来帮你选择合算的汽车保险，因为你可以使用易保（Esurance）、Progressive 以及其他网站服务。

当提到新房装修时，你更有诸多新选择。现在，有一些创新者颠覆了延用几十年的家具分销和销售模式。特别展厅只对交易者开放？独家分销协议仅适用于授权装潢师？这些和那些壁垒在这个行业中制造出大量未知信息——对于选定的那类从业者来说，这里面利润十足。但新人的崛起证明传统贸易方式对于利润增长有大量限制。

就拿 Houzz 互连网家装平台为例。它和其他装饰公司为数以百万计的消费者解开了这一行业的谜团。跟很多新公司一样，Houzz 开始的道路也困难重重。它成立于 2009 年，当时 Alon Cohen 和 Adi Tatarko 这对夫妻档正打算重新装修他们在加州帕洛阿尔托的家。他们厌倦了家装经济中那些如同在“侦探小说”中才会出现的谜团，因此他们决定开启自己的装修事业[13]。

对于外行人来说，Houzz 是一个集设计和装修为一体的网站和移动 APP，拥有超过 250 万会员。大部分会员是寻找灵感的普通消费者，他们并不支付任何费用。Houzz 的其他收入来自于建筑师、设计师和家庭承包商，他们支付年费来联系 Houzz 的会员并使用 Houzz 开发的工具，以便帮助他们与潜在客户接触。除了这些收入外，Houzz 在它的网站上销售广告，并且从 Houzz 网站中卖出的每个“窗帘杆或挂灯”收取 15%的费用，*The Wall Street Journal* 的 Yoree Koh 如此写道[14]。

“对于专业人士来说，这是一种在潜在客户面前工作的途径。对于想要装修的人来说，可以在这里收集想法、与专家联系，而且最重要的是，购买他们在照片画廊中看到的产品，” Koh 写道[15]。

Houzz 不仅仅是把买家和卖家联系了起来，更是把家装行业变得更加透明。在传统家装行业中，消费者能够从制造商和分销商那里拿到的商品折扣始终是个谜团，Houzz 不仅让消费者看清自己要买什么，更看清了价格。并且在选择专业设计方案上，houzz 也为消费者提供了更多选择。消费者不再像以前那样去参观本地展厅并向一个专家小团队进行咨询，而是能够在线浏览成千上万个设计师档案，并观看他们设计作品的高清视频。

并不是只有设计爱好者才热衷于这项业务。自从 2009 年创办以来，Houzz 从 KPCB 投资公司、康卡斯特风险投资公司、红杉资本、T. Rowe Price 金融集团及其他企业那里，吸引了超过 2.15 亿美元的投资。截至 2014 年 10 月，Houzz 公司的市值已经高达 23 亿美元，这差不多是 Ethan Allen 市值的 3 倍，Ethan Allen 是美国最大的家具零售商之一[16]。

随着销售的增长和海外市场的上线（根据 Koh 的说法，Houzz 的目标是到 2015 年年底，在美国境外开设 15 个市场），我敢打赌 Houzz 的价值将会继续上涨。毫不奇怪的是，Houzz 吸引了一群直接竞争者，他们希望复制而不是本土化它的商业模式。其中包括 One Kings Lane 家居用品闪购网站和 Porch.com 家装网站。并非所有这些公司都有可能存活下来。但它们的业务正在创造大量收入，并且不仅正在转变家具销售行业，也在向其他更远更广的行业传播。

以 Uber 为例，Uber 预计在交通运输业中将产生超过 100 亿美元的年收入，并以每年 300%的速率增长[17]。同时，Airbnb 预计在 2015 年产生超过 5 亿美元的销售额[18]。除了 Houzz 以外，这些新公司也证明了它们不仅仅是昙花一现。它们是促使行业内设置货币化、客户体验等新标准的革命力量。

也就是说数字化革命并不是需要一个崭新的公司，而是需要一种新思维。让我们从这个家装新贵身上看看一家公司如何利用数字化资产来转变它的业务。

这家公司名叫天气公司（né Channel），自从意识到它可以不仅仅是一家有线电视公司，可以不仅仅拥有天气爱好者和需要打发时间的老年人观众后，它就开始追求新的数字化营收。在整理了它的资产并完成了数据工作后，天气公司发展成为一家多元化的媒体公司，为全球超过 30 000 家组织机构提供信息，其中包括如何制定价格、调整货架、调整人员配备等。

“通过分析世界各地（每个地方都有其独特的气象数据）300 万数字和移动用户的行为模式，天气公司成为了一个大广告板，它会告诉（比如）洗发水品牌在气候潮湿的地区为客户推出新型抗毛躁产品。” *Fast Company* 杂志如此写道。数字广告以及企业对企业的服务成为了收入来源，最终这些收入比公司的电视业务收入还高，而且电视业务还碰到了一些困难，比如电视运营商削减了节目以节约成本[19]。

为了发展这一势头，天气公司确定了几个行业——其中包括媒体、航空、物流、能源和日常消费——用数据为这些行业提供特殊的产品。以航空业为例。天气公司开发了一个名为 Total Turbulence 的产品，利用飞机上安装的传感器收集湍流数据。然后它用私有算法 TAPS（湍流自动报告系统）对这些数据进行计算，它计算出的结果能够帮助航空公司改善空中和地面决策。达美航空就已经使用了这个系统，在每次飞行时，这个系统会为飞行员提供“湍流图形”。这些内容都包含在传统的天气软件中，航空公司的飞行员在起飞前可以把数据下载到他们的 iPad 中。

就在几年前，飞行员还只能接收文本格式的湍流天气更新；现在他们能够获得详细的图形数据——很快可以拿到实时数据。“通过把实时天气和传感器数据与先进的数字建模相结合，天气公司提供了一个解决方案，能够减少 70%的飞行湍流。” Allison Caley 在为哈佛商学院数字化倡议撰写的博客中提到[20]。

在围绕着数据创建了成功的商业模式后，天气公司的 CEO David Kenny 于 2015 年，在 IBM 看到了这个计算机巨头的认知 Watson 计算平台能够用 4GB 的数据实现什么，这些数据是天气公司每一秒从世界各地收集到的。IBM 对于天气数据的潜在用途非常感兴趣，于是决定在 2015 年 10 月从天气公司购买数字化资产，其中包括 Weather.com 和 Weather Underground 两个新网站，以及堆成山的天气数据和数据收集技术[21]。

“为什么蓝色巨人这个大型计算机和商业软件的销售商会收购给我们带来了桑迪飓风的公司？”*Fortune* 周刊在交易完成后提出了这个问题。“数据”[22]。

“以一年为单位，差不多有 5000 亿美元的业务是会受到天气影响的。”IBM 大数据与分析部门高级副总裁如此说道[23]。对于蓝色巨人来说，天气公司聚敛的资产为它迈入一个广阔的业务领域提供了坚实的基础。

天气公司并不是唯一的案例，它只是使用数字化技术探索新机遇的诸多公司之一。巴宝莉和约翰·迪尔（John Deere）也是这类公司。这些公司明白数字化工具带来的机遇会产生可观的新收入。它们还意识到除非自己行动起来，否则竞争对手会用相同的工具，把利润引向自己那边。

无论你从业于数字化行业还是其他行业，你的企业内部和外部都有太多能够推动盈利增长的潜在机遇。但你要通过挑战并积极参与到市场中来。如果你过于谨慎，就会有别人来抢占你的机遇。

接下来让我们把目光从增加收入这里收回，看看另一个财务重点：降低成本。

降低成本

就在你阅读这句话的时间内，就会有犯罪行为渗入到企业的网络防御中，而企业对此毫不知情。想象一下这就是你的公司，你会怎么做？

你应该求助于企业外的专家、更新管理系统，告诉你的团队做好长期应对准备，直到危机过去。然后你应该对损失进行评估。

你很可能想要求助的公司之一正是我的公司，毕竟 Cisco 公司是世界上最大的安全技术提供商之一。我们的员工和专家将会证明我们是世界一流的。但我们如何能展示我们的实力呢？嗯……有时这一点其实并不让人满意。

在过去的几年中，顾客想要拿到热销的 Cisco 设备样品，都可能需要等待 4 周的时间。无论你是正在应对安全突发事件，还是在某个贸易活动中或者推开分销商合作伙伴的大门，然后说：“好吧，再给我看看别的。”哪怕客户发现了严重的安全漏洞，也不得不等待 4 周的时间，Cisco 才能为他们安排最新设备的展示工作。很不合理是吧？没错，但事实就是这样。

客户需要漫长等待的原因并不是因为 Cisco 不作为；其中的原因很复杂。高端网络设备通常在组装和运输方面困难重重。这些设备还非常昂贵，按照不同客户的需求，Cisco 可能需要花费大量时间配置数以百万计的命令。对于热销的设备来说更是如此。如果一个产品供不应求，Cisco 通常并不会有太多额外的设备能够拿出来进行展示。而且就算 Cisco 有，所有客户似乎都在同一时间想要拿到手。

为了确保不会把设备送去展示给那些“只看不买”的客户，Cisco 的销售人员在为客户提供展示设备之前，通常会花费大量时间考察客户是否足够有诚意。销售人员和销售工程师通常会一起协调资源来进行现场演示，他们需要找到合适的设备（价格轻松上万），按照客户的要求进行配置，然后运送到指定地点。

所有上述行为极大地增加了公司的成本。实际上，Cisco 每年会在这上花费 6 亿美元。

更重要的是，Cisco 永远不知道什么时候能拿回展示设备，更不知道拿回的设备情况怎么样。毕竟客户希望看到我们的设备在实际的生产环境中效果如何，他们经常在各种条件下在设备上输入各种指令进行测试。

在理想的情况下，把展示设备送到有需要的公司应该是件容易事，尤其是遭受了黑客攻击的企业。但多年来，对于 Cisco 来说，事实并非如此。这些年 Cisco 一直在努力加快把展示设备送到客户手中的速度。但使用的方法总是治标不治本。在 2013 年，Cisco 开始使用新的数字化解决方案来解决这一问题，这个解决方案就是我们所说的“dCloud”。

虽然从技术上说，dCloud 是互连网云中的一个网站，但它也是一个完整的产品展示平台，涉及了 Cisco 所有的核心产品，其中包括写作、视频、网络基础设施等。几乎所有 Cisco 销售人员或拥有资质的业务合作伙伴都可以访问这个平台。在这个站点中，销售人员不仅可以获得与技术相关的信息，还可以获得推销技巧、销售方式和说明，以此提供最吸引人的销售演示。dCloud 提供了大量身临其境的体验，还可以按需提供定制服务。在这个平台中，销售人员可以分毫不差地复现客户的配置，让客户看到新技术能够为他们现有环境带来的提升，并为他们带来新的技术供能。

dCloud 已经对 Cisco 的财务状况产生革命性影响。当销售团队使用 dCloud 后，从成本的角度来看，效果更加令人印象深刻。多亏了 dCloud，Cisco 现在每年在产品展示上的花费还不到 6 亿美元的一半。根据公司的数据显示，展示一件商品的平均价格从 2000 美元降低到了 100 美元。

同时，从销售工程师节省了大量时间这一点考虑，资产利用率也得到了极大改善。以前需要 4 周的时间来进行演示设置，现在可能只需要短短 15 分钟。根据公司内部的计算，每位销售工程师平均比以前在一个展示上少花费了 20 小时。在截止到 2015 年 4 月的三个月中，通过 dCloud 节省的时间为 812 747 小时。为了实现这种效率，Cisco 原本需要增加 1500 名雇员。

那么在实现了成本节约后，产品展示的次数发生了什么变化吗？产品展示的次数翻了一倍，每年将近 200 000 次[24]。

好处还不止如此。由于容量增加了，Cisco 已经大大提高了为商业合作伙伴提供的展示数量，从而提升了他们的销售业绩和忠诚度。更重要的是，dCloud 技术已为公司打开了通向新收入的大门。在撰写本书时，一个工程师和销售专家团队正在想办法把 dCloud 作为培训平台。换句话说，这个一开始用来省钱的平台可能会为我们带来新的收入，这是以前从未想过的。

仅作为节省成本的措施来说也很不错了。

但它很难保持孤立。

当我在写本书时，GE 公司正好发布了一个创意电视广告，同时展示了两架飞机上几乎相等的油量表。然后用画外音问观众，是否能看出任何区别。大多数人显然看不出任何区别。但画外音继续说，其中一个油量表所属的航空公司比其他航空公司省油 1%。对于整个航空业来说，这种差异足以带来可观的成本节约。

“对于一家航空公司来说，1%差异带来的燃料足够在世界各地支持上百架飞机的飞行，”广告中如此提示。然后广告以“GE 软件、提供连接、获得真知、实现优化”结尾[25]。

这则广告引发了我的兴趣，因此我做了一些小调查。GE 的电视广告中描述的航空公司是谁？是亚洲航空，每天几乎有 1000 架飞机在值航。平均来说，所有飞机上有 80%的座位会销售出去，这种利用率在航空运输业中算是很好了。

如果你对航空业有一点了解的话，就会知道在经济成本中最大的变数就是燃油。比如亚洲航空，燃料费用要占总航空运输成本的一半；每年都要消耗 120 万桶燃料；也就是每小时消耗 3 吨燃油。

换句话说，这消耗可大了。

无论亚洲航空之类的企业在降低成本底线这件事上做出了什么努力，也没有哪件事能够比更优的燃油经济带来的效果好。为了解决这个问题，亚洲航空向 GE

求助，GE 开发了一个名为 Predix 的数据捕捉和分析平台，帮助航空公司更好地分析出哪一部分成本可以节省。有了 GE 的帮助，亚洲航空开始成为世界上效率最高的航空公司，至少就油耗而言。

GE 为亚洲航空的飞机和每件设备上都配备了传感器。然后针对这些设备捕获的数据，运行 GE 资产绩效解决方案技术所提供的算法。这些数据揭示出亚洲航空可以在哪里以什么方式来节省燃油[26]。

让我们在地面上完成这个目标。GE 告诉航空公司，如果在起飞前的地面滑行阶段降低其中一个引擎的功率，那么每次飞行将节省 60 千克的燃料。对于整个航空业来说，相当于每天 500 桶燃油[27]。这种做法太谨慎？是的。但随着时间的推移，航空公司终能节省可观的成本。

然后 GE 帮助亚洲航空确定了最佳副翼设置，并且确定了如何在滑行过程中减少燃油消耗，每次飞行能够节省 17 千克燃油。GE 甚至还帮助亚洲航空调整了在机场地面上驾驶飞机的方式，为每次飞行又节省了 21 千克燃油。

这还仅仅是个开始。

有了 GE 的帮助，亚洲航空为自己的飞机制定了最省油的飞行方式。其中还包括制定最佳爬升策略，每次飞行能够节省 21 千克燃油。GE 还帮助航空公司分析了数据，确定了最佳下降策略，每次飞行能够削减将近 15 英里。

当亚洲航空把 GE 帮它节省燃料的小方法都一一执行后，平均一小时的飞行能够节省 250 千克燃油，差不多是燃油消耗总量的 1%[28]。每年就是上百万美元。

GE 为亚洲航空节省燃油，Cisco 为自己和合作伙伴节省展示成本，这些只是两个削减成本的案例。数字化技术在其他更多的案例中帮助公司节省了大量金钱。你的公司也能够把握类似的机会。

已经讨论了成本节约和收入增加，现在来考虑另一个必不可少的金融考量因素：资产利用率。

提高资产利用率

想象一下，你发现了自己梦寐以求的水边小屋。它号称拥有绝美的景色，而且除了位置完美外，大小也合适；室内空间足够你和命中注定的他/她使用，或者还可以在周末邀请一两个朋友过来小聚。虽然厨房中的物件可以适当换新，但地下室很干燥，而且房屋周围的景致维护得很好。

换句话说这是个完美的地方，而且价格也在你的预算之内。现在你需要的就是合理的按揭，以及在围绕房子的小门廊上放置一两把舒适的椅子。

于是你在网上搜索信息，并查看了大量选择——当然我指的是按揭。但你有很多问题。而这些问题的答案，唉，要不就深藏在网页的文章中，要不就写在那些你读都不想读的材料中。

你的结论是需要找个专家来聊聊。你附近的银行碰巧有驻场的贷款专员，有什么比这更好的地方呢？没有任何犹豫，你在午餐时间约了与他碰面，而且打算早些到，以便得到所需的答案。不幸的是，你预约的贷款专员在那天的预约非常多。他对你表示抱歉，但围着他桌子的客户就像寻找面包屑的鸽子，哄也哄不走。你尽可能等了足够长的时间，但 45 分钟后你得回到办公室。

你开车返回办公室的途中，心想是不是有别人买了水边小屋——可能其中一个人占用了你的贷款专员时间。这种想法并不理性？是的。但这就是你的感受。毕竟那是你梦想的家，每经过一个红绿灯，你那坐在新 Adirondack 椅子上品尝冰茶的梦想就褪色一点。而压垮骆驼的最后一根稻草是你上次见到贷款专员的回忆。那是一个星期五的下午 3 点，他一边查着电子邮件，一边整理自己的桌子。

你想，是不是能有更好的方法呢？

对于在全国范围内拥有众多分支网点的美国银行来说，确实有更好的方法。因为它不只有一个贷款专员，而是在所有银行分支网点中拥有成千上万个能够为客户提供咨询的贷款专员。这怎么可能？视频会议技术实现了这一点。在最近这些年，美国银行发现亲自到银行分支网点存钱取钱的客户数量急剧下降。越来越多的客户倾向于使用自己的电脑（使用移动设备的人也越来越多）在线处理业务。根据 *USA Today* 日报的报道，“美国银行每周有 50 000 名顾客下载移动 APP，每月有 2.5 亿～3 亿客户登录在线银行 [29]。”

根据 *Computer Weekly* 的说法，每天有 100 万客户莅临银行的 5000 多家理财中心。“客户行为在发生变化，但理财中心并不会随之很快变化，”美国银行 ATM 战略和创新部门资深副总裁 Tyler Johnson 告诉周刊，“我们 85%的产品仍然是在理财中心的办公室中售出的 [30]。”

当然了，这些属于更加复杂的投资和贷款，比最基本的存钱和取钱需要更好的客户服务。很多人需要与理财顾问、中小企业银行或抵押贷款工作人员进行磋商。为了更好地利用分支网点的空间，美国银行开始重新布置这些网点。它为这些网点配备了更多的数字化技术，减少了柜台人员和其他利用率不高的银行业务所占用的空间。现在，美国银行的许多分支网店中都设有私人房间，专供金融专员为顾客提供私人服务；以及配备了视频会议供能的会议室，这样顾客可以在金融专员不在网点时，与其进行远程会面。

“全新的美国银行专注于提供数字化服务，把它们的分支网点转化成客户愿意踏足寻求意见和专业知识的地方，毕竟现在客户几乎不会再为了其他业务跑去银行网点了，” *USA Today* 日报如此报道[31]。

远程金融专员带来的好处有很多。一方面，这种做法能够比传统做法提供更多的金融专员。而且这些专员提供了更多服务。假设有一名客户走进美国银行网点，想要找一位会说瑞典语并且了解个人退休账户的专员，美国银行可以为他/她提供服务；这多亏了 Cisco 的网真系统，美国银行已经在将近 100 个分支网点部署了网真，很快会在全国范围内扩展到 500 家分行。正因为有了这些技术，那些原本会流失的业务现在也出现在了银行的入账项目中。除了能够促成更多业务外，银行也更能够充分利用分行资源和金融专员，这些专员在某家分行中工作，以前只能在有限时间内发挥他/她们的丰富专业知识和经验。现在他/她们越来越频繁地和客户面对面展示自己的能力。

“我们希望让互动变得更加人性化。” Johnson 在 2014 年如此告诉 *Computer Weekly*。他说相比银行以前使用的无聊电话咨询，这个系统“提供了更多的人性化互动和更灵活的访问方式”。

或多或少，世界各地有越来越多的企业开始使用数字化技术来加强自己资产的利用率。美国银行的案例很好地展示了如何更好地利用人力资产。英国的银行也做了同样的事情，贷款顾问每天会接待 3 倍于以前的客户数量，而且客户对于远程顾问比分行顾问更加满意[32]。让我们再来看看大多数人每天都在为之奋斗的资产，物理的资产。比如医院会在手推车和其他救生设备上安装传感器，因为在忙碌的医疗中心，医护人员不太容易能够及时找到这些设备。或者在一些遥控探测设备上安装传感器，通常这些设备需要使用在角落和缝隙中，这些地方很难察觉更别说清晰地看到了。就拿加拿大的 Éléonore 金矿为例，它迫切需要更好地管理自己的物理资产。

作为 Goldcorp 的产业，Éléonore 金矿位于加拿大魁北克西部区域，詹姆斯湾区域的 Opinaca 水库附近。在印第安人的势力范围内（在这里我们指的是 Cree），拥有大量野生动物和植被，以及冬天会结冰。在这片崎岖美丽的土地下，在石英、电气石和毒砂岩的包裹中，有金矿。为了挖到金子，矿业公司必须挖得够深够宽[33]。

经过了 4 年的等候周期，这个金矿于 2015 年 4 月 1 日开始商业运营。要想提炼足够多的黄金以便让金矿能够维持下去，矿工不得不每天挖掘出 7 000 吨石块。如果一切都按计划进行，他们的劳作每年会产生 330 000 盎司的黄金[34]。

要想每天能够挖掘出这么多石块，公司需要大量设备。随着地下隧道的尺寸和长度一天天增长，追踪所有地下的机械资产也变得越来越困难。为了在这方面努力，Goldcorp 与 Cisco 联手，Cisco 建议矿业公司在地下安装“Cisco 互连挖掘解决方案”。

生来能够承受各种恶劣条件，Cisco 的解决方案为任何设备和任何位置，提供了统一且安全的连接。听起来好像没什么难的，但这意味着你要在地下几百英尺的，大概有半英里长的全黑隧道中，定位某个具体的钻头、运土车、推车或气锤。这可不仅仅是网络的连接，互连挖掘解决方案获益于多家公司的产品。比如矿井中的“智能”通风系统，有助于节约能源并改善气流。自动风扇会根据 AeroScout 公司 RF 标签发出的信号做出响应，矿井中的所有矿工和地下的大部分设备上都配备了 RF 标签。

“有了综合解决方案，Goldcrop 能够实时追踪矿工和设备的位置，并且能够测量最佳工作条件下的空气质量。随着矿工和车辆在矿井的各个部分穿梭，通风系统会按需开启风扇，甚至能够根据车辆的碳排放量来调节风扇的速度。这个解决方案能够优化通风系统，降低能源消耗。”Cisco 介绍说[35]。

与其让风扇持续运转，直到烧坏电机，现在的通风系统能够更好地管理通风装置，仅在需要的时候运行它们。假设在同样规模的传统矿井中使用传统通风系统，管理员通常需要向矿井中输入 120 万 CFM（立方英尺每分钟）空气。有了新的智能技术，Goldcorp 公司介绍说，Éléonore 金矿可以有效地一次性输入 650 000 CFM 空气。

这一切意味着更好的资产利用率，节省了大量成本，更不用说还提高了安全性。

这一成果极具竞争力。

结论

无论你所从事的业务类型是什么，数字化总能帮助你提高业务成果。正如我们介绍过的，它能够帮助我们获得以前无法实现的新收入；它能够帮助企业降低成本；它能够帮助企业提高资产利用率。

从任何角度看来，这都是一笔划算的买卖。事实上，这是极好的买卖。

无论何时，当你利用数字化技术想要改进业务的一部分，往往都会附带着获得其他好处。当你这么做时，财政收益会开始崭露头角，为企业带来翻倍的收益率。

还记得之前我提到过，GE 帮助亚洲航空每年节省了 1%的燃油成本吗？那么猜猜看，哪家亚洲的航空公司拥有世界领先的 25 分钟实地飞机往返时间？没错：亚洲航空，它们的飞机需要更少的燃料，燃油的利用率也更高。正因为亚洲航空与 GE 的合作，使它成为了业界资产利用率最高的航空公司之一。

亚洲航空不仅仅飞行在空中的飞机比其他大多数航空公司多，而且从资产利用率的角度看来，它的引擎也是业界性能最佳的，某种程度上得益于在地面滑行时降低所有引擎的功率。

GE 是“资产绩效管理”理念的忠实信徒，也就是利用技术在资产密集型企业中推动更高的工作效率。GE 软件的首席营销官 John Magee 说，在资产绩效管理中，新的数字化创新，比如连接、数据集成、移动性和数据分析正在改变整个业务模型。它们改变了企业解决问题所使用的方法。

“资产绩效管理可以为企业提供的是意见、数据和可见性，这样企业可以让自己的（设施）按照需要，以最高效的方式运行。”他在 GE 宣传视频中如此介绍[36]。

和其他公司一样，GE 热衷于帮助企业打造“工业互连网”，这很快就会把所有目前还不“在线”的物件、流程和人，通过一个由机器、传感器、控制系统、数据源和设备构成的系统连接在一起。

随着 IoE（物联网）的日渐成熟，所有类型的公司都能够利用资产绩效管理工具，来降低自身的运营风险、提高效率，并且避免非计划停机时间；无论你在钻探石油，还是制造先进的通信设备，或者带着旅客在亚洲各地飞行，这些都会为你带来极大的好处。至少对于亚洲航空和 GE 本身就是如此。

这让我想起了很重要的一点。如果使用了数字化技术，你可以增加收入、降低成本，并且提高资产利用率。但如果忽视它，仍然可以确定的是太阳会照样升起，但别人将会捷足先登。

像 GE 这种创新型公司在顺境和逆境中兴旺起来，完全了解数字化挑战存在的意义。在工业行业中，以前也经历过技术创新的挑战。事实上，它的历史可以追溯到十九世纪后期，那时发明家 Thomas Edison 与著名金融家 J.P. Morgan、Anthony Drexel 联手创建一家企业，来发展 Edison 的诸多电力发明。

从那时开始，GE 随着自身的发展，已经进入并离开了数十个市场。在撰写本书时，它再次从一项业务（商业金融）中退出，这项业务曾让它赚得满钵满盆，但无法再适应更广泛的战略，这就是在顺境和逆境中生存的企业[37]。

虽然这是很多工业巨头的目标，但真正实现的却很少。你认为有多少工业公司能够在20世纪生存下来？问题太复杂？让我来把它整理成更简单的形式，美国企业研究所的学者和密歇根大学的经济学教授Mark Perry在2014年做了一项研究。在这项研究中，他调查了1955年位列财富500强的企业中，哪些仍然在榜。他发现在1955年上榜财富500强的企业中，60年后仍在榜的企业仅为12.2%。其他的呢？要么破产，要么被合并，或者仍健在，只不过其实力已经挤不进这个榜单了[38]。

至于大部分企业消失的原因，Perry坚信他的评估结果，也就是大多数企业在应对“创造性革命”时期——也正是我们所处的时期——的表现有多软弱。除了它带来的动荡外，新的革命——数字化创新带来的那种，无论怎样——归根结底是件好事。

Perry指出：“可以这样说，当今财富500强中的企业在接下来的59年中，几乎都会被新工业市场中的新企业代替，并且我们应该对这个结果心存感激。财富500强企业的轮番更替是个好征兆，它表示出这个以消费者为导向的市场经济的活力和创新，而活力又能够加速如今竞争激烈的全球经济。Steven Denning指出（原文引用）*Forbes*表示50多年前，企业在财富500强榜单中的生命周期是75年。现在减少了15年，并且仍在不断减少[39]。”

重点是：如果不利用数字化技术来修正你的业务，那么你可以确定有人在使用数字化技术为它制造困难。曾经有一段时间提出这个问题还挺时髦的：ICT（信息和通信技术）是否物有所值，现在这个答案很明确了：传感器、协作软件、业务分析工具、社交媒体，以及其他能够把业务变得更好的创新。这些创新让企业能够应对任何挑战，抓住所有机会。

而这就是在未来几年内能够推动财务业绩的动力。

第 10 章

客户体验——前所未有的美好

即使快递行业的巨头 FedEx 公司看中自己的每一单包裹，但总是有一些订单会花费更多一点点的时间，受到更多一点点的关照。2014 年 4 月，FedEx 公司负责运送一批包裹，从蒙大拿州波兹曼市的落基山脉博物馆，送到华盛顿特区史密森尼博物院的国立自然历史博物馆。

那么这些“货物”走了多久呢？科学家说，差不多 6500 万～6700 万年。

不用说，绝大多数时间这些“货物”都掩埋在落基山脉附近的乡村中，距离现在的蒙大拿州佩克堡水库不远；对了，我们这里所说的“货物”是一副几乎完好无损的成年霸王龙骨架，重达 7 吨。1988 年，牧场主 Kathy Wankel 发现了它，此后不久，骨架被送到了蒙大拿州波兹曼市的落基山脉博物馆[1]。它是迄今为止人们发现的最完整的霸王龙骨架之一；2014 年，史密森尼博物院签订了 50 年租借协议，把这个天价标本打包拉了回来[2]。

听起来使用 FedEx 公司运送天价货物很不寻常，但其实整天有人这么干。大多数人都不知道的是，FedEx 公司有一个特殊部门，专门提供这种个性化的运送服务。多年来，FedEx 公司的 FCC（个性化重要任务）部门已经为各个领域的客户提供了多种解决方案，比如运送亟需移植的人体器官，运送女沙皇叶卡捷琳娜曾使用过的物品，甚至在美国动物园和中国动物园之间运送两只大熊猫[3]。FedEx 公司 FCC 部门的白手套服务团队拥有装备精良的车辆以及训练有素的司机，能够“为您最独特的货物提供安全运送服务[4]。”

现在回来看看把 Wankel 的霸王龙从蒙大拿州运送到美国首都的这个订单，引用 2014 年 4 月 *Supply Chain Digital* 的报道：FCC 部门“与博物馆（蒙大拿州落基山脉博物馆和史密森尼博物院）人员密切合作，在开始长达 4 天的运输旅途之前，先有计划地把骨骼放在托盘上，再以安全可靠的方式进行打包”[5]。

这种“安全可靠”的方式获益于FedEx公司的ShipmentWatch（货物监控）机制，其中利用了FedEx公司的私有技术“SenseAware（包裹追踪器）”。FedEx公司介绍说SenseAware是一个“高级的多传感器设备，把它与货物一同寄送，能够实时掌握货物当前的位置和环境信息，包括温度、湿度、光照、气压和震动”[6]。

正因为SenseAware传感器持续不断地发送它们的位置和状态信息，FedEx公司才能在包裹的运送途中，实时追踪这些敏感包裹的去向和环境条件；而且FedEx公司也提供了SenseAware追踪应用程序，客户也可以查看自己包裹的去向和环境条件。FedEx公司开发的这款应用程序，对于要寄送价值连城且独一无二货物的客户来说，无疑是一种安慰。这些包裹还包括航天工业从业者发来的目的地为“地球之外”的包裹。

Benjamin Malphrus博士说：“有了FedEx负责地面的运输，使我们可以专注于天体的运动。”他是西弗吉尼亚州亨廷顿市摩海德州立大学空间科学中心地球与空间科学系主任。与其他空间科学先驱一样，Malphrus博士也依赖于FedEx公司的空间解决方案，在实验室、发射中心及更多地方寄送敏感货物[7]。

对于这种要求严苛的客户更要提供优质服务，当然这对FedEx来说早已不是什么新鲜事了。FedEx公司的Letter（信使）部门在1981年率先提供了次日达递送业务，更早在这一部门成立的40年前，公司就已经开始为客户提供便利且高效的递送业务了。1986年，FedEx公司实现了条码追踪系统，这对物流业来说是一个革命性的进步。1996年，FedEx公司成为了首家“为客户提供在线下单业务”的公司[8]。2009年，FedEx公司为iPhone和iPod Touch应用商店开发了一个移动应用程序[9]。

此后，FedEx公司又陆续推出了更多数字创新技术，包括基于万联网（IoE）的技术，比如SenseAware传感器技术。2013年，FedEx公司推出了一款名为EDEN（设备检测/事件通知）的仓库应用，它能够利用大数据和传感器技术，在庞大的分销中心内部优化货物的装卸操作，据*Information Week*报道[10]。

当把这些数字创新技术结合在一起，FedEx能够为客户带来的，是当今竞争如此激烈的运输业也难以企及的美好体验。对于一家跨国企业来说，这也是它显著的竞争优势。

当分析了FedEx公司为什么能够做得如此好之后，我们会发现，FedEx公司利用数字革新技术更深入地与你交流，超出预期地满足你的需求，最后只为你提供个性化的体验。

比如FedEx公司的主页和移动应用，可以使它与客户的沟通更为高效。填写快递单的工作也跟以前不同了，当你填写完快递单和账单信息后，FedEx公司会与你保持联系。当快递人员收取了你的包裹后，当快递人员把你的包裹送达目的地后，FedEx公司都会按照你希望的方式，把相应的进展告诉你（FedEx公司还会为你提供一个网页链接，你也可以从那里追踪包裹的下落）。如果在递送途中包裹被延迟发送了，或者被发送到了错误的地方，但凡这类事情发生，FedEx公司都会按照你希望的方式与你保持联系——社交媒体、短信通知、在线交流、电话咨询——直到你满意为止。

这就是如今我们所说的深入且持续的交流。

同样地，FedEx公司也为获得客户的最高满意度做出了极大努力。如果你认为只有迪士尼和Apple公司才会考虑这些问题，那可就错了。通过这些新型数字化创新产品，FedEx公司能够为客户带来与旅游、娱乐或血拼不相上下的愉悦体验。比如它投资开发的ShipmentWatch技术，能够让客户对FedEx公司提供的服务报以前所未有的信心：确信FedEx公司会极其小心地处理自己的贵重货物。而且，如果客户知道FedEx公司提供了装备精良的FCC白手套服务运输车，以及训练有素的专职司机，他们也就更有理由相信FedEx公司是以一种尽可能负责任的方式在运送自己的货物、珍贵的财产或稀有的古董。

如果你担负着运送世界上独一无二的霸王龙这样的重任，FedEx公司提供的保障无疑可以让你松口气。

FedEx公司还提供了不同级别的个性化服务。通过使用FedEx公司提供的在线应用和移动应用，客户可以通过几乎所有设备查看他们的运送历史、消费习惯和邮件列表。通过使用FedEx公司提供的工具，客户可以为他们的货物命名、创建个人监控列表，还可以过滤列表中显示的内容，让工具只显示自己关心的物流信息[11]。而且客户可以在一天24小时之内，在超过220个国家和地区访问这些应用和工具[12]。

当然了，FedEx并不是唯一一家使用数字化IoE技术提升客户体验的公司。如今，零售、娱乐、医疗、制造及其他行业的领导者都在利用智能创新技术和沟通创新技术实现同样的目的。

为什么是现在？因为各种新技术的结合会为个人和组织机构带来新的机遇。这些创新技术包括移动智能设备的普及，这些设备可以对信息、应用以及其他资源提供远程访问；还包括云计算系统，它可以使每个人都有效利用工业数据中心的计算能力和可靠功能，无论他们身处何处，教室、办公室或远程站点，也无论他们使用何种设备；还包括传感器及其他设备，这些设备能够实时收集相关物品的各种数据信息，哪怕这些物品以前从来没连上过智能网络；通过分析这些非结构化的实时数据，训练有素的信息专家可以挖掘出更深层次的信息资源，并且在最基本的设备上，有上百万个新型便携应用程序都可以提供类似服务。

交流。满足。个性化。

这就是带来美好客户体验的方法，而数字化对于上述每一项都带来了极大的帮助。下面让我们言归正传。

深入交流

把狗狗扔出去淋雨？这显然不是一个赢得朋友和打击对手的好方法——尤其是面对整个互连网做出这种行为。但这却是美联航在 2014 年 12 月做出的“壮举”。

休斯顿的一个风雨天，气温接近零度，美联航的工作人员在往飞机上装载货物期间，把一只狗狗放在室外超过了 1 个小时。美国乘客 Barbara Gattetly 在停机坪上看到这只装在箱子里的倒霉狗后，用她的智能手机拍了张照并发了一条推文：“邪恶的美联航在阴雨天把狗狗放在冰冷的跑道上超过了一个半小时，别说我没提醒过它们的员工:(((((嘘”，引自 *New York Daily News* [13]。

美联航可真不幸，她的推文被大众一再转发。之后美联航自己也发了推文，想把这件事摆平。但在这条推文中，美联航建议好事者们联系一个第三方公司，也就是替美联航管理动物运输的公司。然后事情愈演愈烈了。此后不久，电视节目评论员 Keith Olbermann 看到了这条推文，并把下面这条推文转发给了他的粉丝们（549 000 多个粉丝）：“瞧瞧，航空公司——@美联航——居然不应该对我们心爱的狗狗和其他宠物负责 [14]。”几个小时之后，澳大利亚流行歌手 Sia 也以这样一条推文加入评论：“我再也不坐@美联航了。感谢@theregoesbabs 揭露了他们对待伴侣动物的劣行”，而她有 2 100 000 多个粉丝 [15]。

从公共关系的角度看来，美联航整个就是一个烂摊子。

之后美联航发表了一个声明，为自己的行为辩解。他们声称狗狗一直都在机翼的保护下，而且之所以要把狗狗放在外面这么长时间，就是为了让它最后登机，这样在飞机到达下一个目的地时，能够确保狗狗第一个下飞机。但媒体和“Twitter 用户们”并不买账。

次日，伦敦的 *Daily Mail* 撰写了一则故事，题目为：《“职员不顾警告”，把宠物狗留在大雨中“超过一个半小时”，美联航自食恶果》[16]。

正是美联航为改善自己业界最差客户满意度（2014 年美国客户满意度指数模型中的报告）所做出的努力，加剧了事态的恶化——他们积极尝试利用社交媒体增进与客户的互动[17]。事实上，美联航在 2014 年获得了肖蒂奖提名，这是 Sawhorse Media 颁发的奖项，授予“最佳社交媒体，通过 Twitter、Facebook、Tumblr、YouTube、Instagram、Vine 和其他社交网站发表实时短消息的个人和机构”。美联航因使用 Twitter 提升客户服务质量而入选[18]。

尽管狗狗事件为美联航带来了负面影响，但它在 Twitter 上创下了 99.5%的投诉回复率也是不争的事实。美联航在 Twitter 上为@它的投诉和咨询提供回复，回复率高达 99.5%，这是惊人的高回复率，要知道在通过 Twitter 发出的客服投诉中，有 70%左右是无人问津的。这个数据是由一家总部位于密苏里州芬顿市的市场调查公司 evolve24 得出的，*Knowledge@Wharton* 在自己的报告中引用了 evolve24 的数据[19]。

无论客户提出的问题属于哪个领域，美联航的目标都是在 30 分钟之内进行回复。机票业务？行李领取？舱型升级？转机航班？或者甚至是询问天气？美联航的社交媒体团队都乐于伸出援助之手。如果需要的话，团队工作人员会让飞行调度人员和机场客服人员也加入进来，一起帮助客户解决问题[20]。

“说到底，这其实是一个东山再起的故事。”肖蒂奖举办方如是说。“各个航空公司以及旅游业界的其他公司曾经一直都是使用社交媒体的领头羊，尤其在使用社交媒体提供客户服务方面。但美联航在这方面起步晚了好几年。”在建立一个团队并投入了一些资源后，“Tweeter 上面@美联航的良性交流增加了 3 倍……”[21]

和许多人一样，美联航也深知社交媒体是一条双行道。它不但是一个能够让你与粉丝建立良好沟通的神奇工具，更是一个当你做出一些令人尴尬或令人厌恶的事情后，把矛头直指向你的利器。捷蓝航空就是一家看清了这个事实的航空公司，并且还有一点也在意料之中：它也是各大航空公司中，客户满意度领域的行业先锋，这一排名来自于美国客户满意度指数模型。事实上，捷蓝航空一直是近 3 年来无可争议的行业领导者，这一数据来自于密歇根州的指数模型[22]。

合理的行李政策和舒适的座椅为捷蓝航空赢得了客户的喜爱，但更深层的原因在于捷蓝航空通过社交媒体竭诚为客户带来美好的体验。

下面让我们看看捷蓝航空在面对困境时的响应。2015 年 3 月 30 日捷蓝航空的灾难开始了。在这天凌晨，当乘客早早起床为马上到来的飞行旅程做最后的准备时，捷蓝航空的电脑发生故障宕机了，这直接影响了登机系统和预定系统。这个故障“导致波士顿以及全国各地的捷蓝航空乘客无法兑换登机牌，也无法在繁忙的周一早上托运行李，他们只能在长长的队伍中等候，在电脑故障解决前，捷蓝航空的工作人员只能手动登记乘客信息，” *The Boston Globe* 报道[23]。

清晨6:03，捷蓝航空通过它们的全球账户（@JetBlue）提醒了乘客、媒体和所有粉丝：表示他们遇到了系统瘫痪，工作人员正在尽全力解决问题，让一切尽早恢复原状。12分钟后捷蓝航空回复了一位乘客的抱怨，她说她已经在纽约的肯尼迪国际机场等待了太长时间，烦躁得想死。捷蓝航空对她表示道歉，并再次说明他们正在尽可能快地恢复服务。

早上7:05，捷蓝航空发布推文，说系统已经恢复并开始正常运行了。那些聚集在波士顿洛根机场捷蓝航空柜台前，排队领取手写登机牌的乘客，也于17分钟后即7:22顺利到达登机口并登机[24]。

整个早晨，捷蓝航空@JetBlue社交媒体团队的专业工作人员一直在响应客户的投诉和咨询，她们的态度好像母亲一样温柔呵护。这并不奇怪，因为这个位于盐湖城的团队中，大部分成员真的都是全职太太。

“确实现在很多航空公司都在这么做，那么是什么让捷蓝航空从众多竞争对手中脱颖而出呢？” Rachel Sprung提出了这个问题，她是社交媒体观察家网站的作者[25]。“大家都认为捷蓝航空在客户提到他们公司时的响应非常迅速。他们会通过公共@reply或私信来回答客户提出的问题，而且他们的反馈很迅速。”

和很多其他航空公司不同的是，捷蓝航空在使用社交媒体方面积极性很高，并且也会非常快速及时地做出响应。Jennifer Aaker、David Hoyt、Sara Leslie和David Rogier在2010年斯坦福商学院的毕业研究课题中指出：捷蓝航空并没有利用Twitter、Facebook和其他社交媒体来代替传统的客户服务模式，他们把所有工具都利用起来，提供了更好的客户服务。他们写到“捷蓝航空的Twitter团队可以充当一种预警机制，因为他们会及时处理客户的问题，并及时解决问题。就像Johnston（捷蓝航空企业传播专员Morgan）说的，‘一般来说，客户服务工作是一种恢复手段。有时在事情发生一周后，你才会收到一封愤怒的客户投诉邮件，然后你再去尝试安抚他/她。但如果能够实时监控事情的发展，就有机会当客户遇到问题时，及时介入并帮其解决。这就是我们从中获益的地方’”[26]。

这也是客户从中获益的地方。很多人根本不习惯如此密切的沟通——反正至少现在还没习惯。以凯悦酒店住客Sean Morrison的经历为例：2014年1月的一个下午，他坐在凯悦酒店的泳池畔，这家凯悦斯科茨代尔度假村位于凤凰城外的盖尼农场。一时兴起，他向朋友和粉丝发了这么一条推文：“池畔午餐？好啊，如果能有的话（@凯悦斯科茨代尔）。”他还在这条推文中附上了他周边奢华的景致。

几分钟后，@凯悦酒店礼宾部的社交媒体团队看到了这条推文，并发出了以下回应：“希望您能够享受在凯悦斯科茨代尔度过的时光。如果您有任何需要，尽请@我。——JS”

Morrison 感觉很惊奇，于是回复道：“我一定会的！很高兴看到你们如此密切关注（我的推文）。来杯 Mojito 鸡尾酒怎么样？:-)”

又过了几分钟，一大杯免费饮料送到了他的桌上。Morrison 拍了张照片：水珠挂在杯壁上，薄荷叶和青柠块混在杯中。然后他又发了一条推文：“@凯悦酒店礼宾部这就是社交媒体的力量——瞧瞧吧！多谢！#customercompany#win pic.twitter.com/RRQsXXpsjl”[27]

自从 2009 年以来，这家酒店业巨头一直在通过他们的 Twitter 账户超出预期地满足重要住客的期望。这个账户一天 24 小时都有专人监控，这个团队在内布拉斯加州奥马哈、德国美因茨和澳大利亚墨尔本都有分支。每位员工都经过严格筛选和专业训练，他们负责积极响应客户的请求并会预估客户的请求。这个团队每个月会响应超过 8000 条推文，并且在 50%的情况中，会收到客户不同形式的反馈[28]。

在为客户带来深层次的满意度体验方面，捷蓝航空和凯悦酒店无人能敌。别忘了照相机巨头公司 GoPro，它取得的一些成绩甚至连 Cisco 都无法实现——它依靠视频记录器实现了这一辉煌。

正当 Cisco、柯达[29]以及其他一些公司认为独立摄像机设备终将渐渐变得过时的时候——毕竟现在的手机制造商已经直接在他们的智能手机里内嵌了视频录制功能——GoPro 的销量开始腾飞。仅在 Cisco 退出手持摄像机市场的 6 个月后，GoPro 推出了 Hero2，这是一款高清摄像设备，在坚固可靠的外壳中装配了 11 万像素的摄像头和低光视频录制组件。各界消费者使用 Hero2 在世界各地拍摄了数百万小时的视频；用户带着它穿越了高山、巨浪和峡谷。Hero 相机的优良防震和防水特性，使它成为所有探险者的最爱；他们把它安装在赛车、滑雪杆、滑翔机、拉链、曲棍球头盔等地方。

从那时起，GoPro 在互连网文化中的印记已变得不可磨灭。今天随便说出一项运动、活动或事件，我都敢打赌网络上一定有 GoPro 拍摄的视频。让我们来试试，2012 年澳大利亚勇士 Felix Baumgartner 创造的热气球飞跃世界纪录？是由 GoPro 相机拍摄的，当然只有其中的部分视频是由 GoPro 拍摄的[30]。仅在 2014 年这一年中，消费者在 YouTube 中上传的标题中带有“GoPro”单词的视频长度就长达3.9年；这比消费者在2013年上传的视频量（2.8年）增长了40%，这一数据来自GoPro公司[31]。

凭借其相机产品在世界各地的需求量，GoPro公司的收入也增长了好几倍。2014年全年销售额达到了14亿美元，比2013年增长了42%。

那么他们是如何做到的呢？GoPro如何能在其他厂商纷纷投降之际一举成功？捷蓝航空如何能在美联航陷入泥潭之际一飞冲天？凯悦酒店如何能在单凭一个病毒检测就能击垮一家酒店的环境中炫出自我？

答案是这样的：那些通过使用数字技术为客户带来非凡体验的公司，并不仅仅在学习如何使用这些技术，还在研究如何通过这些技术来改变商业规则。

以捷蓝航空为例，它不仅知道如何合理利用社交媒体，更知道使用社交媒体这类技术，会迫使公司对客户采取比以往更加积极的行动。捷蓝航空利用社交媒体事先对客户提出警示，告知客户自己的系统出现了问题；对比捷蓝航空，美联航在狗狗事件发生后，才利用社交媒体为自己辩解。两家公司都在类似的微妙局势中使用了社交媒体，但得到的结果却大相径庭。

再说说凯悦。凯悦酒店明白社交媒体已经大大削弱了自己对于品牌的掌控力。无论在广告宣传上花费了多少精力，互连网旅游网站（比如猫途鹰[TripAdvisor]或艾派迪[Expedia]）上的评论，Facebook和Twitter上的牢骚和抱怨，都会对消费者的消费意愿带来巨大的影响。

与其抵抗这种趋势，不如寻找机会更多地参与其中，就像Sean Morrison在推文中说的："@凯悦酒店礼宾部这就是社交媒体的力量——看吧！"

最后让我们再来看看GoPro。尽管对于自己的相机设备信心十足，但GoPro公司明白，这款产品在它们提供的完整客户体验中只占一部分。它所支持的视频渠道、社交媒体服务以及各类事件，都对它的成功功不可没，因为这些做法都为客户提供了体验。当其他相机厂商只关注产品的特性和规格时，GoPro投入了相当的精力来创造非凡的客户体验，而这种体验所带来的客户满意度是其他厂商无法想象的。

捷蓝航空、凯悦酒店、GoPro和其他一些公司都利用数字技术与自己的客户交流，为客户带来良好体验，但他们所采取的方式各有不同。

虽然与客户交流能够带来一些好处，但仅仅交流并不总是能把良好的客户体验转变为长期稳定的客户关系。要想达到这一层次，企业必须更进一步：必须满足你的客户，有时还要超乎预期地满足他们。再说一次，只有在企业做对了的前提下，数字化技术才能够真正为企业提供帮助。

超乎预期的满足

你能想象在毕业日为了庆祝自己毕业，那些大四学生拍出了各种恶搞照片吗？你肯定能。有时候，一些孩子会在砂浆板上拼出不完整的单词，组成搞笑的表达方式，比如“Thnx Mom（谢谢妈妈）”或“Got Wrk?（找到工作了？）”。

在 Instagram 网站上的很多相册和照片中，你都可以看到带着太阳镜的毕业生。但你可能从来没有见过整个毕业班都是清凉画风——包括院长在内。这就是宾夕法尼亚大学沃顿商学院 2015 年 5 月毕业班的装扮，这一届的毕业典礼演讲者是两名 2010 届校友——Neil Blumenthal 和 Dave Gilboa。他们同时也是 Warby Parker 公司的共同创始人和 CEO，这是一家突然崛起的眼镜公司，他们通过超乎预期地满足客户的期望，轰动了整个零售业。

当 Blumenthal 和 Gilboa 在费城进行演讲时，他们也为整个毕业班和系教员带来了俏皮的 Warby Parker 太阳镜，祝贺他们顺利毕业并从此一帆风顺（如果你没见过的话，可以在谷歌上搜索；这些都是免费的）[32]。

Blumenthal 和 Gilboa 正使用这种方式颠覆了整个眼镜行业，要知道眼镜业可是由几个全球巨头企业主导的——尤其是 Luxottica 集团。Luxottica 是市值 90 亿美元的意大利眼镜巨头，几乎所有主流流行品牌、生产厂商、零售商店，甚至视力保险投保人的背后都可以看到它的身影。

不知道你有没有想过为什么眼镜那么贵，尤其是知名设计师设计的眼镜：很大程度上是因为 Luxottica 几乎垄断了眼镜行业的方方面面——从设计到生产、到分销、到零售、再到保险。从各个方面来看，Luxottica 踩垮 Warby Parker 应该就像校园恶霸踩烂弱小同学的眼镜那般轻松。但它并没有这个眼镜业新贵那么机敏——至少目前还赶不上。

在 2010 年，Blumenthal 和 Gilboa 意识到全球眼镜市场的瓦解时机已成熟，这个市场高达 900 亿美元 [33]。在搞明白他们可以设计和制造自己的眼镜（正是在纽约市），并且收费远远低于 Luxottica 之后，沃顿商学院二人组立即采取了行动。通过使用新兴的数字化技术，他们能够承担比自己的能力高出很多的市场，并且这些技术推动着他们一步一步发展。

Fast Company 杂志在 2015 年将 Warby Parker 评为最具创新力公司，Max Chafkin 解释说：“他们设计并制造自己的眼镜框架，并通过互连网直接将其销售给顾客，这样他们可以每副框架才卖 95 美元，远比在普通眼镜店购买类似的漂亮眼镜便宜得多”[34]。

这家公司还通过社交媒体积极宣传自己。另外，Warby Parker 还为顾客提供了“在家试戴”服务：顾客可以通过互连网选择 5 副眼镜，然后在家免费试戴 5 天。如果对这些眼镜都不满意，顾客可以把 5 副都邮寄回去，再选择其他 5 副（我有一位同事试戴了 15 副眼镜，才找到自己心仪的一副）[35]。

Warby Parker 之所以能够提供这样的服务，是因为他们的后台系统与快递公司密切合作，并通过互连网整合了供应链。这家公司考虑到了几乎所有能够提升客户满意度的方面——从选择到反馈再到退货，当然如果有必要退货的话。当然了，为了以防万一顾客想要退货，每一单包裹中都带着已经打印好的退货邮寄标签和退货袋子。这种做法很傻很天真，但也减轻了顾客对于眼镜选购的烦恼。

“人们对于该如何购买眼镜一无所知，”在 2013 年 *Knowledge@Wharton* 发表的 Warby Parker 的研究报告中，沃顿商学院 Jay H. Baker 零售研究中心主任 Barbara Kahn 指出：“这完全是一个让人崩溃的苦差事。你走进一家眼镜店，几千副眼镜摆在你的面前，而你根本无从选起，也不知道哪副眼镜是最适合的。店员会‘帮助’你把选择范围缩小到 5 副眼镜。那如果没有店员的专业协助，你该如何缩小选择范围呢？Warby Parker 想出的办法是让顾客选择 5 副眼镜并免费试戴 5 天。你可以戴着它们照镜子、展示给朋友，甚至把照片放到 Facebook 上，询问其他人的意见”[36]。

虽然明确了产品在互连网时代的定位，但几个创始人不仅仅想要把 Warby Parker 定义为一个电子商务品牌或高科技生活方式品牌。自它声名鹊起后，该公司已经在纽约、洛杉矶、芝加哥及其他地方开设了精品零售店[37]。并且它也开始把目光投向其他类型的市场，但在上述报告发表时，眼镜仍是其唯一的业务。

自它成功之日起，Warby Parker 也激发了很多其他企业家利用数字化技术的热情，并以成为“Warby Parker”作为自己的商机来展开业务。比如剃须刀厂商 Harry’s 就以 Warby Parker 对眼镜业霸主 Luxottica 提出挑战为榜样，尝试挑战剃须刀霸主 Schick（舒适）和 Gillette（吉列）。还有 2015 年创办的 Bikyni 公司，它尝试通过互连网商务来颠覆女性泳装市场，它们可以为女性顾客提供混搭的比基尼上装和下装，让顾客能够根据她们体型、生活方式和时尚风格，找到心仪且尺码合适的泳装；顾客只需为此支付统一价格 95.38 美元[38]。

无论是 Warby Parker、Harry's，还是 Bikyni，这些新贵企业都在利用数字化技术为客户带来不同的购物体验，满足客户不同的个性化需求，并通过这种自带扩展属性的方式颠覆竞争对手根深蒂固的商业模式。大型知名企业也可以利用这些技术，以新的方式来满足客户的需求。就拿 Luxottica 集团来说，它受到了 Warby Parker 崛起所带来的最直接的影响。Luxottica 集团并没有故步自封，它长期深入研究 Warby Parker 通过数字化技术所达到的成就，并将在这方面超越这个小对手作为自己的目标。除了其他举措外，Luxottica 集团已与 AirWatch EMM 联手打造了“虚拟试穿”试衣间，顾客可以在其零售店里使用这项服务尝试几十种镜架和镜片的组合。Luxottica 集团还为旗下的亮视点零售店开发了 myLook 应用程序，顾客可以使用这个 APP 拍下自己试戴不同风格眼镜的样子，然后自己进行对比并分享给朋友寻求意见[39]。

2014 年，Luxottica 集团做出了一项大胆的举措来发展 glasses.com 网站，这是一个在线眼镜零售店，它提供了最吸引人的“虚拟试戴”技术[40]。比如当顾客访问 Luxottica 的雷朋品牌官网时，他/她可以使用 glasses.com 提供的 Virtual Mirror（虚拟试衣镜）功能，在自己家中尝试不同风格的眼镜，这个功能会为顾客提供接近 3D 质量的试戴结果[41]。

另一个也使用数字化技术来改善客户体验的巨头企业是星巴克，它利用数字化技术解决了最容易令客户满意度直线下降的体验——排队。

在星巴克咖啡厅里，如果不是队伍中的前几个人的话，大部分人通常无法坚持等待下去。星巴克也知道这一点。它甚至创造了一个术语，来描述向星巴克咖啡厅中探头看一眼，发现自己没时间排队而决定离开的顾客数量——也就是所谓的“流失率”。

通常星巴克咖啡厅中的队伍越长，流失率也就越高。The Suburban Times 是一家总部位于华盛顿州莱克伍德的社区网站，在为星巴克撰写的文章中，记者 Joe Boyle 提供了他在家附近的星巴克咖啡厅亲眼目睹的流失事件，这家店的点餐队伍每天会排到门外。在一篇标题为“Westside Story-Starbucks Customers Walk Out”的博客中，Boyle 写道：“星期天早上 10 点左右，我去星巴克买杯饮料，跟朋友们聊点有趣的话题，并用笔记本电脑写一些东西……当我排队的时候，有 4 名顾客等得不耐烦，最后什么都没买就走了”[42]。

30 分钟内“流失”4 名顾客听起来似乎并不多，但对于一家在 65 个国家拥有超过 21 000 家店铺的企业来说，这意味着一年要损失数亿美元的收入[43]。如果星巴克能够每天每家店铺减少 1 个流失的顾客，那么根据公司的数据算来，它每年能够多收入 3 000 万美元。

多年来，星巴克尝试了各种方法来降低流失率，但效果并不明显。星巴克提供了 80 000 种饮料组合，并且它知道人们之所以喜爱星巴克，很大程度上是因为它在每种饮料中所投入的心思和努力[44]。如果顾客等待手调饮料的时间能够缩短甚至无需等待，必然能够提高整体客户体验，但如果它的代价是降低咖啡质量或选择种类呢？这正是星巴克管理者所担心的问题。

在明白了要想维持高品质的手调饮料，自己对于减少等待时间也只能做这么多了之后，星巴克的思想领袖早在几年前就开始不断尝试各种不同的 IoE 技术。他们的第一个突破是 2009 年推出的智能设备 App：myStarbucks 和 Starbucks Card Mobile [45]。顾客使用这些 App 可以直接把钱存到自己的星巴克电子账户中，然后在星巴克咖啡厅点餐时，让店员用特殊的条码扫描仪扫描他们手机中的条码，直接通过手机付款。

星巴克自己介绍说，他们的技术团队已经为这些应用添加了一些增强功能。具体来说，他们升级了自己的 App，顾客在手机中安装了这款 App 后，可以直接在 App 内提交订单并付款，然后无需排队就可以拿走他们的饮料。他们可以像那些“流失”的顾客一样走进去又走出来，只是这一次他们手中多了一杯手工调制的星巴克饮料。

星巴克一直在致力于提升客户体验。星巴克的理念创新副总监 Rachael Antalek 告诉我：最近有一天，她在开车去公司的途中通过星巴克 App 点了一杯咖啡，然后她的智能手机屏幕上弹出了一条消息，询问她是否确实要立即点餐——因为制作这杯咖啡只需 3～5 分钟的时间，而（根据 GPS 的定位）她离咖啡厅还有 15 分钟的距离 [46]。很棒不是吗？

在使用这款 App 的最新版本时，顾客可以挣得星巴克“星星”并兑换奖励，或者根据星巴克的规定用作其他用途。“……您可以快捷支付您的饮料、在线向咖啡师发送消息、免费下载我们的本周精选[iTunes 音乐]，”星巴克在其企业博客中写道 [47]。

对于星巴克努力通过 IoE 技术来提高消费便利性的做法，消费者的反响是积极的。“作为一名大学生，我经常不得不在课间从一栋教学楼赶到另一栋教学楼，因此在不影响日程安排的前提下，能够事先点餐并在途经星巴克时把我点的饮料拿走，这实在是太好了！”这是星巴克企业网站中一名顾客对这款 App 的评论。“我太爱移动订单功能！”另一名顾客的评论。“好用，没发现任何毛病。在我进门时我要的饮料已经准备好了。在我赶时间时很方便” [48]。

在苹果 App 商店中，一位用户评论说这款 App 令她对“星巴克上瘾”。“我以前只是偶尔喝星巴克饮料，基本上一个月 1 次，或者一时冲动喝个 3 次，但在我用上星巴克 App 后，这一切都变了……我现在变成每星期例行喝 5 次星巴克饮料，”这位用户为星巴克 App 打了 5 星，“我爱你，星巴克 App”。

自从推出以来，星巴克 App 的下载量已经超过了好几百万次。而现在，星巴克 App 账户的消费量在全部星巴克购买总量中占 15%，数据来自星巴克公司。

就像用户对最新App的热爱一样，他们也希望星巴克继续改进这款软件，使他们能够更轻松地一次性订购多杯饮料。他们还希望能够指定他们最爱的星巴克店铺，也就是他们要去取预订饮料的那家星巴克咖啡厅（现在每家店铺的订单都不太一样），并且他们还希望能够在自定义订单中添加一些特殊要求。除此之外，用户还希望当出现意外情况时，店铺能够联系他/她，比如制作这个订单需要花费比平时更长的时间，或者因为缺少材料或其他原因而无法制作订单中的饮料。而更多的人只是单纯地希望星巴克能够在他/她们寻找停车位时，保持他/她所预订的饮料温度。

星巴克正在想办法实现这些点子，并且还在开发更多功能。如果用户同意的话，星巴克可以利用用户手机上的GPS定位功能，估计顾客的到店时间，以此来协调制作手调饮料的进度。星巴克还会在顾客路过星巴克咖啡厅的时候，向他/她发送忠实顾客促销优惠和其他诱人活动。除了这些做法之外，当顾客走进一家拥挤的星巴克咖啡厅并且没有购买饮料，而是很快离开了，星巴克还会想办法为他/她赠送打折礼品卡。想要做到这些，星巴克还有很长的路要走，但这终将有助于减少咖啡厅的“流失率”。

星巴克并不是唯一一家利用高科技提升整体客户体验的公司。汉堡连锁Five Guys也是其中之一，它也开发了一款App，顾客可以通过他/她们的手机选购食物。顾客可以指定取订单的时间，然后路过Five Guys餐厅顺便取走汉堡，无需排队点餐付费。

下面我们来聊聊便利性。

宾夕法尼亚大学沃顿商学院消费者分析计划主任Peter Fader教授对此提出了一个忠告：“虽然数字化技术能够满足顾客的需求，甚至是顾客个性化的需求，但我们必须小心，不能盲目地使用数字化技术。比如使用数字化技术的前提包括：（1）客户的价值；（2）改变客户价值的结果；（3）实施相应举措的总成本/效益”[49]。换句话说，别忘了经济和商业环境。有趣的是，数字化技术实际上有助于我们找到以上问题的答案，因为客户越来越多地透露更多关于自己的信息，而企业可以对这些信息进行分析。

那么，从这些案例中我们可以得到什么呢？

首先我们可以看出，数字化技术能够满足甚至取悦客户，在社交媒体、智能电话设备和预测分析软件（这还只是其中一部分技术）兴起前，客户的满足程度远远不能与今天相比。比如小微企业Warby Parker，它利用数字化技术，以价格优势、便利性和创新性满足了客户的需求，颠覆了950亿美元的眼镜市场。而星巴克呢？它依靠各种不断的创新尝试（其中当然包括数字化技术的贡献），成长为市值165亿美元的食品饮料零售业巨头。实际上，星巴克确实非常注重数字化发展，它是最早委任“首席数字官”高级行政人员的企业之一[50]。数字化技术能够帮助企业缓解第一大客户投诉目标：等待时间。它能够使企业更紧密地与客户联系在一起，通过深入沟通了解客户的需求，甚至预见到客户的需求和愿望。

为了扩大数字化带来的优势，星巴克和其他一些企业在吸引和满足客户方面更进了一步。它们利用数字化技术为客户提供个性化定制服务。

它们是这样做的。

全方位的个性化服务

能取出衣服的ATM。

Bombfell以纽约为总部，为特定年龄段的男士打造了服装自动贩卖机。这家公司成立于2011年，由两位哈佛大学室友（是的，跟Warby Parker有类似之处）创建，这家公司通过互连网销售男性服装。一开始他们着眼于想要轻松购买牛仔裤的男士，之后他们添加了新品牌并震撼了整个男装行业。想想优衣库、Standard Issue NYC、Big Star等其他公司。

如今，Bombfell已经不仅仅是一家电子商务公司，就像人们从ATM中可以取出现金，Bombfell也可以按照客户需求“吐出”牛仔裤。它现在还是顾客的私人顾问。除了利用数字化技术简化交易流程外，Bombfell还增强了技术多样性和人工智能。

当客户在Bombfell进行注册时，通常会填写完整的用户个人信息，其中包括喜爱和讨厌的款式、尺码，以及预算等其他信息。Bombfell会把这些信息输入到计算机中，并根据用户数据计算出有可能符合客户喜好的商品目录。然后Bombfell根据客户指定的频率和数量，由造型师挑选出适合客户的衣服，打包发送给客户，客户可以无限期试穿；如果喜欢，就留下；如果不喜欢，就免费退回。

和其他邮寄购物网站（比如TrunkClub、Stitch Fix等）一样，Bombfell不仅擅长简化购物流程，还在其中融入了个性化服务。

“我们通过数字化技术手段，能够效率更高地处理大众个性化造型订单，”Bombfell这样说，“我们会根据客户的体型和风格，通过算法筛选出最符合客户喜好的服装。然后由造型师做出最终选择，造型师会考虑客户的特殊要求，以及肤色等其他因素”[51]。

肤色？你不能获得比这个更加个性化的服务了吧？对于客户体验来说，这种服务简直太贴心了。

使用数字化技术与客户进行深入交流，是增强客户体验的第一步；满足客户的需求是更高阶的做法；而用它来实现个性化体验呢？对于那些寻求以一种可复制且可持续的方式为客户提供定制体验的公司，数字化技术就是必杀技。大众定制是完全可行的；Bombfell 及其他公司证明了这一点。

再说说擅长提供个性化客户体验的企业，没有比提供数字产品的企业更有发言权的，比如各种信息、视频和音乐。要是让我说说自己的体验，那么 Spotify 是难以匹敌的。

我先简要介绍一下 Spotify，以防有人不熟悉这家企业。Spotify 是一个提供流媒体音乐服务的软件，类似于 Pandora、Beats Music 和 iTunes Radio。这个软件拥有 7500 万用户，并通过互连网为用户提供音乐服务。用户可以免费使用 Spotify 服务（只要他/她们能够忍受广告以及设备和播放限制），尽情收听某个艺术家、流派或专辑中的歌曲。也可以每月花费 10 美元购买付费服务，使自己享受更大的灵活性和便利性。Spotify 每月的用户量超过 200 万，这个基数庞大到就连一向主宰音乐市场的 Apple 公司，也不得不针对 Spotify 的优势，于 2015 年 6 月推出了相应的服务[52]。

在订阅了 Spotify 的服务后，用户可以根据自己的音乐喜好建立“站点”，并与其他订阅用户分享喜爱的播放列表。用户使用 Spotify 点赞和反对的歌曲越多，Spotify 服务就越能适应他/她们的个人品味。在学习了用户的个人喜好后，Spotify 就能够利用这些信息合理预测用户可能会喜欢的歌曲。Spotify 和其他创新企业使用的这种“预测”功能，正是使它们从其他企业中脱颖而出的法宝，还包括那些通过实时分析，立即做出决策的金融服务公司。

以 Visa 公司为例，它的软件系统能够根据用户一贯的购物模式，判断用户当前的消费方式与之不符，而立马认定这次的消费存在盗刷风险。但这与通过用户重复不断地播放 The English Beat 的 Ska 风格朋克音乐“*Rankin' Full Stop*”，而预测出他/她有可能喜欢 Jimmy Cliff 的雷鬼经典音乐“*The Harder They Come*”完全不同。

Digital Trends 网站作家 Rick Stella 在对比了其他领先的流媒体服务提供商后，在 2014 年年末把 Spotify 命名为精英中的精英。他之所以特别指出 Spotify，是因为它提供了庞大的音乐库，使用户能够“花时间展开自己的发现之旅，并且所有这一切都完全由自己掌控”。

“Spotify 之所以出类拔萃，是因为它提供的艺术家和专辑如此之多，而且很多艺术家和专辑中的内容每周都会更新。如果你正期待听到一个新专辑，Spotify 通常会在这个专辑发布当天就准备好相应的媒体流。它会在每个智能手机或电脑中创建一个唱片店，并且不会为其设置讨厌的有效期。”Stella 如此写道，“由于 Spotify 的音乐库如此庞大，用户很容易迷失在它们提供的音乐海洋中。此外，每月只需 10 美元，订阅用户就可以享受无广告干扰的音乐播放、高品质音频、移动接入，以及下载并离线收听他/她们的播放列表”[53]。

从技术的角度看来，Spotify、Pandora 和其他应用软件都使用了非常复杂的算法，来更好地理解用户更喜欢什么，以及更不喜欢什么。为了开发相应算法，这些公司会花费几千小时来解码音乐——分离出歌曲的基本要素。以 Pandora 为例，在 2015 年正式上线时，它标记了上万首歌曲的各种属性——包括每分钟节拍、旋律和歌词等。Pandora 的音乐基因计划是个性化引擎的核心内容。当它为用户播放一首新歌或一个新歌手的歌曲时，有诸多科学数据能够确保这是一次真正独一无二的聆听体验。

再结合社交媒体和音乐流媒体公司推出的其他 App——其中包括 Spotify 推出的歌词 App，它可以显示出你收听的任意歌曲的歌词——客户体验终将发生革命。属于你且只属于你的独特体验。

通过使个性化音乐服务更上一层楼，Spotify 和其他公司花了 10 年多一点的时间再次改变了唱片行业。2001 年 Apple 推出 iTunes 音乐商店，彻底颠覆了音乐行业。消费者不再需要借助物理介质购买音乐（比如唱片或数字 CD），也不再必须购买唱片公司录制的整张专辑中的所有歌曲。Spotify 和其他应用在数字化定制方面又进了一步，用户可以在几乎所有数字设备上按需搜索、定制和获得心仪的音乐，并可以通过几乎所有渠道进行支付。

这些应用带来的结果是什么？45 亿美元的唱片市场再次被颠覆了[54]。

另一个正在经历数字化转变的行业是影音娱乐业，一直以来它受到两个条件的制约：时间和收看方式。由于 Netflix 和其他公司，这些市场限制已成为过去时。Netflix 提供了极致的个人视觉体验，它不仅能够为用户提供他/她想看的视频，还可以在他/她希望的时间提供，这些都多亏了它先进的算法。

意识到即使在一个家庭内，每个人的观影口味也是不一样的，Netflix 是首批在一个账户中创建多个个人文档的企业，多个家庭成员因此可以共享一个账户。

当提供数字化产品的企业首先开始探索个性化技术的潜力后，其他提供实体物品和服务的企业也开始争相效仿。以时尚品牌巴宝莉为例，它以数百万元的投资成为数字化奢侈品零售业的先锋之一。巴宝莉在 Facebook 上有超过 160 万个粉丝[55]，并且在超过 40 个国家，用 5 种语言开设了在线数字化旗舰店。它在旗舰店网站中提供了 14 种语言的即点即聊客服和点击通话客服，以上信息来自媒体网站 Luxury Society[56]。

“个性化也是巴宝莉数字化战略中非常重要的一方面，它同时考虑了产品个性化和沟通个性化。”*Luxury Society* 在 2014 年的报道中这样写道。“2011 年，巴宝莉通过 burberry.com 推出了巴宝莉定制，这样用户可以在线定制独一无二的风衣，用户可以选择款式、面料、颜色、装饰配件和传统风格”[57]。

最近在 2014 年，巴宝莉开启了大众定制服务——我的巴宝莉活动——以一种从未有过的方式提供个性化服务。

这一活动从多方面利用数字化技术，为香水用户提供更为个性化的服务。在世界各地的多个城市中，巴宝莉布置了电子广告牌，并利用智能电话和其他设备开展互动活动。

“这个英国品牌在伦敦的皮卡迪利广场开展过互动广告活动，目前正带着自己的个性化体验杀入纽约的 Meatpacking 区，”Forbes 这样写道，“一旦你靠近了展示牌，只要在 myburberry.com 上提交你名字的缩写（最多 3 个字母），就会在手机上看到一个倒计时。当倒计时为零时，你会看到印着自己名字缩写的 MyBurberry 印花香水瓶展示在大屏幕上（直到下一个路人过来为止）”[58]。

每个消费者都会想把这个 60 英尺屏幕上展示的印有自己名字的香水瓶用手机拍下来，并发到 Facebook、Pinterest、Twitter、新浪微博、Google+、优酷、腾讯空间或 Instagram 账户中。在消费者离开前，巴宝莉会发给他/她们一个电子地图，上面标识了如何到达最近的巴宝莉零售店。消费者进到零售店后，巴宝莉可以在一个大屏幕上重现标有他/她缩写的瓶子，并当场把它制作出来。

对于英国的 *Elle* 杂志读者，巴宝莉将他/她们名字的缩写印在杂志中巴宝莉广告的香水瓶上，并将这本独特的杂志寄给读者。从社交媒体上面的反映看来，这个个性化广告的小创意击中了消费者的心。在收到印有自己缩写的广告后，Stacey Toth 在推特上说：“聪明啊@巴宝莉，非常非常聪明。”另一个巴宝莉粉丝说：“有史以来最佳广告？我很喜欢@巴宝莉，#我的巴宝莉活动@ELLEUK 为我量身打造了广告”[59]。

如果你认为在英国投资个性化技术，以便销售昂贵的香水是一种毫无意义的行为，那么请从巴宝莉的角度思考一下。该公司身处时装界，这是一个巨大且竞争激烈的行业。如果了解这个行业的话，你会明白业务的开展都是基于情感的——具体说就是基于冲动的——这一点与其他方面同样重要。巴宝莉深知这一点，并自然而然地为自己的消费者带来最好的体验。它会向名流提供自己高级定制的服装，邀请最大手笔的消费者来参加它的时装秀，并会确保这些出手阔绰的消费者在踏足巴宝莉店铺时，获得至高礼遇。

这就是典型的客户细分原则。

个性化是非常不同的一件事，要让每位顾客都感觉到一点特殊或优待。当巴宝莉的顾客在灯光下看到印有自己名字的香水瓶，巴宝莉能够得到什么？顾客的情感会转换为实际的消费行为。巴宝莉热衷于抓住一切让消费者青睐它的机会。

这也就是为什么很多公司会在自己的广告中植入二维码。如果消费者喜欢某套服装，巴宝莉希望立马抓住这次商机，使消费者不要错过这次购买机会。巴宝莉通过数字化技术抓住了商机，消费者只需用智能手机扫描这些二维码，就能够找到这个引起他/她们兴趣的服装，并直接通过智能手机进行购买。消费者可以直接从手机上选择尺码、颜色等项目，甚至能够查询是否有货。如果选好了，他/她们还能通过智能手机直接购买并提供邮寄地址。如果一名顾客急于获得商品，巴宝莉可以为他/她发送一张地图，上面标明离他/她最近的巴宝莉零售店，消费者可以立即去店里领取他/她们的服装。

当然了，我并不是说从伦敦到拉各斯再到洛杉矶，巴宝莉能够引领时尚的法宝就是数字化技术。显而易见的是，在诸多方面之中，时尚的设计、引人注目的营销和高效率的供应链，都功不可没。我想说的是，巴宝莉通过使用数字化技术和 IoE，提升了公司业务的方方面面。多亏了有这些技术，使巴宝莉能够为消费者提供以前无法达到的交流程度、满意度和个性化程度。

只以成败论英雄。在 2004 到 2014 年之间，巴宝莉的年收入从 11 亿美元攀升到了 35 亿美元[60]。

现在让我们来谈谈成功的味道。

如果你想知道自己的公司能够如何利用数据和联通性，为客户带来更多的个性化体验，请参考本章提到的那些公司。Bombfell、Spotify、Netflix 和巴宝莉——我们举出的每一家公司都仔细研究了大量客户主动分享的信息，然后根据实时数据为客户带来更为个性化的体验，并根据预测算法为公司带来新的商机。这种程度的个性化服务在以前是不可想象的。但现在，这种全新的客户体验正变得越来越平常。随着客户越来越多地体验到新的模式，整个行业——包括音乐、电影、零售业及其他行业——都将一个接一个地经受考验。

结论

交流。满足。个性化。

我深信数字化技术能够带来令人难忘的体验——真正把顾客放在心上的体验。

该怎么做呢？像捷蓝航空那样与客户沟通，像 Warby Parker 那样满足客户的需求，像 Spotify 那样为客户提供个性化服务。这样一来，客户体验与以前相比会登上完全不同的层次。

在每一个案例中，这些公司都竭尽全力利用数字化技术来预测客户的需要和需求，提供他/她们甚至都没有考虑过的服务，它们用来满足客户的方式是可复制且可重复的，但客户会感觉这些企业做的这一切只是为了自己。在提供这种服务的同时，这些公司也对商业前景产生了改变。

数字化技术带来的优势能走多远呢？

这些技术带来的可能性是无止境的。为了说明这一点，我已经从消费者的角度着重讲述了诸多例子。但商业和非商业领域同样可以实现相同的结果。比如医疗健康领域在数字化革命方面已经成熟，教育领域也同样如此。多亏了新设备、新软件应用和新商业模式的出现，我们不仅目睹了医疗健康领域以一种交互性更强、更个性化且令人满意的方式为人们提供服务，甚至我们会变得期待这种服务；教育领域也是如此。

在前文中，我已经展示了保健服务业者和教育业者如何利用数字化技术，提供交互性更强、更令人满意且个性化定制的医疗保健和教学服务。我所介绍的这一切仅仅代表了一个开端，并让我想到了你。

如果你最爱的零售商、旅游品牌、保健品牌或教育机构能够利用数字化创新革命客户体验的话，你自己的机构为什么不行？如果你不相信在你所工作的领域，可以依靠数字化技术为客户带来交互性更强、更令人满意且个性化的服务，那么请站远一点，等着为别人的成功感到惊讶吧。

无论你在哪里工作，也无论你的业务目标是什么，数字化革命即将改变你的世界。你可以引领时代的变化，也可以亦步亦趋地紧随其后，或者当革命的波涛席卷你所在的行业时，远远的站在后面。

每种方法都有其利弊，但拥抱数字化的热情会把人们区分为通过运输 Wankel 的霸王龙来赚钱的创建者，或霸王龙本身。

在一个市场中，没有什么比这个念头更能带给人强大动力的了：被一些新兴或不同的事物取代。如果历史曾教会我们一些东西，那一定是：生存不在乎力量或体格，而是适应性。

如果你希望成为行业先锋，就要利用数字化创新，为客户带来以前无法实现的交互性、满意且个性化的服务。

只要做了，你就不会后悔。

第11章

员工体验——生产力、创造力、吸引力

如果你的工作是人员管理，那么这个统计数据一定会引起你的注意：北美劳动力市场中的绝大多数员工都认为自己与雇主之间“缺乏沟通”。更糟糕的是，盖洛普咨询公司2014年完成的调查显示，17.5%的员工认为自己是“消极怠工”的[1]。

怎么会这样呢？全球化、技术性发展、工资增长停滞、工作保障降低，这些只是少数几个原因。

如果你认为这个问题只会发生在传统行业和缺乏活力的公司中，再好好想想吧。2013年雅虎CEO Marissa Mayer的一项做法掀起了轩然大波：她认为在互连网时代的企业中，员工之间的交流不够，因此要求他/她们从此不在家庭办公。

“在一个绝佳的办公环境中，沟通和合作是必不可少的内容，因此我们需要聚在一起。这也就是为什么我们都需要在办公室办公。”雅虎人力资源经理Jackie Resses在一份备忘录中记录了Mayer阐述的理由。“我们需要成为一个雅虎，就让我们从坐在一起开始吧”[2]。

当年2月份这份内部备忘录被公布了出来，此后不久对于这一决策的批评之声攀升到了各大新闻站点和Twitter简讯的头版头条。人力资源专家指出，想要增强员工之间的合作，并不意味着必须让他/她们坐在一起，或者把他/她们锁在会议室中直到他/她们提出新的见解；它其实意味着为员工提供一些鼓舞和工具，使他/她们即使跨越地理位置、公司职能、个人职责，甚至一个企业内部的上下级关系，都能完美且高效地协同工作。

“雅虎停止远程办公让人感到困惑，”维珍航空的创始人 Richard Branson 发了这么一条推文，“让人们自由挑选工作地点，他/她们会出色地完成工作”[3]。

“史诗的毁灭，”*Forbes* 专栏作家和 TV 评论员 Peter Cohan 如此评价[4]。

虽然也有人为 Mayer 的决定进行辩解，但更多的人在进行指责。有些人认为这是一个反家庭的决定，为职场妈妈带来了重重阻碍[5]。还有更多的人说这个决定与斯坦福大学和伊利诺伊大学的研究结果针锋相对[6,7]，该研究揭示了远程办公为员工生产力带来了促进作用。

引起骚动正是 Mayer 的本意——为了增强员工之间的协作。人们无法在这一点上指责她什么。多项研究表明，联系紧密的员工能够带来更好的生产力；对于他们的雇主、合作伙伴和客户来说也是如此。

既然这样，Mayer 怎么会得到如此多的批评呢？是她的执行方式出现了问题。Mayer 把一种老式的人才战略强加在了现代化企业中，这种方式与当今的新型数字化经济并不合拍，而越来越多占据了劳动力市场的年轻移动一代并不缺乏沟通；根据美国社会保障总署的数据，由于二战结束后触发了数百万婴儿的出生潮，导致现在的美国每天都有 10 000 人退休[8]。到 2020 年，1982～2003 年出生的千禧一代将“占据美国成年人口的 1/3。到 2025 年，这些人将会占据 75%的劳动力市场”。这是布鲁金斯政府报告“千禧一代和美国企业的未来”中的预测[9]。

实际上，在今天进入劳动力市场的这些千禧一代独立自主且拥有社会意识，他/她们不希望在业务交流中被禁止使用自己的手机；他/她们不希望雇主禁止他/她们在工作期间使用社交媒体；而且他/她们也不希望工作环境一成不变，也就是朝九晚五地在同一个地点上班。他/她们深受这些信念的影响，宁可拒绝吸引力更强的工作，也要找一个符合自身生活方式的工作——哪怕为此承受一些经济损失。有一家总部在洛杉矶的市场研究和咨询公司，它们的情报小组针对年轻人完成了一份调查，这份调查报告常被各方引用。它发现，在 2012 年，千禧一代中有 64%的人说他/她们宁可做一份“他/她们热爱的”年薪 40 000 美元的工作，也不要做一份“无聊透顶的”年薪 100 000 美元的工作[10]。

虽然年轻人中不乏理想主义者和利他主义者，但年轻人和年长者之间的人生态度差距从没有如此之大。

劳动力市场的上一次大动荡发生在 20 世纪 80 至 90 年代。那时候，美国的企业开始把制造业的相关工作外包给中国，把呼叫中心的相关工作外包给印度。从那时开始，机器人技术的发展和工资的升高降低了收益，劳动密集型工作已经从高收入经济体转向了低收入欠发达地区和国家，从这种转变中也可以看出这一点。如今，一种全新的活力正在推动制度化的革命。要想在这种新型“数字化”经济环境中更有效地保持自己的竞争力，依靠的是技术创新，而不是劳动力套利；并且技术创新已经成为推动这种革命的最大动力。劳动密集型蓝领的工作和知识密集型白领的工作都会受到影响。

在过去的这几年内，社会、技术和经济的变化都为我们生活的世界带来了不可磨灭的印记，包括工作场所在内。正是由于这些变化，工作的性质也发生了转变，尤其是与数据革命密切相关的领域。工作的速度变快了；新的商业模式不断涌现；各种自动化正在扎根；现在，几乎所有工作都受到数字化创新的影响。数字化消除了低效的生产率，为雇主重新思考人力资源战略提供了新的思路。

员工也同样重新思考自己的职业和工作。不受拘束的工作场所让雇佣形式变得比以前灵活。人们无需像以前那样必须呆在相同的地方办公，也无需一直工作在相同的行业中。

今天的员工想要灵活的工作时间，并且在人生不同阶段寻找不同的机遇。为了获得灵活性和机遇，他/她们工作得非常努力。还记得几年前社会上对于平衡生活与工作之间关系的主张吗？在一个由数字化创新主导的世界中，将不再存在这种思潮，因为现在你可以一边等待老板的邮件回复，一边查看股票价格，一边和女儿发微信。

当你回头看看，就会发现早在几年前，一些专业人士就已经用这种方式在工作生活了，而现在这已经成为多数人的生活方式。上班不再是指人们去到某个地方，而是指他/她们——连续不断地——做一些事情。

面对所有变数，雇主和员工都可以通过多种方式降低其带来的不利影响，并从它带来的正面因素中获益。在本章中，我们会看到聪明的雇主如何调动员工的工作积极性。剧透：其中很多人所在企业的现代化程度与Mayer比相去甚远。尽管雇主们的目标很可能是相同的——比如招募最优秀的人才，最大化员工的生产效率，以及激发他/她们最大的创造力——但他/她们所使用的方法却完全不同。不同的方法也将带来不同的结果。

McKinsey[11]说：“研究表明，拥有开明人才管理策略的企业获得的销售、投资、资产和股权回报率较高。”

在本章中，我们会来看看企业使用数字化技术来招募优秀人才、为他/她们提供高生产率的工具，以及培养创意环境的方法。

建设未来的劳动力：定制员工

“一个创建于 1927 年左右的品牌如何继续保持发展、适应并保持活力？”

我们会创新。这是万豪集团全球创意和内容营销副总裁给出的答案 [12]。为了证明它与提供印花床单和深红色地毯的中档酒店不同，这家酒店连锁集团放飞了自己的创新思维。

2015 年，这家公司推出了电影、在线杂志和影视制作业务。它从 3 月份开始大举开展创新行动，首先推出了首支 17 分钟的浪漫动作宣传短片，讲述了两名（虚构的）酒店行李员的故事。在短短几周内，“两个行李员”在 YouTube 上获得了超过 500 万点击量 [13]。此后不久，万豪集团推出了在线旅游杂志，名为 *Marriott Traveler*，其中刊登了一些文章和视频，展示了最热门的旅游目的地，比如新奥尔良和芝加哥。其中一些视频是由知名旅游记者 Sonia Gil 拍摄的。

在万豪集团的这些创意推广产品（甚至包括一部电视连续剧）中，使它们有别于其他企业的是：“万豪”这个品牌在它的推广创意中出现的次数非常少。这是刻意而为的，作家 Tessa Wegert 在 The Content Strategist 网站上发表了以万豪集团为对象的案例研究。

“万豪集团尝试的行为已经超出了内容营销的范畴，它带来了一种全新的营销模式。营销内容的主要设计不再仅以成本为中心，而是以收入为中心。”Wegert 如此写道。“由于它没有非常明显地植入品牌，因此这对其他经销商和广告商而言也是有价值的。”她还提到，万豪集团还会通过“向第三方广告商出售赞助商广告和本地广告”使 Marriott Traveler 盈利 [14]。

很聪明，不是吗？

当然很聪明，但这只是它所做的一半努力。为了能够实现它的营销梦想，万豪集团老板想到了真正的创意。首先，它从迪士尼 ABC、Variety 和其他地方雇用一些有才华的内容专家。然后从各处聚集自由作家、视频制作人、发言人和平面设计师。为了有效地管理这个工作流程，万豪集团的内容团队求助于 Contently，这是纷纷崛起的在线专业求职网站其中之一，它能够为雇主和拥有特殊技能的求职者建立联系。

Contently 和其他网站在 LinkedIn 这个最大的数字化招聘网站面前为自己赢得了一席之地。LinkedIn 提供了在线网站和移动 App，专业人士可以在上面发布自己的简历、工作成就等信息，然后通过LinkedIn与世界各地的其他专业人士进行联系。网站会员之间可以查看资料、交换消息，甚至发布文章、博客、推文，以及其他有关工作的信息。

从2002年建立以来，LinkedIn拥有超过3亿3000万会员。美国大约有超过1亿700万会员——差不多占总人口数量的1/3。每一秒都会有2个人成为会员。每一天LinkedIn上的个人资料浏览总量会达到2500万次[15]。

LinkedIn不仅具有社交媒体的便利性，还转变了求职的方式，让主动和被动的求职者把自己的技能展示在一个平台上，现在这个平台已经成为雇主和招聘人员首选的人才库。正因为有了LinkedIn，员工不必屈居在无能的经理之下，他/她只需要点击一个按键，就可以择木而栖。当联想到Travelocity时，会发现招聘行业中的有些部分跟旅行社有些类似。

紧随LinkedIn（专门帮助专业人士寻找固定工作）的脚步，一些帮助人们寻找兼职工作的网站和APP也渐渐普及。比如Contently，专门帮助那些以提供内容创意为生的人们寻找工作机会。其他网站专注于信息技术（比如Work Market）、法律服务（比如UpCounsel）、客户服务（比如Odesk）等。现在也有越来越多的低预算一次性求职网站，比如Fiverr或TaskRabbit，这些网站中的雇主都是一些有特殊需求的人们，比如他/她要找人搬运一台冰箱，或者找人为毕业典礼写一首说唱歌曲，并愿意为此多付一些钱；与这些网站提供的小打小闹的工作机会不同的是，Work Market、Odesk、Elance和类似网站为专业人士提供职业发展中的重要工作机会。

在这些网站和App中，雇主可以发布工作或职位空缺、设定求职者所需证书（包括推荐信）、设定资质，并设置薪酬——所有这一切都只需按按键就完成了。而对于员工，他/她们不光可以通过这些网站查找工作机会，提高自己的收入或进入一个新领域，而且还可以在这里记录重要信息、进行项目管理、时间追踪和职业发展规划[16]。

自由职业、业务转包，甚至在线求职板（比如Monster.com）在这几年已经不再新鲜，新出现的一些网站开始关注数字化服务和社交媒体，它们把合约工作从“你认识谁”转变为“你能做什么”。由于它具有即时、全球和扩张属性，数字化自由交易市场渐渐兴起，成为如今人们所说的“零工”经济；这些雇主希望能够以兼职的方式雇佣人才，并让他/她们自行缴税、自己规划退休计划、自己购买医疗保险（现在有了平价医疗法案的支持）。

在美国，这些员工被称为“1099员工”，因为他/她们从雇主那里拿到的税务表格是1099表，而不是传统的W2表，后者是固定员工拿到的向美国税务局报税使用的税务表格。没人知道全职1099员工的人数有多少，但根据2015年Ardent Partners发布的调查报告，自由职业者和合约工作者的人数大概占到全美国的1/3，差不多有5300万人。在短短几年内，这个数字预计将上升为劳动市场的1/2，这是根据“2014-2015临时工管理状态指南”做出的预测[17]。

如今，经济领域的几乎所有部分中都有1099员工，其中包括金融服务、医疗保健、法律和技术等。尤其是需要创造力的领域，比如广告、市场营销和视频制作等。有些人之所以成为了1099员工，是因为他/她们在自己擅长的领域中找不到固定工作，但还有上百万人是自己选择成为1099员工。这样一来他/她们可以灵活掌握自己的时间、工作、雇主，甚至如果他/她们愿意的话，还可以选择工作环境。

人们能够在固定工作和“零工”之间进行选择，这为劳动力市场带来了几方面转变。以前人们在职业生涯中可能会换6～7次工作，现在他/她们可以利用这些网站，在其职业生涯中分时为数十家雇主工作。如果想挣更多钱，他/她们可以尽可能多地工作。如果想要缓一缓或者放个假，他/她们可以放松一下，少做点工作。并且在他/她们这么做的同时，不必担心被穿小鞋或者受到批评。

“现在人们可以自行决定他/她们要如何规划自己的工作——看自己有多想工作以及想何时工作。”自由职业者联盟的创始人和执行董事Sara Horowitz如此评论。在过去的几年中，有些企业会寻求第三方的帮助，秘密查看潜在合作伙伴是否大量使用了合同工。但现在这些企业自己就会依赖于合同工，而各大组织结构也不会再介意合作伙伴是否使用了兼职员工。

虽然每个行业对兼职员工的态度不同，但有些公司非常信赖1099员工。比如加利福尼亚州纽瓦克的Renascence IT咨询公司，自2010年成立以来，该公司为整个旧金山湾区提供技术服务。创始人兼CEO Kurt Lesser说：“从软件编程到产品安装再到网络安全，Renascence提供了企业技术需求的一站式服务”[18]。

作为一家技术服务提供商，Renascence为大大小小的客户承担了重要的集成和软件开发工作。大多数工作所需的人数都是固定的，也就是说项目完成时，Renascence需要的员工数量会增多和减少。这个公司只有4名全职员工，但在需要时，却能够快速征召数十个虚拟人才。Lesser认识其中的一些专业人士，也有些他从来没有见过面。但这些员工在使用起来并没有两样，并且他的组织比其他公司更加灵活便利。

“通过同时发挥扩张的劳动力市场和固定员工的潜力，企业能够获得重要优势——其中包括轻松获得宝贵的人才。”这是埃森哲（Accenture）在 2013 年“The Rise of the Extended Workforce”报告中提到的观点[19]。

而这仅仅是个开始。

Forbes 的一位嘉宾——Work Market 的共同创始人和总裁 Jeff Wald 认为数字化会对自由职业者的聘用和管理带来帮助。“从众包（crowdsource）市场的评分和评论到背景审查和性能指标，企业能够获得有关员工素质和背景的大量数据。数据和情报的收集能够使企业更好地寻找和管理自由职业者。”他如此写道。“[自由职业者管理系统]软件中的分析引擎甚至可以让企业在它们的合同工战略的多个方面做出优化，并且为整个企业极大地改善做出的决策”[20]。

如果这些内容有些颠覆你的认知，请不要惊慌，因为零工或自由职业者经济并不太会在短短几年内就取代全职雇佣关系的。就像 MOOC 并不打算在短期内取代传统校园教育一样，自由职业者网站和数字化求职市场也不会破坏全职工作领域。但毫无疑问的是，它们都将受到严重的冲击。

合同工雇佣关系最有可能影响的是那些门槛很低的领域，或者需要特殊专业人士的领域，比如万豪集团进军创意内容发展领域。高效率地雇佣几十位内容专家，不失为进军内容制作业的一个好方法。但是种种努力并不会改变这样一个事实：这家酒店业巨头仍需要全职员工来运作它们的核心业务。

零工经济对工作带来的另一个影响是：它让雇主重新考虑提升、迁移和管理自己员工的方式。以 Cisco 为例，它创办了一个称为“拓展作业市场”的内部部门，寻求提升其职业生涯的员工可以申请“拓展”工作，长度为 1～6 个月。这些工作源自需要临时帮助的同事或经理，并且没什么门槛。通常这些工作都不在员工的专业领域中，这些工作让他/她们有机会参与到企业的其他部分中，与不曾有过交集的商界领袖建立联系。虽然有些工作很简单，但也有一些工作可以让那些积极进取的员工在企业最困难的商业难题面前一展身手。

在这个部门成立后的短短几个月之间，数百名员工响应了内部市场的拓展工作广告。并且在参与了拓展工作后，他/她们增长了新的经验，获得了认可，并且为公司的重要项目做出了重大贡献，Cisco 人力资源副总裁 Jill Larsen 如是说[21]。

如果 Cisco 内部对于兼职工作的传统态度没有改变，如果没有数字化工具，这种灵活的工作类型将无法实现。正因为有了这个兼职市场，Cisco 和其他雇主随时都可以找到适合某项工作的人选。

这就是问题所在。在我们这个变得专业化、流动性更强的工作环境中，把合适的人才放在合适的岗位上变得前所未有地重要。通过使用新的数字化技术，雇主可以从更大的人才库中选择候选人，分类也比以前精细；并且花费的时间更短。这些好处对于求职者也是一样的。

Google 使用在线数据分析软件来甄别和招揽合适的人才。谷歌的人力分析副总裁 Prasad Setty 说 Google 以同样严谨的态度，分析并做出人员决策，就像它做出产品决策一样。Google 的面试是结构化的，使用严格的评估标准来分析人员能力，并将之与大型数据进行匹配，这些数据能够对个人做出判断。这就是人力资源的工作与数字化技术的交集[22]。

再次强调，技术正在扰乱其他行业。正如数字化技术在医疗、教育、金融服务，甚至零售业中做出的贡献，它现在也可以帮助员工和雇主在就业市场中变得从容不迫。

如果你是一名雇主，并且获益于 LinkedIn、Work Market 和其他机构提供的能力和机会，或者获益于 Cisco 拓展作业市场这种内部机会，那么你就可以通过获得最适用的人才，为你的公司带来竞争力。相反，如果你不赶紧踏足这个员工已经投入的新型数字经济世界，可能就会削弱公司的竞争力。

不管你是爱是恨，这就是新型员工和雇主的关系趋势。

也就是说，为合适的工作找到合适的人员只是未来劳动力市场中的一片拼图。一旦雇主拥有了适当的员工，雇主需要为员工提供适当的工具和工作环境，使他/她们工作得更有效率。鉴于如今很多企业的结构很松散，这也意味着要为员工提供协作通信工具，来帮助他/她们克服时间、距离，以及在当今移动、社交和超连接工作环境中常会遇到的其他困难。

帮助员工做更多事：协同工作

如果你在得克萨斯湾海岸的音乐酒吧餐厅或社区酒吧倒过啤酒，那你很可能听说过啤酒分销商 Del Papa。这家得克萨斯城的公司已经创办了超过一个世纪，从 30 个不同的供应商那里每年分销 1000 万箱啤酒。Del Papa 的总部和两个分销中心总共有 375 名员工。

2011 年，公司在得克萨斯湾海岸附近的 27 英亩土地上着手建立一个新的总部。但公司高管担心这样做会让员工之间的亲密度下降，这可是使这个家族企业立于不败之地的首要原因。因此 Del Papa 向 Cisco 寻求帮助。

Cisco 与另一个本地业务合作伙伴 Zones 协作，向 Del Papa 展示了技术的能力：既能够帮助公司进入 21 世纪，又无须丢掉 20 世纪早期建立起来的协作精神。这里说的技术当然就是高级视频通信。Cisco开发了各种工具，来实现跨越时间和距离的协作。对于那些同时需要视频和音频，并且对清晰度要求极高的商务会议，可以使用Cisco网真技术，它提供了真人大小的会议图像，零延迟并且尽可能提供了高级别安全保障。对于虚拟会议，可以使用视频会议软件，它可以运行在几乎所有连接Internet的移动设备上，同时提供了一套会议工具，人们参加虚拟会议后，可以共享文件、实现面对面沟通，并且可以一键切换高清画质。

在看了Cisco的产品组合后，Del Papa的高管意识到Cisco可以通过多种方法帮助他们达到目的。他们意识到了最基本的一点，那就是技术可以增强他们之间的沟通。但这只是个开始。他们相信技术有助于更好地利用公司资产、提高物理安全性，而且更吸引人的是：能卖出更多啤酒。

因此Del Papa在它的整个办公场所都部署了视频协作技术。这包括在每间办公室、会议室、休息室、库房等都安装视频协作工具。要为如此复杂的部署做准备，Cisco首先针对Del Papa的4个独立通信网络进行加固，也就是分别管理语音、数据、视频，以及物理安全。这样做为公司带来了一个安全的网络，其中包括物理安全、通信安全、协作安全，甚至还可以监控仓库的温度；Del Papa的信息系统经理Steve Holtsclaw介绍说。

有了统一的网络后，Del Papa发现整个公司的协作在多个方面都得到了增强。员工使用公司安装的Cisco网真系统能够直接与Anheuser-Busch（Del Papa分销的一个品牌）的负责人联系，也能够与分布在其他办公区域的同事联系。"在所有我们通过新网络能够做的事情中，网真是大家的真爱，"Holtsclaw说，"它使我们更加高效，因为我们可以省去开车奔波的时间和成本，随时面对面交流"。以前员工需要开车去其他办公区域参加部门会议、绩效考核、全公司季度会议，甚至首轮面试。这对于一个争分夺秒进行销售的公司来说可是个大问题。

"如果销售人员总是开车去参加会议的话，Del Papa就无法销售啤酒了，"Holtsclaw补充说，"Cisco网真会议使销售代表有更多的时间与客户进行互动"。

新网络也使Del Papa的员工更好地了解公司动态。在遍布休息室、食堂、走廊、健身房和交货入口的近30个数字展板上，会随时展示最新新闻和交付时间表。而且更重要的是，还可以定制消息内容。比如从早上4点到6点这段时间，交货区域的展板上会显示安全消息和天气预报；而同一时间在休息室的展板上，会显示最新的供应商广告和产品信息。

与以前无法连接的人和物进行连接，提高了安全性，使业务流程更加高效，甚至有助于改善客户服务。比如接到紧急订单。以前，当公司销售代表给库房打电话想下一通紧急订单的话，他/她们通常会被转到库房同事的语音信箱。如果库房的员工在下班前都没有检查自己的语音邮箱，那么这个最紧急的订单往往无法按时送出。现在库房员工都能够使用无线 IP 电话，以便接收即时消息；那么当销售代表拜访过客户并回到 Del Papa 的库房时，客户的订单就已经放在运输港等待运输了[23]。

好处还不仅如此。

“这些解决方案并不只是为企业内部的员工提供服务，而是要把服务范围扩大到渠道合作伙伴和客户，从而跨越部门和地理边界，”这是 ReportsnReports 在 2014 年得出的结论，这是一家总部位于达拉斯的市场调查公司。根据它的调查结果，全球企业社交软件市场有望从 2014 年的 47.7 亿美元，在 2019 年增长达到 80 亿美元[24]。

一些机构认为协作技术能够提高员工的工作效率，因为工作效率常受到隔阂和地理的限制，正是这种认知推动了市场的增长。当员工能够通过网络与同事联系，并通过网络解决重要工作，他/她们通常会感到连接的优势和工作的目标。但当他/她们的工作不允许他/她们自行做出决定，或者剥夺了他/她们的归属感，那么忠诚度将会慢慢降低，并最终消失殆尽。

再次提示，使用 Cisco 的协作技术吧。自从差不多 10 年前，部署了视频、文件共享和 Web 会议技术后，Cisco 发现它在这些技术上付出的努力，让公司得到了数 10 亿美元的价值。Cisco 单在交通费用上节省的钱就差不多每年 2 亿 1000 万美元。

当然不仅仅是 Cisco 看到了通过协作技术提高员工参与度的好处。Cisco 委托 *Forbes Insights* 在 2013 年做了一项研究。这项研究调查了全球超过 500 位高管，询问基于云的协作工具会对他/她们的业务产生怎样的影响：64%的受访者认为基于云的协作工具有助于加速业务的进展；58%的受访者认为基于云的协作工具有可能加速业务的进展，其中包括采购、生产、市场营销、销售和技术支持；59%的受访者认为基于云的协作促进了创新的发展。当问到谁在使用基于云的协作工具和策略方面拥有大量经验时，这些比例相应地上升到了 82%、90%和 93%[25]。

基于互连网的协作才刚刚开始。如今，很多公司正在开发一些技术，希望能够激发出专家所说的“灵光一现”，从而带来意料之外的理念共享。Sociometric Solutions 就是这样的一家公司。这个公司由几位麻省理工的毕业生创立，他们开发了一个平台，以穿戴式传感器来追踪员工之间的互动。通过这些传感器收集的数据，Sociometric 使用先进的算法将员工的互动和绩效指标进行映射。数据研究人员会寻找能够提高员工生产率的互动模式。

如果这个想法听起来有些不靠谱，会有人证明这是真的。有些公司很信任这项技术，比如美国银行。Sociometric 的工程师用了三个月的时间，追踪美国银行呼叫中心的员工的行为模式，当然这些员工都装配了传感器。无论呼叫中心的这些员工去了哪儿，计算机都可以捕获到他/她们的行为（为了保护员工的隐私，软件会把所有人都显示为匿名）。实验中发现了一些令人惊讶的结论，2014 年记者 Rob Matheson 在 *MIT News* 上发表了这些结论。其中包括：当一组员工一起去午休，企业的生产率会持续增加。有了这些信息，Sociometric 的数据专家建议银行让呼叫中心的员工统一午休。“当银行采取了这种行为后，结果果然如此。”Matheson 写道：“Sociometric 监测到生产率上升了 15%～20%，压力水平下降了 19%，营业额的下降率从 40%变为 12%”[26]。

上述案例看上去可能有点极端，但让人们协作得更加紧密——无论方法是什么——结果都会令人惊喜。除了节省成本外，加强协作技术还可以完成那些很难完成的工作。我以前的一位同事想要见俄罗斯前经济和贸易部长 German Oskarovich Gref，被告知当面会晤需要几个月的时间来准备。那面对面的网真会议呢？“下周怎么样？”对方问他。

视频协作不仅增强了业务伙伴之间的亲密感，还加速了业务的即时性。它有助于雇主和员工完成更多工作。

协作技术能够帮助世界各地的公司获得至关重要的工作效率——而且能够提升员工的满足感，他/她们会感到自己更有效且高效地完成了自己的工作。在当今这个快速发展的世界利用这些优势，企业能够取得惊人的成功；如果在员工协作上忽略了正在默默进行的数字化革命，后果很严重。

数字化技术能够提供的好处还有不少，其中还有这么一点。那就是它能够激发我们每个人的创意火花。在太多情况下，这种火花要么直接被忽视，要么没有充分利用起来。但新工具向雇主证明了，它们可以以合理的理由，为员工带来最适宜工作的环境。那句谚语是真的：灵感来自各个地方。

团结所有人的创意火花：全体员工理念共享

3M 思高洁、便利贴、强力胶、糖精。

这些畅销产品有什么共同点？它们都是碰巧发明出来的。

正是这样，发明了这些现代奇迹的人们其实当时正在尝试发明其他东西，结果无意中发明了它们。值得庆幸的是，他/她们并没有因为实验失败而气馁，而是把失败的实验也发挥到了极致。

如果你足够幸运的话，有一天你的某位员工会站到你面前，带着他/她单凭运气想出来的价值数十亿美元的点子。行了，别指望了。像这种幸运的偶然事件不会从天而降，实验室试管中的奇迹在一代人中也就能发生那么几次。

换句话说，“好运气”是无法复制的成功模式。虽然不是象牙塔，但施乐公司、AT&T 和其他一些企业都把他们最棒的科学家隔离在实验室和研究中心，远离他们的企业办公室。在与企业的核心生产力分离后，施乐公司的科学家们在著名的施乐 PARC（帕克研究中心）创造了滑动界面、滚动屏幕和其他发明[27]。同样在新泽西州的 Murray Hill，美国西电公司和 AT&T 的科学家们联合建立了著名的贝尔实验室。在这里，发明家们为这个世界带来了射电天文学、晶体管和 C 语言[28]。尽管这些研究中心的创造力极强，但它们并没有与提供它们生存的企业核心紧密相连。正因如此，它们发展出的这些绝妙点子往往需要花费几年的时间才能付诸市场。PARC 研究中心的很多想法都被冷落多年，直到有人看出它们的价值——比如鼠标和图形界面，想想那个头发蓬松的孩子——乔布斯。

要想充分利用企业员工的潜力，企业需要一个能够激发创造性思维的系统和环境。如今，越来越多的企业开始使用各种方法激发创新思维，并且不仅限于产品开发人员、科学家和工程师，而是涉及各行各业的工作者。在跨国企业中，当企业领导人正为某些最为棘手的问题烦恼，若他/她们能够提高员工的参与程度，那么解决问题的答案很可能出自企业任意员工之口。想想众包的例子。

你可能已经知道众包是什么了，就是充分利用大量人员的智慧，完成产品开发和解决问题的一种方法。对于众包来说，这个想法并不新鲜。要知道创意来自任何地方——从工厂车间到企业董事会——企业几十年来都在寻求群众的智慧。

如今，企业正在通过数字化工具寻求众包，数字化工具将众包理念提升到了完全不同的层次。当企业尝试刺激“内部”众包时，情况更是如此；当积极参与工作的员工跨越企业的隔阂，与合作伙伴分享观点时，情况更是如此。内部众包已经通过新产品开发、工艺改进和资产利用率证明了自己的存在价值。并且最终越来越多的企业对众包充满了热情。接着我们以美国商业信息巨头汤森路透公司为例。

像很多其他公司一样，汤森路透公司一直在寻求充分利用自己核心产品的新想法，当然它们的核心产品就是信息。在汤森路透公司中，创造新点子的工作通常会落到 17 000 名员工身上，他/她们为公司的工程和产品开发部门工作。但汤森路透公司在全球总共有 55 000 名员工。其他人中一定有些人对于更好地运作这家公司有一些想法。

因此从 2013 年开始，公司启动了内部人才竞争机制，技术新闻网站 *TechTarget* 上报道了篇文章[29]。文中指出，汤森路透公司创新数据实验室负责人 Mona Vernon

表示内部竞争是识别员工才能的“创举”，与内部团队和客户一同“发现以数据为驱动的创新”。

举个具体的例子，Vernon 说汤森路透公司曾不顾一切地想要找到能解决一个棘手问题的人：从数字文档中提取文本。当公司的工程师说他/她们没有办法后，Vernon 创建了一个在线竞争项目，这个项目开放给全公司的员工。也就一瞬间的功夫，一名员工站出来并完美解决了问题。让 Vernon 和其他高管惊讶的是，提交解决方案的员工的工位与工程师团队仅“咫尺之遥”。*TechTarget* 资深新闻作家 Nicole Laskowski 提供了这篇文章。在这篇文章中，Vernon 说这名员工“就隐藏在众目睽睽之中”[30]。

这件事情教给公司一个宝贵的经验教训：创新可以来自任何地方，包括那些被你忽视的地方。这件事也让汤森路透公司意识到它需要让每名员工都参与进来，并且为员工提供一种机制或场所，使他/她们能够分享想法。

Vernon 告诉 TechTarget 说：在许多情况中，要想获得支持内部网站所需的资金和管理成本，通常需要一个有影响力的执行赞助商。同时还需要一些创造力，甚至一点点冒险精神。这是 IBM 在创建创新的内部众包项目时的发现。

2012 年，一个资深 IBM 工程师团队想到众包模式能否从内部研究人员那里获得新思路？为了执行这个想法，工程师们向 511 名 IBM 研究人员提供每人 100 美元，并要求他/她们在一个月时间内把各种想法和提议汇总在一起。为了帮助他/她们整理自己的思路，IBM 推出了一个内部网站，其中包括采访、调查和项目状态的更新。IBM 要求这 511 名研究人员评审各个提案，并把自己的钱压在他/她们认为最棒的点子上。

让人吃惊的是，IBM 发现研究人员对这件事情的热情非常高。与其他内部项目不同，这一次极大地吸引了员工的参与和注意。511 名研究人员中有将近一半都积极参与了整个项目。而且大多数参与者都是技术人士，他/她们的提案包括了创新、工作文化和士气。这次跨部门的员工互动的规模，在公司是史无前例的。与研究人员互动的其他 IBM 部门数量，平均为 7 个部门。

在这个项目完成后，项目的支持者（包括 IBM 技术专家 Michael Muller）在 2013 年出版的研究论文中发表了他们的发现。让我们来看看他/她们都发现了什么：

“主要成果包括：员工的提案涉及不同的个人需求和企业需求；高参与率；广泛的跨部门协作，包括大量此前从未合作过的部门；从项目组、实践群体和整个企业，多个层次上收集信息，并在此基础上发展出的目标和动力……”[31]

Cisco 也推出过类似的项目，帮助解决眼前的难题并且发现新的机遇。Cisco

在 2010 年推出了 Smartzone，在 Cisco 服务团队内部捕获最好的想法。Smartzone 是一个开放式创新平台，Cisco 的每名员工都可以在这里提出创新想法，其中最好的想法会提交给公司所有员工，他/她们可以投票给希望实现的想法。到目前为止，已经有超过 70 个想法被确定为值得深入。总的来说，由公司员工选出的这些想法已经为公司创造了将近 4000 万美元的价值。

Cisco 还开发了一个称为 Street Smart 的在线机制，销售人员可以即时向他/她们的主管和经理报告客户的想法、销售趋势、经济状况，以及其他会影响业务的因素。有了这个工具，负责 Cisco 这个庞大全球机构的高管人员只需一个按键，就可以直接看到一线的情况。

再举一个 Cisco 的例子——Connected Recognition——同样以一种创新的方式激励了公司员工。Connected Recognition 项目改变了传统从上到下的员工认可系统，也就是根据经理的评价来指定最佳员工。

老系统的问题在于，公司经理往往业务繁忙，无暇褒奖每个人的贡献，或者太过固执己见而忽视员工的贡献。这样就带来了不良后果：往往要花费几个月甚至更长的处理时间，才能赋予员工他/她应得的奖励。意识到这一点后，Cisco 创建了一个新型在线系统来褒奖员工，并且为他/她们提供了很大的控制空间。

Cisco 的首席人力资源官 Fran Katsoudas 指出，Connected Recognition 系统背后的动力是意识到老办法行不通，自下而上让员工自己管理并配合数字化创新系统的新方法更好[32]。

新系统除了改变褒奖方式外，还极大程度上扩大了有资格获得褒奖的员工范围。它也增强了公司褒奖员工积极行为的方式，可以以任何形式对员工进行褒奖，从现金奖励到礼品卡，甚至只是“做得好”荣誉。

在 Connected Recognition 系统正式上线的第一年里，Cisco 一共颁发了超过 181 000 个奖励，其中 38%颁发给了团队，而不是个人；其中 1/6 奖励所授予的员工并不位于褒奖团队所属的国家。

那些已经通过内部众包项目来提高员工参与度的企业，都发现这种做法带来的新创意要好过以前由专职团队提出的新产品和业务发展。并不是只有金钱奖励才会激励员工；他/她们想要往前一步，自愿为此贡献出自己的时间和精力，他/她们这样做的理由多种多样。有些人是受到利他主义的驱使，想要为同事帮些忙；有些人只在寻找一点点认同感；还有一些人只是喜欢解决问题。伦敦商学院商业战略与创业专业的助教 Kevin Boudreau，和哈佛商学院工商管理专业副教授 Karim Lakhani 在 2013 年为 *Harvard Business Review* 撰写了一篇文章，文章称大量员工并不仅仅为企业带来规模和多样性，还带来了企业难以提供的动力，比如刷新自己简历的机会。

“公司使用传统激励机制——也就是工资和奖金——为员工划定清晰的工作角色和具体的工作职责，这些都削弱了员工接受本职工作之外挑战的动力。而研究表明，大量员工会受到内部动机的激励——比如求知欲——当人们决定要解决什么问题时，这个动机就出现了，” Boudreau 和 Lakhani 如此写道[33]。

以较低的成本获得较好的思想？这个理由足以让企业创建一个具有创造性、高效率且高回报的工作环境，使员工和雇主都获益。

而数字化技术正是它的催化剂。

结论

不管你怎么看，工作场所都在发生着巨大的变化。它变得更加自动化，更加具有竞争力；而且也变得更加年轻和全球化。

在本章中，我们介绍了数字化对员工体验带来以及将会带来的影响。我们揭示出数字化会导致工作和企业更为灵活，展示了用它来提高个人生产力以及全部员工参与度的成效。

通过技术手段来增强员工之间的互动有多种方法，其中有些并不是新方法。合同工就不是新方法，众包也不是，让员工在本办公室和电子邮箱收件箱之外为雇主的难题寻求答案也不是。新的方式是数字创新带来的诸多方法，通过这些方法可以得到更大、更快且更易获得的成就。

在线自由职业者求职平台？它们名副其实地连接了全球的劳动力供给方和劳动力需求方，实现了以前无法实现的连接。同样，协作技术能够帮助员工工作得更加有效率且实现无缝连接；而更广泛的理念共享，让所有人都能够更加聪明地工作。

和所有工具一样，如今正在如火如荼发展的创新产品可以用于好的方面，也可以用于坏的方面。要求员工穿戴传感器，以便掌握提高生产力的诀窍？人们很容易看到这种做法的利与弊。同样，让员工通过社交媒体把他/她们的工作和个人生活混为一谈，这件事也有利有弊。以最热门的职业社交媒体网站领英为例。如果在那里你与老板建立了联系，他/她就可以看到你添加了哪些新联系人，并且都是从哪里添加的。而且这些信息都是公开的，无须你的允许，老板就可以知道你是不是在寻找新的工作、离职的可能性有多大，以及你是否以及何时会离职。

从有利的一面看，“恶老板”在新型数字化经济中几乎没有立足之地了。在当今世界中，相互关系、结果和交流很容易被公开并共享给所有人，因此恶老板早晚会被所有人拒之门外。

随着职场的变化，我们的社区也会发生变化。在美国的每条大街上，你都能找到为 10 个不同雇主工作的员工，且他/她们实际上工作在不同的国家，这些都多亏了数字化。

社区凝聚力、社会流动性和文化延续性在将来都会是什么意思？没人知道确切答案。我们所知道的是数字化、基于互连网的技术正为我们带来新的员工体验。在大多数情况下，我们相信它会带来更好的生活。

那么，这对雇主来说意味着什么呢？把员工的效率想象为一个连续的整体。你可以从任何地方招募最好的员工，来增强企业的灵活性。你可以提供增强协作的工具和自由度，来提高个人的生产力，你可以让个人和团队更深入地参与工作，利用他/她们中最好的点子，增强理念共享带来的好处。

虽然我们可能会惊叹于有朝一日设备能够在职场中实现的工作，但未来仍属于那些拥有最佳工作经验的人。

第12章

数字革命——这只是个开始

变化来得太快——至少人们都这么说。

但是如果我们认真思考一下自己的日常生活，想一想诸如住房、大衣柜或者汽车这样的物件，然后自问："在过去20年里，到底多少东西真的发生过翻天覆地的变化？"那么这个问题的答案可能会让我们感到惊讶。

我们的结论很可能是，世上很多东西其实都还没有发生过那么大的变化。比如像电冰箱这种普通的家用电器就是这样。当然了，现在的电冰箱比20年前的产品更加现代化，性能很可能也有所提升。它的密封比过去更加严密，隔板的设计也更加合理。但是冰箱里的湿度传感器和两个制冷区域的设计发生过什么颠覆性的变化吗？至少从放在冰箱里的牛奶鸡蛋上，我看不出有什么太大区别。

同样，如果有人穿着一件20年前的礼服出席婚礼，真的就会有人注意到这一点吗？好吧，那些对服装特别敏感的人也许真能注意到，但就算他们注意到，这些人也不会大惊小怪。但如果你在公司前台掏出一部20年前的手机，在众目睽睽之下用它给家里的保姆打电话，大家就完全不可能对此熟视无睹或者不置一词了。

这就是我想强调的重点：其他领域的发展速度和技术领域的发展速度完全不在一个层级。因此，一切与技术相关的领域，比如通信、娱乐、电子等，都存在着巨大的变数。在技术的世界里，唯一不变的，只有变化本身。

对于大多数人来说，这些变化都需要时间来适应。人们旅行、购物甚至浏览当日新闻的方式，都已经和几年前大大不同。工作领域也概莫能外。办公室的工作节奏早非昔日可比，所以我们还真得好好感谢一下这些电子产品和数字化创新技术呢。产品的生命周期越来越短，研发的时间也越来越紧。我们的一举一动都需要接受比过去更多的审查（这应该归功于社交媒体的作用），也需要面临比过去更大的压力（这一点则要多谢技术全球化的趋势）。

我们现在的工作太忙，忙到我们几乎没有时间停下脚步反躬自省，思考一下日积月累的科技进步到底给我们带来了什么。在美国，除了像独立日和感恩节这样的公众假期之外，我就很少能够找到片刻清闲。在美国，随着每年 11 月的来临，人们开始放慢工作的脚步，大家才有机会共同从技术革命中获得一点慰藉，至少技术革命减轻了人们为享用假日盛宴而付出的劳动。有时候，一切看上去又都和 20 年之前没有什么区别，唯有带着耳机，在沙发上敲击着移动设备的孩子们，昭示着两个时代的不同。

但如果我在这本书中希望陈述某个观点的话，这个观点就是：在过去的生活中，无论你认为哪个领域一定与技术革命无关，那个领域都会发生变化。换句话说，无论是从个人角度还是从职业角度来看，数字创新都会影响到我们生活的方方面面。

无论你是否情愿，这一趋势都不会停歇。我们生活、工作、学习和娱乐的方式定将发生全方位的变化，即使这些变化尚未到来。

对于有些人来说，他们对未来的观点恐怕已经不足以用“动荡不安”四个字来形容；因为那很可能就是一场灾难。在未来的几年时间里，你能想象到的每个行业都会经历一场数字革命。随之而来的结果是，很多职位都要面临和电影放映员、前台接待员、旅行代理和速记员等职位类似的命运。在 2015 年圣丹斯电影节上首度亮相的一部纪录片中，游戏类节目 *Jeopardy!* 的冠军 Ken Jennings 描述了他对于这种世界范围内的职业更替是怎么看的[1]。在他的影片 *Most Likely to Succeed* 中，Jennings 回忆了他在与 IBM Watson 认知计算机（Cognitive Computer）的对决中收获的屈辱，这台计算机曾经在 1997 年的一场比赛中战胜了国际象棋世界冠军 Garry Kasparov[2]。Jennings 认为，国际象棋只是一个方面，至于那些涉及某个主题，规则十分复杂的专业领域又如何呢？由于对人工智能相当无知，Jennings 在一开始自认为稳操胜券。

但是在真正与 Watson 进行游戏的过程中，*Jeopardy!* 的冠军很快发现，自己被这台机器毫不留情地淘汰了。而后，Jennings 有生以来第一次意识到，很多需要进行批判性思维的工作都已经进入到了很快会被技术取代的“危险边缘”（抱歉我现在还有心情用一词多义来调侃），而这其中就包括很多领域的白领工作[3]。

如果事实确实如此，那么这必将给劳动力市场带来巨大的冲击，冲击的对象也包括读者您的工作岗位。作为专业人士，我们都希望机器人可以取代在工厂里从事重复性劳动的工人，甚至对此欣然接受。但让机器代替工程师、技术人员甚至职业销售呢？想想就让人不寒而栗。

不必如此。

就像我在本书每章里所说的那样，我们应该张开双臂拥抱数字创新，而不是将其拒之门外。因为我已经介绍过，职业人士如何能够通过数字创新来提升自己的收入，降低自己的支出，优化自己的资产配置。我也曾经介绍过，如何利用技术手段让自己进一步融入客户、取悦客户，更加高效地为不同的客户制订个性化的方案。最后，我也谈到了数字创新还可以用来改善我们的劳动环境，让办公场所更加灵活，让同事之间的合作更加畅通，让大家携手创造更多的机会。

除了纸上谈兵之外，我介绍了在很多重要领域实现上述目标的案例，包括医药卫生领域、教育领域、零售领域、交通运输领域等等。

诚然，技术革命一定会是一场重大的考验。除了 Jennings 谈到的那些问题之外，人们对于由此引发的隐私、安全和政府治理问题也愈发关注。

但请设想一下，若能善用技术革命，我们可以创造出一个怎样的世界？

就我看来，赋予一切以智能，再将它们连接起来，这样做可以让我们变得更加聪明，也可以让人与人之间的关系变得更加紧密。从很多角度来看，这都不失为明智之举。

如果你相信那句相传是阿尔伯特·爱因斯坦的名言，即人们不可能用制造问题那个级别的思维来解决这个问题，那么数字技术就是人们几十年一直孜孜以求的更高一级思维。如果可以用更高一级的思维来解决根植于人类社会多年的社会顽疾，譬如犯罪、贫穷、经济疲软、环境破坏等，难道我们就不能在其中的某些问题中找到突破口吗？

我相信我们一定可以找到。

今天，我们已经将这个世界的信息进行了分类；其中许多信息对我们而言已是近在咫尺。同时，人们每一分钟都在通过互连网汇聚、分享着新的观点。随着时间的发展，我们终会找到善用这些知识的方法。把这些运用到生活中，意味着我们完全能够获得更高水平的教育，我们完全可以让更多人免于饥饿的困扰，我们完全可以让每个人获得更好的经济机会。从那一刻起，也许我们就有能力根除大多数的不治之症，让每个人都获得受教育的机会，扭转环境破坏带来的恶果。

我坚信这一切都会发生——即使我们这一代人无法等到那一天的到来，我们的子女一辈亦将获益终身。

回到我最初的观点。

我很清楚技术的变化速度日新月异。这一点即使对我这个在硅谷核心地带打拼了近30年的人来说同样如此。我会对往返办公环境的长距离旅途心怀不满。当我把车驶入加利福尼亚北部的高速公路，我会看着身边来来往往的车流，时而会对这些司机的所思所想感到好奇。我知道，他们中的很多人都希望自己能够预见下一个改变世界的重大机遇；毕竟这正是我在硅谷的工作职责。

我认识很多企业的老板，他们受到21世纪发明家Elon Musk与特斯拉Model S跑车事迹的激励。有人将他的成功与20世纪的标志性人物亨利·福特联系了起来。在向人们介绍了他最知名的福特Model T型轿车之后，他说："如果我当初去问人们他们想要什么，他们很可能告诉我他们想要的是一匹好马。"

当然，福特给人们带来的并不是快马，他向人们提供了另一种大众交通工具，那种工具改变了这个国家。

我并不清楚福特是不是真的说了那句话，官方对此并没有记载。但这句话中传递出来的却是至理之言。由Elon Musk等传奇人物借助数字科技研发出来的，这些充满了智慧火花而又相互关联的新奇发明，又会成为未来更多科技革新的起点。

毫无疑问，其中一些发明创造会给世界带来突变，甚至苦痛，因为人们需要时间才能跟上科技变化那日新月异的步伐。但只要这些想法能够让人类文明发展进步，我都会乐见其成。

从福特的Model T到特斯拉的Model S，创新就是人类的未来。这从未改变。

尾注

前言

1. http://www.emarketer.com/Article/2-Billion-Consumers-Worldwide-Smartphones-by-2016/1011694
2. http://www.economist.com/news/leaders/21645180-smartphone-ubiquitous-addictive-and-transformative-planet-phones
3. http://wearesocial.net/blog/2015/01/digital-social-mobile-worldwide-2015/
4. http://www.factslides.com/s-Twitter
5. http://www.statista.com/statistics/321215/global-consumer-cloud-computing-users/
6. http://www.cisco.com/web/about/ac79/docs/innov/IoE_Economy.pdf
7. http://blogs.cisco.com/news/cisco-connections-counter
8. http://expandedramblings.com/index.php/new-updated-apple-stats/
9. http://www.cisco.com/c/en/us/solutions/collateral/service-provider/visual-networking-index-vni/white_paper_c11-520862.html
10. http://www-01.ibm.com/software/data/bigdata/what-is-big-data.html

第 1 章

1. http://www.techinsider.io/tesla-model-s-insane-mode-vs-ludicrous- mode-2015-9
2. http://auto.ferrari.com/en_US/news-events/news/announcing-the-f12berlinetta-the-fastest-ferrari-ever-built/
3. http://www.motortrend.com/oftheyear/car/1301_2013_motor_trend_car_of_the_year_tesla_model_s/viewall.html

4. http://www.consumerreports.org/cro/video-hub/cars/hybrids-- alternative-fuel/tesla-model-s-20132014-quick-take/14786539001/2366240882001/

5. http://www.wsj.com/articles/tesla-model-s-the-future-is-here-1428086202

6. http://www.visualcapitalist.com/10-mind-blowing-facts-tesla-motors-tsla/

7. http://www.7x7.com/arts-culture/real-top-10-list-steepest-streets- san-francisco

8. http://www.teslamotors.com/sites/default/files/tesla_model_s_software_6_2.pdf

9. https://newsroom.uber.com/2015/06/5-years-travis-kalanick/

10. http://www.mckinsey.com/insights/business_technology/the_internet_of_things_the_value_of_digitizing_the_physical_world

11. http://blogs.cisco.com/news/at-the-center-of-the-digital-vortex-chaos-disruption-and-opportunity

12. http://blogs.cisco.com/news/at-the-center-of-the-digital-vortex-chaos-disruption-and-opportunity

第2章

1. http://www.oecd.org/health/health-systems/Focus-Health-Spending- 2015.pdf

2. http://www.globalissues.org/issue/587/health-issues

3. http://www.uspharmacist.com/content/s/216/c/35249/

4. http://www2.deloitte.com/content/dam/Deloitte/global/Documents/Life-Sciences-Health-Care/dttl-lshc-2014-global-health-care-sector-report.pdf

5. https://www.cms.gov/research-statistics-data-and-systems/statistics-trends-and-reports/nationalhealthexpenddata/ nationalhealthaccountshistorical.html

6. http://mercatus.org/publication/us-health-care-spending-more-twice-average-developed-countries

7. https://www.cia.gov/library/publications/the-world-factbook/rankorder/ 2102rank.html

8. http://www.oecd.org/berlin/47570143.pdf

9. http://www.wcrf.org/int/cancer-facts-figures/data-cancer-frequency- country

10. http://www.worldlifeexpectancy.com/cause-of-death/coronary-heart-disease/by-country/

11. http://healthintelligence.drupalgardens.com/content/prevalence-diabetes-world-2013

12. http://www.oecd.org/els/health-systems/health-at-a-glance.htm#TOC

13. http://khn.org/morning-breakout/health-care-costs-4/

14. http://www.medicarenewsgroup.com/context/understanding-medicare-blog/understanding-medicare-blog/2013/06/03/the-cost-and-quality-conundrum-of-american-end-of-life-care

15. http://www.medicarenewsgroup.com/context/understanding-medicare-blog/understanding-medicare-blog/2013/06/03/end-of-life-care-constitutes-third-rail-of-u.s.-health-care-policy-debate

16. http://www.cbsnews.com/news/the-cost-of-dying/

17. http://khn.org/morning-breakout/iom-report/

18. http://comptroller.defense.gov/Portals/45/Documents/defbudget/fy2015/fy2015_Budget_Request_Overview_Book.pdf

19. https://www.economy.com/dismal/analysis/free/226001

20. http://www.ssa.gov/oact/trsum/

21. http://tricorder.xprize.org/teams/final-frontier-medical-devices

22. http://www.xprize.org/about/our-board

23. http://www.xprize.org/sites/default/files/xprize_backgrounder.pdf

24. http://tricorder.xprize.org/about/overview

25. http://tricorder.xprize.org/about/overview

26. http://tricorder.xprize.org/teams/final-frontier-medical-devices

27. http://www.kgw.com/story/news/health/2014/07/24/12301716/

28. http://www.ohsu.edu/blogs/doernbecher/2012/08/09/saving-babies-40-miles-away/

29. http://www.americantelemed.org/about-telemedicine/what-is-telemedicine#.VfTKlM5d3J4

30. 2015 年 6 月 9 日，Bernard Tyson 与 Inder Sidhu 的谈话

31. http://www.managedcaremag.com/archives/2015/7/tuning-telemedicine

32. http://usatoday30.usatoday.com/news/science/cold-science/2002-07-17-pole-operation.htm

33. https://www.aamc.org/newsroom/reporter/march2014/374634/telemedicine.html

34. http://www.usnews.com/news/blogs/data-mine/2014/11/18/on-un-world-toilet-day-more-have-access-to-cell-phones-than-toilets

35. http://www.worldometers.info/world-population/

36. http://www.who.int/mediacentre/news/releases/2013/health-workforce-shortage/en/

37. http://data.worldbank.org/indicator/SH.MED.PHYS.ZS

38. http://worldhealthpartners.org/?p=77&utm_content=bufferafadc&utm_medium=social&utm_source=twitter.com&utm_campaign=buffer

39. http://www.ncbi.nlm.nih.gov/pmc/articles/PMC3120773/

40. http://www.ipsnews.net/2014/01/virtual-doctor-will-see-now/

41. http://www.cisco.com/web/strategy/docs/healthcare/stanford_healthpresence.pdf

42. http://www.cio.com/article/2413704/software-as-a-service/how-mayo-clinic-doctors-use-smartphones-to-diagnose-patients.html

43. http://www.azfamily.com/story/28390303/stroke-robot-helps-improve-treatment-for-stroke-patients

44. http://www.azfamily.com/story/28390303/stroke-robot-helps-improve-treatment-for-stroke-patients

45. http://healthjournalism.org/blog/2015/07/indiana-using-telemedicine-consults-to-integrate-mental-health-primary-care/

46. http://www.nytimes.com/2011/09/25/fashion/therapists-are-seeing-patients-online.html?_r=0

47. http://psychcentral.com/news/2014/12/05/for-rural-vets-tele-therapy-an-effective-option-for-ptsd/78229.html

48. http://www.healthcare-informatics.com/article/washington-debrief-cms-proposed-aco-rules-look-boost-telehealth

49. http://www.payersandproviders.com/opinion-detail.php?id=129

50. http://www.chicagotribune.com/business/ct-virtual-doctor-trend-0107-biz-20150106-story.html

51. http://thehealthcareblog.com/blog/2015/01/31/tele-taking-off/

52. http://www.ncbi.nlm.nih.gov/pmc/articles/PMC3670609/

53. http://techcrunch.com/2014/09/22/the-reinvention-of-medicine-dr-algorithm-version-0-7-and-beyond/

54. http://fortune.com/2012/12/04/technology-will-replace-80-of-what-doctors-do/

55. http://www.acog.org/About-ACOG/ACOG-Departments/Deliveries-Before-39-Weeks

56. http://www2.deloitte.com/us/en/pages/about-deloitte/articles/press-releases/deloitte-forge-alliance-around-big-data-and-analytics.html

57. http://www2.deloitte.com/us/en/pages/about-deloitte/articles/press-releases/deloitte-forge-alliance-around-big-data-and-analytics.html

58. https://www.prbuzz.com/health-a-fitness/279499-intermountain-healthcare-led-effort-contributes-to-improved-national-medical- outcomes.html

59. http://www.hhs.gov/news/press/2014pres/12/20141202a.html

60. http://www.modernhealthcare.com/article/20140823/ MAGAZINE/308239988

61. 2015 年 7 月 7 日，Charles Sorenson 博士与 Inder Sidhu 的谈话

62. 2015 年 6 月 26 日，Martin Harris 博士与 Inder Sidhu 的谈话

63. http://www.khoslaventures.com/portfolio/kyron

64. http://www.lumiata.com/press/lumiata-raises-4-million-in-series-a-financing-from-khosla-ventures/

65. 2015 年 7 月 7 日，Charles Sorenson 博士与 Inder Sidhu 的谈话

66. http://espn.go.com/espn/otl/story/_/id/12496480/san-francisco-49ers-linebacker-chris-borland-retires-head-injury-concerns

67. http://espn.go.com/espn/otl/story/_/id/12496480/san-francisco-49ers-linebacker-chris-borland-retires-head-injury-concerns

68. http://www.nytimes.com/2011/05/03/sports/football/03duerson.html?_r=0

69. http://www.fastcodesign.com/3035264/innovation-by-design-2014/reebok-heads-off-injury

70. http://www.mc10inc.com/consumer-products/sports/checklight/

71. http://www.mc10inc.com/company-information/about-us/

72. http://www.fda.gov/scienceresearch/specialtopics/personalizedmedicine/default.htm

73. http://www.fda.gov/scienceresearch/specialtopics/personalizedmedicine/default.htm

74. http://jama.jamanetwork.com/article.aspx?articleid=2108876

75. 2015 年 5 月 6 日，Vance Moore 与 Inder Sidhu 之间的电子邮件

76. http://www.alivecor.com/press/press-releases/alivecor-announces-fda-clearance-for-two-new-automated-detectors-for-normal-recordings- and-noise-interference

77. https://www.scanadu.com/pr/

78. https://gigaom.com/2014/05/13/for-the-truly-health-obsessed-comes-cue-a-spit-kit-that-mimics-five-lab-tests/

79. http://www.dexcom.com/g5-mobile-cgm

80. http://www.dailymail.co.uk/health/article-2997882/Diabetes-epidemic-400-million-sufferers-worldwide-Number-condition-set-soar-55-20-years-unless-humans-change-way-eat-exercise.html

81. https://www.23andme.com

82. http://www.forbes.com/fdc/welcome_mjx.shtml

83. http://blog.23andme.com/news/a-note-to-our-customers-regarding- the-fda/

84. http://www.forbes.com/fdc/welcome_mjx.shtml

85. http://www.forbes.com/sites/davechase/2014/12/29/medical-blockbuster-book-of-the-year-the-patient-will-see-you-now/

86. http://www.wsj.com/articles/the-future-of-medicine-is-in-your-smartphone-1420828632

87. http://www.nytimes.com/2015/01/06/science/the-patient-will-see-you-now-envisions-a-new-era-of-digitally-perfected-care.html

88. http://csdd.tufts.edu/news/complete_story/pr_tufts_csdd_2014_cost_study

89. http://www.riversideonline.com/health_reference/Articles/CA00078.cfm

90. http://www.medicinenet.com/script/main/art.asp?articlekey=55234

第3章

1. http://www.gpo.gov/fdsys/pkg/PPP-1991-book1/html/PPP-1991-book1-doc-pg395-2.htm

2. http://www.webpages.uidaho.edu/engl_258/Lecture%20Notes/jefferson%20on%20education.htm

3. http://www.presidency.ucsb.edu/ws/?pid=24146

4. http://www.gpo.gov/fdsys/pkg/PPP-1991-book1/html/PPP-1991-book1-doc-pg395-2.htm

5. http://blog.usaid.gov/2013/04/education-the-most-powerful-weapon/

6. http://www.un.org/press/en/1997/19970623.sgsm6268.html

7. http://www.oecd.org/pisa/keyfindings/pisa-2012-results-overview.pdf

8. http://www.theprospect.net/inside-a-perfect-score-what-does-it-mean-to-get-a-2400-37827

9. http://www.erikthered.com/tutor/historical-average-SAT-scores.pdf

10. http://www.oecd.org/pisa/keyfindings/pisa-2012-results-overview.pdf

11. http://data.worldbank.org/indicator/SE.XPD.TOTL.GB.ZS/countries

12. http://blogs.edweek.org/edweek/marketplacek12/2013/02/size_of_global_e-learning_market_44_trillion_analysis_says.html

13. http://www.keepeek.com/Digital-Asset-Management/oecd/education/education-at-a-glance-2014_eag-2014-en#page206

14. http://data.worldbank.org/indicator/SH.XPD.PCAP

15. http://www.ers.usda.gov/data-products/food-expenditures.aspx

16. http://documents.worldbank.org/curated/en/2014/05/19556820/student-learning-south-asia-challenges-opportunities-policy-priorities

17. http://www.globaleducationfirst.org/priorities.html

18. http://brokeneducation.tumblr.com

19. http://en.wikipedia.org/wiki/List_of_Nobel_laureates_by_university_affiliation

20. http://www.usnews.com/education/blogs/the-college-solution/2011/09/06/20-surprising-higher-education-facts

21. http://radiowest.kuer.org/post/sundance-2015-most-likely-succeed

22. http://radiowest.kuer.org/post/sundance-2015-most-likely-succeed

23. https://mcluhangalaxy.wordpress.com/2013/11/27/marshall-mcluhan-as-educationist-part-5-the-probe-as-pedagogy-classroom-without-walls/

24. http://www.vlib.us/medieval/lectures/universities.html

25. http://grad-schools.usnews.rankingsandreviews.com/best-graduate-schools/top-business-schools/mba-rankings?int=9dc208

26. https://fnce.wharton.upenn.edu/profile/982/teaching/ ?teachingFilter=previous

27. http://www.upenn.edu/pennnews/current/2012-01-19/numbers/whartonsan-francisco

28. https://twitter.com/minervaproject/status/556333893738315776

29. 2015 年 4 月 13 日，Geoff. Garrett 与 Inder Sidhu 的谈话

30. http://www.hbxblog.com/hbx-live-the-first-year-infographic

31. http://www.hbxblog.com/dean-nohria-online-education-from-skeptic- to-super-fan

32. http://www.hbxblog.com/dean-nohria-online-education-from-skeptic- to-super-fan

33. http://www.prweb.com/releases/2013/9/prweb11104306.htm

34. http://nearpod.com

35. http://exitticket.org

36. http://exitticket.org

37. http://www.theguardian.com/world/2012/nov/07/greece-austerity- protests-violence

38. http://www.huffingtonpost.co.uk/2012/09/26/spain-riots-protesters-clash-riot-police_n_1915225.html

39. http://world.time.com/2012/07/31/blackout-leaves-600-million-indians- without-power/

40. http://www.foxnews.com/politics/2012/11/06/obama-defeats-romney-to-win-second-term-fox-news-projects/

41. http://www.olympic.org/london-2012-summer-olympics

42. http://www.livescience.com/24380-hurricane-sandy-status-data.html

43. http://www.expomuseum.com/2012/

44. http://mars.nasa.gov/msl/

45. http://poy.time.com/2012/12/19/person-of-the-year-barack-obama/

46. http://www.nytimes.com/2012/11/04/education/edlife/massive-open-online-courses-are-multiplying-at-a-rapid-pace.html

47. https://admission.princeton.edu/applyingforadmission/admission-statistics

48. http://admission.stanford.edu/basics/selection/profile.html

49. https://college.harvard.edu/admissions/admissions-statistics

50. http://www.upenn.edu/about/facts.php

51. http://newsoffice.mit.edu/2014/mit-gives-admissions-decisions-to-the-class-of-2018

52. http://news.berkeley.edu/2015/07/02/berkeley-admits-more-than-13000-prospective-freshmen/

53. 2015 年 7 月 23 日，Rick Levin 与 Inder Sidhu 的谈话

54. http://excelined.org/2014/07/09/first-exploration-mooc/

55. http://web.mit.edu/facts/faqs.html

56. http://newsoffice.mit.edu/2012/edx-launched-0502

57. https://www.linkedin.com/pub/daphne-koller/20/3a8/405

58. https://www.linkedin.com/profile/view?id=260012998&authType=OPENLINK&authToken=p68S&locale=en_US&srchid=174840221428524566601&srchindex=1&srchtotal=1&trk=vsrp_people_res_name&trkInfo=VSRPsearchId%3A174840221428524566601%2CVSRPtargetId%3A260012998%2CVSRPcmpt%3Aprimary%2CVSRPnm%3A

59. http://video.cnbc.com/gallery/?video=3000328114

60. http://www.fastcompany.com/3021473/udacity-sebastian-thrun- uphill-climb

61. http://www.fastcompany.com/3021473/udacity-sebastian-thrun-uphill- climbgarr

62. http://news.stanford.edu/thedish/2015/03/16/president-john-hennessy-delivers-aces-atwell-lecture/

63. John Hennessy conversation with Inder Sidhu, June 8, 2015

64. Daphne Koller conversation with Inder Sidhu, April 13, 2015

65. https://www.insidehighered.com/news/2012/06/15/earning-college-credit-moocs-through-prior-learning-assessment

66. http://www.nytimes.com/2012/09/07/education/colorado-state-to-offer-credits-for-online-class.html

67. http://www.nytimes.com/2012/09/07/education/colorado-state-to-offer-credits-for-online-class.html

68. http://blog.coursera.org/post/42486198362/five-courses-receive-college- credit

69. http://www.wsj.com/articles/SB10001424052702304679404579459681722504264

70. 2015 年 7 月 23 日，Rick Levin 与 Inder Sidhu 的谈话

71. http://fortune.com/2015/01/21/everybody-hates-pearson/

72. http://www.aspiringminds.in/leadership.html

73. http://www.aspiringminds.com/about-us

74. http://knowledge.wharton.upenn.edu/article/assessing-employability-disrupting-indias-higher-education-model/

75. http://www.aspiringminds.com/press-releases/aspiring-minds-launches-first-standardized-employability-test-in-us-to-bridge

76. http://colleges.usnews.rankingsandreviews.com/best-colleges/georgia-institute-of-technology-139755/overall-rankings

77. http://www.huffingtonpost.com/zvi-galil/proving-grounds-for-a-new_b_5899762.html

78. http://www.huffingtonpost.com/zvi-galil/proving-grounds-for-a- new_b_5899762.html

79. http://www.npr.org/blogs/ed/2015/02/02/382167062/virtual-schools-bring-real-concerns-about-quality

80. http://www.connectionsacademy.com/online-school/technology

81. http://www.npr.org/blogs/ed/2015/02/02/382167062/virtual-schools-bring-real-concerns-about-quality

82. 2015 年 4 月 13 日，Daphne Koller 与 Inder Sidhu 的谈话

83. 2015 年 4 月 11 日，Andrew Jin 在 Harker Research Symposium 上的讲话

84. https://www.youtube.com/watch?v=JC82Il2cjqA

85. https://khanacademy.zendesk.com/hc/en-us/articles/202483630-Press- room

86. https://www.youtube.com/watch?v=kpCJyQ2usJ4

87. https://www.youtube.com/watch?v=mfgCcFXUZRk

88. https://www.youtube.com/watch?v=mfgCcFXUZRk

89. https://khanacademy.zendesk.com/hc/en-us/articles/202260104-How-did-Khan-Academy-get-started-

90. http://www.cbsnews.com/videos/googles-eric-schmidt-on-khan-academy/

91. http://www.forbes.com/sites/michaelnoer/2012/11/02/one-man-one-com-puter-10-million-students-how-khan-academy-is-reinventing- education/4/

92. https://khanacademy.zendesk.com/hc/en-us/articles/202483630-Press- room

93. http://nypost.com/2014/10/09/khan-academy-founder-has-no-plans-to-turn-passion-into-profits/

94. https://www.khanacademy.org/about/blog/post/105883637645/two-billion-nine-hundred-ninety-nine-million

95. http://www.nobelprize.org/nobel_prizes/physics/laureates/2001/wieman-facts.html

96. https://physics.stanford.edu/people/faculty/carl-wieman

97. https://physics.stanford.edu/people/faculty/carl-wieman

98. https://www.youtube.com/watch?t=39&v=vjFQj7xgB34

99. https://phet.colorado.edu/en/simulations/category/new

100. https://phet.colorado.edu/en/about

101. http://www.colorado.edu/news/content/phet-science-and-math-simulations-take-top-prize-oscars-higher-education

102. https://phet.colorado.edu/en/simulations/translated

103. http://www.colorado.edu/news/content/phet-science-and-math-simulations-take-top-prize-oscars-higher-education

104. https://www.youtube.com/watch?t=45&v=4Hj6GqBRpA0

105. https://khanacademy.zendesk.com/hc/en-us/articles/202260264-What-is-the-impact-of-using-Khan-Academy-

106. http://www.brainrules.net/attention?scene=

107. https://khanacademy.zendesk.com/hc/en-us/articles/202260254-How-is-Khan-Academy-s-site-different-than-other-resources-available-How-is-the-Khan-Academy-model-of-learning-different-

108. http://www.fastcompany.com/3007951/tech-forecast/simple-khan-academy-interface-hack-improved-learning-5

109. http://www.fastcompany.com/3007951/tech-forecast/simple-khan-academy-interface-hack-improved-learning-5

110. http://www.fastcompany.com/3007951/tech-forecast/simple-khan-academy-interface-hack-improved-learning-5

111. https://www.youtube.com/watch?v=Dno9ascsKq8

112. http://ussc.edu.au/news-room/MOOCs-The-iTunes-of-academe

第4章

1. http://autoweek.com/article/car-reviews/2016-audi-tt-and-tts-drive- review

2. http://www.wheelsmag.com.au/reviews/1507/2015-audi-tt-roadster- review/

3. http://www.caranddriver.com/reviews/2016-audi-tt-first-drive-review

4. http://www.audi.co.uk/audi-innovation/audi-city.html

5. http://www.audiusa.com/content/dam/audiusa/myAudi/Magazine/Audi_magazine_edition_108_rX.pdf

6. http://www.audiusa.com/newsroom/news/press-releases/2015/01/audi-vr-experience-the-dealership-in-a-briefcase

7. http://global.samsungtomorrow.com/samsung-gear-vr-headset-lets-audi-customers-take-tt-s-coupe-around-the-track-using-virtual-reality- technology/

8. https://insights.samsung.com/2015/05/06/the-car-showroom-and-test-drive-get-a-virtual-reality-check-video/

9. http://www.autonews.com/article/20150427/retail01/304279966/audi-tests-2-car-sharing-concepts-in-u.s.

10. http://www.cisco.com/c/dam/en/us/solutions/collateral/executive-perspectives/ioe-retail-whitepaper.pdf

11. http://www.statista.com/statistics/188105/annual-gdp-of-the-united-states-since- 1990/

12. http://www.census.gov/retail/index.html

13. http://www.bls.gov/iag/tgs/iag44-45.htm#about

14. https://nrf.com/who-we-are/retail-means-jobs

15. https://nrf.com/sites/default/files/Documents/Retails-Impact-Printable-Highlights-REV.pdf

16. http://www.nbcnews.com/id/43797505/ns/business-retail/t/final-chapter-borders-close-remaining-stores/

17. http://www.dailyfinance.com/2013/01/28/barnes-noble-store-closings-mitchell-klipper/

18. http://retailindustry.about.com/od/USRetailStoreClosingInfoFAQs/fl/All-2015-Store-Closings-Stores-Closed-by-US-Retail-Industry-Chains. htm

19. http://www.nytimes.com/glogin?URI=http%3A%2F%2Fwww.nytimes.com%2F2015%2F01%2F04%2Fbusiness%2Fthe-economics-and-nostalgia-of-dead-malls.html%3F_r%3D0

20. http://www.businessinsider.com/shopping-malls-are-going-extinct-2014-1

21. http://www.businessinsider.com/shopping-malls-are-going-extinct-2014-1

22. http://www.cleveland.com/business/index.ssf/2014/12/randall_park_mall_demo_story.html

23. http://www.bizjournals.com/nashville/stories/2009/09/14/story2. html?page=all

24. http://www.mckinsey.com/insights/high_tech_telecoms_internet/brand_success_in_an_era_of_digital_darwinism

25. http://www.cnbc.com/2015/03/30/malls-outperforming-the-shopping0-center-industry.html

26. http://fortune.com/2015/05/19/amazon-nyc-pop-up/

27. http://digital.pwc.com/if-stores-had-a-voice/

28. http://www.cisco.com/web/services/portfolio/consulting-services/documents/consulting-services-capturing-ioe-value-aag.pdf

29. http://www.cisco.com/c/dam/en/us/solutions/collateral/executive-perspectives/ioe-retail-whitepaper.pdf

30. http://www.google.com/patents/US8615473

31. http://mashable.com/2014/01/21/amazon-anticipatory-shipping-patent/#eywfVUe6_ZkS

32. http://www.geekwire.com/2014/amazon-adds-30-million-customers-past-year/

33. Malachy Moynihan 与 Inder Sidhu 的谈话

34. http://www.geekwire.com/2014/amazon-may-50-million-prime-members-according-analyst-estimate/

35. http://www.amazon.com/Samsung-UN55HU8550-55-Inch-Ultra-120Hz/dp/B00ID2HI8O/ref=sr_1_1?ie=UTF8&qid=1441810157 &sr=8-1&keywords=85-inch+Samsung+Ultra-HD+LED+television

36. http://www.amazon.com/Schwinn-Protocol-Dual-Suspension-Mountain-26-Inch/dp/B001IANSJ6/ref=sr_1_1?ie=UTF8&qid=1441810273&sr=8-1&keywords=dual-suspension%2C+26-inch+Schwinn+mountain+bike

37. http://www.amazon.com/Sleep-Innovations-SureTemp-Mattress-Warranty/dp/B003CT37L0/ref=sr_1_1?ie=UTF8&qid=1441810355&sr=8-1&keywords=SureTemp+memory+foam+mattress

38. http://www.zdnet.com/article/the-state-of-retail-in-2015/

39. http://www.stagestoresinc.com/about-us/

40. http://www.forbes.com/sites/netapp/2015/02/18/big-data-in-retail/

41. http://www.forbes.com/sites/netapp/2015/02/18/big-data-in-retail/

42. http://www.forbes.com/sites/netapp/2015/02/18/big-data-in-retail/

43. http://www.plattretailinstitute.org/documents/free/download. phx?itemid=499

44. http://www.plattretailinstitute.org/documents/free/download. phx?itemid=499

45. http://www.nytimes.com/2012/02/19/magazine/shopping-habits.html

46. https://hbr.org/2014/10/tescos-downfall-is-a-warning-to-data-driven- retailers/

47. http://www.pwc.com/en_US/us/retail-consumer/publications/assets/pwc-retailing-2020.pdf

48. http://www.theacsi.org/about-acsi/history

49. http://consumerist.com/2014/02/28/survey-says-walmart-is-worst-discount-retailer-worst-supermarket/

50. http://www.businessinsider.com/the-death-of-the-cash-register-2012-11

51. http://www.theatlantic.com/technology/archive/2012/09/the-end-of-the-cash-register-urban-outfitters-will-ring-you-up-with-ipads/262986/

52. http://www.businessinsider.com/the-death-of-the-cash-register-2012-11

53. http://www.dailyfinance.com/2012/07/23/jcpenneys-no-more-cash-registers-cashiers/

54. http://www.bizjournals.com/seattle/morning_call/2015/02/nordstrom-costco-amazon-top-retail-brands-on.html

55. http://www.racked.com/2013/6/17/7664647/nordstrom-rack-to-expand-upgrade-ecommerce

56. http://siliconangle.com/blog/2015/02/25/apple-genius-bar-to-get-iq- bump/

57. http://www.wsj.com/articles/newest-workers-for-lowes-robots- 1414468866

58. http://www.hointer.com/main_aboutus.html

59. http://www.hointer.com/main_aboutus.html

60. http://www.cisco.com/c/dam/en/us/solutions/collateral/executive-perspectives/ioe-retail-whitepaper.pdf

61. http://www.gerryweber.com/ag-website/en/ag-website/company/company-profile/rfid

62. http://www.rebeccaminkoff.com/m-a-b-1
63. http://www.rebeccaminkoff.com/m-a-b-1
64. http://www.wsj.com/articles/designer-rebecca-minkoffs-new-stores-have-touch-screens-for-an-online-shopping-experience-1415748733
65. http://www.rebeccaminkoff.com/san-francisco
66. http://www.luxottica.com/en/eyewear-brands
67. http://www.luxottica.com/en/retail-brands
68. http://www.luxottica.com/en/luxottica-announces-agreement-acquire-glassescom-wellpoint-inc
69. https://www.glasses.com/images/misc/GlassesPDRuler.pdf
70. http://www.glasses.com/how-it-works
71. http://www.glasses.com/virtual-try-on
72. http://www.glasses.com/virtual-try-on
73. http://diginomica.com/2015/01/13/nrf-15-eyewear-firm-luxottica-vision-online-customer-experience/
74. http://www.ibmbigdatahub.com/presentation/big-data-analytics-and-retail-industry-luxottica
75. http://www-01.ibm.com/common/ssi/cgi-bin/ssialias?subtype=AB&infoty pe=PM&htmlfid=IVC03009USEN&attachment=IVC03009USEN.PDF
76. http://www.nytimes.com/2014/04/02/business/billion-dollar-bracelet-is-key-to-magical-kingdom.html
77. http://www.wdwmagic.com/reviews/2014/all.htm
78. http://www.dmeautomotive.com/announcements/1-in-6-car-buyers-skips-test-drive-nearly-half-visit-just-one-or-no-dealership-prior-to-purchase
79. http://www.dmeautomotive.com/announcements/1-in-6-car-buyers-skips-test-drive-nearly-half-visit-just-one-or-no-dealership-prior-to-purchase#.Vflids5d3J5

80. http://www.drivingsales.com/blogs/dealerchat/2013/12/17/new-study-google-says-car-shoppers-online-shoppers

第 5 章

1. http://www.nytimes.com/2015/03/11/nyregion/the-snow-is-melting-but-what-a-mess-it-left-behind.html?_r=0

2. http://bigbelly.com/spotlight/philadelphia-pa/

3. http://bigbelly.com/places/

4. http://bigbelly.com/timessquare/

5. http://www.enevo.com/solutions/

6. http://siteresources.worldbank.org/INTURBANDEVELOPMENT/Resources/336387-1334852610766/Chap3.pdf

7. http://nypost.com/2014/05/24/new-york-is-top-of-the-heap-in-garbage-hauling-costs/

8. http://siteresources.worldbank.org/INTURBANDEVELOPMENT/Resources/336387-1334852610766/What_a_Waste2012_Final.pdf

9. http://www.trucks.com/Side-Loader-Trucks-For-Sale

10. http://money.usnews.com/careers/best-jobs/garbage-collector/salary

11. http://mirror.unhabitat.org/pmss/listItemDetails.aspx?publicationID=2918&AspxAutoDetectCookieSupport=1

12. https://www.whitehouse.gov/the-press-office/2015/03/09/remarks-president-national-league-cities-conference

13. http://www.cnn.com/2013/07/18/tech/innovation/tvilight-street-lamps-roosegarde/index.html

14. http://www.cnn.com/2013/07/18/tech/innovation/tvilight-street-lamps-roosegarde/index.html

15. http://esa.un.org/unpd/wup/Highlights/WUP2014-Highlights.pdf

16. http://www.un.org/en/development/desa/publications/2014-revision-world-urbanization-prospects.html

17. http://esa.un.org/unpd/wup/Highlights/WUP2014-Highlights.pdf

18. http://esa.un.org/unpd/wup/Highlights/WUP2014-Highlights.pdf

19. http://esa.un.org/unpd/wup/Highlights/WUP2014-Highlights.pdf

20. http://newsroom.cisco.com/press-release-content?type=webcontent&articleId=1492392

21. http://esa.un.org/unpd/wup/Highlights/WUP2014-Highlights.pdf

22. http://esa.un.org/unpd/wup/Highlights/WUP2014-Highlights.pdf

23. http://esa.un.org/unpd/wup/Highlights/WUP2014-Highlights.pdf

24. https://www.osac.gov/pages/ContentReportDetails.aspx?cid=15656

25. http://www.theguardian.com/cities/gallery/2014/jun/24/10-world-cities-highest-murder-rates-homicides-in-pictures

26. http://www.policymap.com/city-crime-rates/los-angeles-crimc-statistics/

27. https://www.osac.gov/pages/ContentReportDetails.aspx?cid=15656

28. http://www.mexicogulfreporter.com/2012/01/almost-bankrupt-guatemala-calls-upon-us.html

29. http://www.cnn.com/2012/03/23/world/americas/guatemala-drug- legalization/

30. http://dialogo-americas.com/en_GB/articles/rmisa/features/2014/10/20/ feature-01

31. http://dialogo-americas.com/en_GB/articles/rmisa/features/2014/10/20/ feature-01

32. http://dialogo-americas.com/en_GB/articles/rmisa/features/2014/10/20/ feature-01

33. http://isscctv.com/wp-content/uploads/ISS_Case_Study_Guatemala_ City.pdf

34. http://dialogo-americas.com/en_GB/articles/rmisa/features/2014/10/20/ feature-01

35. http://www.cisco.com/web/strategy/docs/scc/ioe_citizen_svcs_white_paper_idc_2013.pdf

36. http://www.sunykorea.ac.kr/emergency

37. https://www.umbel.com/blog/big-data/data-driven-cities/

38. http://www.cisco.com/web/strategy/docs/scc/ioe_citizen_svcs_white_paper_idc_2013.pdf

39. http://www.cisco.com/web/strategy/docs/scc/ioe_citizen_svcs_white_paper_idc_2013.pdf

40. http://bigapps.nyc/p/challenges/connected-cities-challenge/

41. http://nationswell.com/mobile-apps-local-governments-citizens-civic-engagement/

42. http://www.cityworks.com/2014/01/elevating-citizen-engagement-cityworks-seeclickfix/

43. http://shoup.bol.ucla.edu/CruisingForParkingAccess.pdf

44. http://shoup.bol.ucla.edu/CruisingForParkingAccess.pdf

45. http://www.fastprk.com/ftp/mailing/brochureFastprk_pro.pdf

46. http://freakonomics.com/2013/03/13/parking-is-hell-a-new-freakonomics-radio-podcast/

47. http://www.nytimes.com/2012/01/08/arts/design/taking-parking-lots-seriously-as-public-spaces.html

48. http://www.statista.com/statistics/183505/number-of-vehicles-in-the-united-states-since-1990/

49. https://mitpress.mit.edu/books/rethinking-lot

50. http://www.cisco.com/c/dam/en/us/products/collateral/wireless/mobility-services-engine/city_of_barcelona.pdf

51. http://www.cisco.com/c/dam/en/us/products/collateral/wireless/mobility-services-engine/city_of_barcelona.pdf

52. http://www.cisco.com/assets/global/ZA/tomorrow-starts-here/pdf/barcelona_jurisdiction_profile_za.pdf

53. http://sfpark.org/wp-content/uploads/2010/11/sfpark_mediakit_FAQ-_v06.pdf

54. http://sfpark.org/how-it-works/pricing/

55. http://www.masstransitmag.com/press_release/10257738/mayor-lee-launches-sfpark-pilot

56. http://direct.sfpark.org/wp-content/uploads/eval/SFpark_Pilot_Project_Evaluation.pdf

57. http://www.sfgate.com/business/networth/article/SpotOn-lets-people-rent-out-unused-space-for-5468453.php

58. http://www.latimes.com/local/lanow/la-me-ln-profit-parking-apps-20150107-story.html

59. http://www.pavegen.com

60. http://www.dubaigolf.com/emirates-golf-club.aspx

61. http://www.thenational.ae/uae/environment/special-report-saving-water-in-the-uae

62. http://www.thenational.ae/uae/environment/special-report-saving-water-in-the-uae

63. http://gulfnews.com/news/uae/society/dubai-population-unbalanced-stats-show-1.1380034

64. http://reports.weforum.org/global-risks-2015/executive-summary/

65. http://www.cbronline.com/news/enterprise-it/server/how-a-3d-printing-technology-sensor-monitors-water-pollution-4341539

66. http://www.cbronline.com/news/enterprise-it/server/how-a-3d-printing-technology-sensor-monitors-water-pollution-4341539

67. http://water.org/water-crisis/water-facts/water/

68. http://qz.com/230689/how-ibm-is-using-big-data-to-fix-beijings-pollution-crisis/

69. http://www.reuters.com/article/2014/03/05/us-china-parliament-pollution-idUSBREA2405W20140305

70. http://www.pv-tech.org/news/china_taps_ibm_for_green_horizon_renewable_energy_program

71. http://qz.com/230689/how-ibm-is-using-big-data-to-fix-beijings-pollution- crisis/

72. http://airqualityegg.com

73. http://airqualityegg.com

74. http://samuelcox.net

75. http://samuelcox.net

76. Communication between Prof. Carlo Ratti and Inder Sidhu, July 20, 2015

77. http://www.cisco.com/web/strategy/docs/scc/ioe_citizen_svcs_white_paper_idc_2013.pdf

78. http://www.cisco.com/web/strategy/docs/scc/ioe_citizen_svcs_white_paper_idc_2013.pdf

79. http://newsroom.cisco.com/video-content?type=webcontent&articleId= 1610570

80. http://newsroom.cisco.com/video-content?type=webcontent&articleId= 1610570

81. http://www.sensity.com/about-sensity/

82. Communication between Prof. Carlo Ratti and Inder Sidhu, July 20, 2015

第6章

1. http://blog.okcupid.com/index.php/we-experiment-on-human-beings/

2. http://www.npr.org/sections/thetwo-way/2014/06/28/326453204/facebook-scientists-alter-newsfeeds-find-emotions-are-affected-by-it

3. http://www.slate.com/articles/health_and_science/science/2014/06/facebook_unethical_experiment_it_made_news_feeds_happier_or_sadder_to_manipulate.html

4. http://techcrunch.com/2014/06/29/facebook-and-the-ethics-of-user- manipulation/

5. http://money.cnn.com/2014/06/30/technology/social/facebook- experiment/

6. http://blogs.wsj.com/digits/2014/07/02/facebooks-sandberg-apologizes-for-news-feed-experiment/

7. http://www.mercurynews.com/business/ci_26064438/facebook-runs-into-uproar-over-experiment-that-tested

8. http://blog.okcupid.com/index.php/we-experiment-on-human-beings/

9. http://www.cbsnews.com/news/the-data-brokers-selling-your-personal-information/

10. https://www.ftc.gov/news-events/press-releases/2014/05/ftc-recommends-congress-require-data-broker-industry-be-more

11. http://www.wsj.com/articles/richard-clarke-on-the-future-of-privacy-only-the-rich-will-have-it-1404762349

12. http://www.apple.com/legal/internet-services/itunes/us/terms.html

13. http://conversation.which.co.uk/technology/length-of-website-terms-and-conditions/

14. http://southpark.cc.com/clips/382783/i-agreed-by-accident

15. https://www.facebook.com/legal/terms

16. https://www.facebook.com/legal/terms

17. https://www.facebook.com/policy.php

18. https://www.facebook.com/privacy/explanation

19. http://www.theguardian.com/technology/2015/feb/23/facebooks-privacy-policy-breaches-european-law-report-finds

20. http://www.nytimes.com/2012/06/17/technology/acxiom-the-quiet-giant-of-consumer-database-marketing.html

21. http://www.google.com/about/company/history/#2001

22. http://www.exeter.edu/news_and_events/news_events_5594.aspx

23. http://www.forbes.com/sites/kashmirhill/2012/02/16/how-target-figured-out-a-teen-girl-was-pregnant-before-her-father-did/

24. http://saviance.com/whitepapers/internet-health-industry

25. http://investor.fb.com/releasedetail.cfm?ReleaseID=893395

26. https://materials.proxyvote.com/Approved/30303M/20130409/ AR_166822/

27. http://investor.fb.com/releasedetail.cfm?ReleaseID=893395

28. http://www.marieclaire.com/culture/news/a6294/teen-sex-offender/

29. http://www.pameganslaw.state.pa.us/History.aspx?dt=

30. http://www.marieclaire.com/culture/news/a6294/teen-sex-offender/

31. http://europa.eu/rapid/press-release_CJE-14-70_en.htm

32. http://www.newyorker.com/magazine/2014/09/29/solace-oblivion

33. http://www.newyorker.com/magazine/2014/09/29/solace-oblivion

34. http://www.dailymail.co.uk/sciencetech/article-2629243/Paedophile-misbehaving-politician-GP-unhappy-review-scores-inundating-Google-right-forgotten-requests-EU-ruling.html

35. 2015 年 10 月 16 日，Michelle Dennedy 与 Inder Sidhu 的谈话

36. https://blog.wikimedia.org/2014/08/06/european-court-decision-punches-holes-in-free-knowledge/

37. 2015 年 9 月 4 日，David Hoffman 与 Inder Sidhu 的谈话

38. http://www.nytimes.com/2015/02/04/opinion/europes-expanding-right-to-be-forgotten.html?_r=0

39. https://www.ftc.gov/system/files/documents/public_statements/581751/140911mentorgroup.pdf

40. http://time.com/3437222/iphone-data-encryption/

41. https://www.youtube.com/watch?v=Bmm5faI_mLo

42. http://fox13now.com/2015/01/23/a-bill-that-shuts-off-the-nsa-data-centers-water-is-back/

43. http://www.americanbar.org/content/dam/aba/events/criminal_justice/2014_USSC_summaries.authcheckdam.pdf

44. http://www.huffingtonpost.com/2014/09/25/james-comey-apple-encryption_n_5882874.html

45. http://www.theguardian.com/world/interactive/2013/nov/01/snowden-nsa-files-surveillance-revelations-decoded#section/1

46. http://www.nytimes.com/2014/06/26/us/supreme-court-cellphones-search-privacy.html

47. http://www.thenation.com/article/supreme-court-says-police-need-warrant-search-your-phone/

48. http://www.thenation.com/article/supreme-court-says-police-need-warrant-search-your-phone/

49. http://www.wsj.com/articles/new-level-of-smartphone-encryption-alarms-law-enforcement-1411420341

50. http://www.wsj.com/articles/new-level-of-smartphone-encryption-alarms-law-enforcement-1411420341

51. http://www.usnews.com/news/articles/2014/11/14/doj-planes-may-be-spying-on-your-phone

52. http://www.wired.com/2012/03/petraeus-tv-remote/

53. http://www.wired.com/2012/03/petraeus-tv-remote/

54. http://www.usatoday.com/story/news/2015/04/07/dea-bulk-telephone-surveillance-operation/70808616/

55. https://www.reformgovernmentsurveillance.com/#111614

56. 2015 年 9 月 4 日，David Hoffman 与 Inder Sidhu 的谈话

57. https://www.youtube.com/watch?v=XEVlyP4_11M

58. https://www.law.cornell.edu/supremecourt/text/10-1259

59. https://www.law.cornell.edu/supremecourt/text/10-1259

60. http://www.brookings.edu/~/media/events/2014/06/24-future-technology/20140624_global_tech_privacy_transcript.pdf

61. 2015 年 8 月 28 日，Doug McNitt 与 Inder Sidhu 的谈话

62. http://papers.ssrn.com/sol3/papers.cfm?abstract_id=2305882

63. http://gov.ca.gov/news.php?id=18743

64. http://www.brookings.edu/~/media/events/2014/06/24-future-technology/20140624_global_tech_privacy_transcript.pdf

65. http://www.brookings.edu/~/media/events/2014/06/24-future-technology/20140624_global_tech_privacy_transcript.pdf

第7章

1. http://pressroom.target.com/news/a-message-from-ceo-gregg-steinhafel-about-targets-payment-card-issues

2. http://pressroom.target.com/corporate

3. http://pressroom.target.com/corporate

4. http://krebsonsccurity.com/2014/02/email-attack-on-vendor-set-up-breach-at-target/

5. http://www.reuters.com/article/2013/12/25/us-target-databreach-idUSBRE9BN0L220131225

6. http://www.cnsnews.com/news/article/answers-questions-about-target- data-breach

7. http://www.cnbc.com/2014/01/13/target-ceo-still-shaken-by-the-data-breach-vows-to-make-it-right.html

8. http://www.npr.org/templates/transcript/transcript. php?storyId=329838961

9. http://krebsonsecurity.com/2013/12/sources-target-investigating-data- breach/

10. http://pressroom.target.com/news/target-confirms-unauthorized-access-to-payment-card-data-in-u-s-stores

11. http://pressroom.target.com/news/target-confirms-unauthorized-access-to-payment-card-data-in-u-s-stores

12. http://krebsonsecurity.com/2013/12/sourccs-target-investigating-data- breach/

13. http://money.cnn.com/2015/03/19/technology/security/target-data- hack-settlement/

14. http://www.cnbc.com/2014/01/13/target-ceo-still-shaken-by-the-data-breach-vows-to-make-it-right.html

15. https://corporate.target.com/_media/TargetCorp/global/PDF/Target-SJC-020414.pdf

16. https://corporate.target.com/_media/TargetCorp/global/PDF/Target-SJC-032614.pdf

17. http://www.washingtonpost.com/business/economy/data-breach-hits-targets-profits-but-thats-only-the-tip-of-the-iceberg/2014/02/26/159f6846-9d60-11e3-9ba6-800d1192d08b_story.html

18. http://techcrunch.com/2015/02/25/target-says-credit-card-data-breach-cost-it-162m-in-2013-14/

19. https://nakedsecurity.sophos.com/2014/03/06/target-cio-beth-jacob-resigns-in-breach-aftermath/

20. http://www.startribune.com/target-fired-steinhafel-cut-compensation-proxy-shows/259794771/

21. http://www.commerce.senate.gov/public/?a=Files.Serve&File_id=24d3c229-4f2f-405d-b8db-a3a67f183883

22. https://corporate.target.com/article/2014/01/free-credit-monitoring-and-identity-theft-protecti

23. http://www.theguardian.com/commentisfree/2014/may/06/target-credit-card-data-hackers-retail-industry

24. 2015 年 8 月 14 日，与 Inder Sidhu 的谈话

25. 2015 年 9 月 14 日，RSA 总裁 Amit Yoran 与 Inder Sidhu 的谈话

26. http://www.starwoodhotels.com/stregis/property/rooms/amenities.html?propertyID=3651&language=en_US

27. http://www.starwoodhotels.com/stregis/property/rooms/amenities.html?propertyID=3651&language=en_US

28. https://twitter.com/verifythentrust

29. https://www.youtube.com/watch?v=RX-O4XuCW1Y

30. https://www.youtube.com/watch?v=RX-O4XuCW1Y

31. https://www.youtube.com/watch?v=RX-O4XuCW1Y

32. https://www.youtube.com/watch?v=RX-O4XuCW1Y

33. https://technet.microsoft.com/en-us/library/dn425036.aspx

34. http://www.networkworld.com/article/2868018/cisco-subnet/annual-security-reports-predict-what-we-can-expect-in-2015.html

35. http://www.networkworld.com/article/2868018/cisco-subnet/annual-security-reports-predict-what-we-can-expect-in-2015.html

36. http://www.kaspersky.com/about/news/virus/2014/Kaspersky-Lab-is-Detecting-325000-New-Malicious-Files-Every-Day

37. http://www.verizonenterprise.com/DBIR/2014/reports/rp_dbir-2014-executive-summary_en_xg.pdf

38. 2015 年 9 月 14 日，RSA 总裁 Amit Yoran 与 Inder Sidhu 的谈话

39. 2015 年 9 月 16 日，MIT 教授 Alex “Sandy” Pentland 与 Inder Sidhu 的谈话

40. 2015 年 6 月 26 日，与 Inder Sidhu 的谈话

41. http://www.ncsl.org/research/telecommunications-and-information-technology/security-breach-notification-laws.aspx

42. http://www.wsj.com/articles/morgan-stanley-terminates-employee-for-stealing-client-data-1420474557

43. http://www.morganstanley.com/about-us-articles/7f189537-f51c-40b0-a963-fc0dc6c65861.html

44. http://www.businessinsider.com/sony-employees-medical-records-leaked-in-hack-2014-12

45. http://www.hollywoodreporter.com/news/sony-hack-amy-pascal-scott-756438

46. http://www.phillymag.com/ticket/2014/12/12/sony-executive-calls-kevin-hart-whore-leaked-emails-hart-responds/

47. http://www.phillymag.com/ticket/2014/12/12/sony-executive-calls-kevin-hart-whore-leaked-emails-hart-responds/

48. http://www.cisco.com/c/en/us/solutions/collateral/enterprise/cisco-on-cisco/cs-boit-03162015-automate-protection-ip.html

49. http://blogs.cisco.com/security/defensive-security-the-955-approach

50. http://www.ebay.com/gds/Amazing-eBay-Facts-and-Figures-/10000000001431688/g.html

51. http://pages.ebay.com/2003annualreport/f96707hme10vk.html

52. http://www.forbes.com/sites/jaymcgregor/2014/07/28/the-top-5-most-brutal-cyber-attacks-of-2014-so-far/

53. http://www.wired.com/2014/05/ebay-demonstrates-how-not-to-respond-to-a-huge-data-breach/

54. https://www.ebayinc.com/stories/news/ebay-inc-ask-ebay-users-change-passwords/

55. https://www.ebayinc.com/stories/news/ebay-inc-ask-ebay-users-change-passwords/

56. http://www.reuters.com/article/2014/05/23/us-ebay-cybercrime-idUSBREA4-M0PH20140523

57. http://www.bbc.com/news/technology-29310042

58. http://www.forbes.com/sites/ryanmac/2014/05/23/as-ebay-notifies-users-of-hack-states-launch-investigation/

59. http://www.wired.com/2014/05/ebay-demonstrates-how-not-to-respond-to-a-huge-data-breach/

60. 2015 年 9 月 14 日，RSA 总裁 Amit Yoran 与 Inder Sidhu 的谈话

61. 2015 年 9 月 16 日，MIT 的 Michael Siegel 与 Inder Sidhu 的谈话

62. http://www.nist.gov/cyberframework/upload/cybersecurity-framework-021214-final.pdf

第 8 章

1. http://streeteasy.com/blog/new-york-city-rent-affordability/

2. http://www.gmanctwork.com/ news/story/423955/lifestyle/travel/new-york-city-tourism-hit-record-high-in-2014-officials-say

3. http://www.gmanetwork.com/news/story/423955/lifestyle/travel/new-york-city-tourism-hit-record-high-in-2014-officials-say

4. http://www.nycgo.com/articles/nyc-statistics-page

5. http://www.statista.com/statistics/214585/most-expensive-cities-in-the-us-ordered-by-hotel-prices-2010/

6. http://www.nycgo.com/articles/nyc-statistics-page

7. http://blog.airbnb.com/rent-anything-from-a-couchto-a-country/

8. https://www.airbnb.com/about/about-us

9. https://www.airbnb.com/about/about-us

10. http://nypost.com/2014/03/17/airbnb-renter-claims-he-returned-home- to-an-orgy/

11. http://assembly.state.ny.us/mem/Richard-N-Gottfried/story/39019/

12. http://observer.com/2014/05/nys-senator-krueger-says-airbnb-doesnt-give-a-damn-without-sf-info/

13. http://freakonomics.com/2014/09/04/regulate-this-a-new-freakonomics-radio-podcast/comment-page-2/

14. http://www.pewtrusts.org/en/research-and-analysis/blogs/stateline/2015/1/30/a-license-to-braid-hair-critics-say-state-licensing-rules-have- gone-too-far

15. http://www.scrippsmedia.com/ktnv/news/Las-Vegas-cab-drivers-protest-Uber-282526751.html

16. https://www.uber.com/about

17. http://expandedramblings.com/index.php/uber-statistics/

18. https://s3.amazonaws.com/uber-static/comms/PDF/Uber_Driver-Partners_Hall_Kreuger_2015.pdf

19. http://expandedramblings.com/index.php/uber-statistics/

20. http://fivethirtyeight.com/features/uber-isnt-worth-17-billion/

21. http://www.latimes.com/business/autos/la-fi-0628-ford-car-sharing-20150628-story.html#page=1

22. http://www.nytimes.com/2014/11/02/fashion/how-uber-is-changing-night-life-in-los-angeles.html

23. https://media.ford.com/content/fordmedia/fna/us/en/news/2015/01/06/ford-at-ces-announces-smart-mobility-plan.html?adbid=552527928303841280&adbpl = tw&adbpr=15676492&scmp=social_20150106_38342167

24. http://www.scrippsmedia.com/ktnv/news/Las-Vegas-cab-drivers-protest-Uber-282526751.html

25. http://www.huffingtonpost.com/2014/12/17/alejandro-done-boston-uber-driver-rapes-passenger_n_6344432.html

26. http://www.theatlantic.com/technology/archive/2015/03/are-taxis-safer-than-uber/386207/

27. http://www.theatlantic.com/technology/archive/2015/03/are-taxis-safer-than-uber/386207/

28. http://news.nationalpost.com/news/uber-criticized-for-charging-minimum-100-fare-to-leave-area-of-sydney-siege-hostage-crisis

29. http://www.huffingtonpost.com/2014/11/28/uber-disciplines-manager-_n_6239050.html

30. http://abc11.com/technology/uber-ceo-offers-lengthy-13-tweet-apology-for-an-executives-controversial-remarks/400914/

31. http://www.wsj.com/articles/uber-valued-at-more-than-50-billion-1438367457?mg=id-wsj

32. http://www.businessinsider.com/heres-everywhere-uber-is-banned-around-the-world-2015-4

33. http://www.washingtonpost.com/world/the_americas/mexico-city-cabbies-are-getting-physical-with-uber/2015/06/07/55b7ba3a-094a-11e5-951e-8e15090d64ae_ story.html

34. http://thegazette.com/subject/news/uber-unveils-plans-for-corridor- 20141121

35. http://www.nytimes.com/2014/11/02/fashion/how-uber-is-changing- night-life-in-los-angeles.html

36. 2015 年盐湖城，Oleyo Osuru 与 T.C. Doyle 的谈话

37. https://www.eff.org/deeplinks/2014/10/octobers-very-bad-no-good-totally-stupid-patent-month-filming-yoga-class

38. http://blog.yogaglo.com/2014/10/yogaglo-update-2/

39. http://blog.yogaglo.com/2014/10/yogaglo-update-2/

40. https://www.eff.org/deeplinks/2014/10/octobers-very-bad-no-good-totally-stupid-patent-month-filming-yoga-class

41. http://cornelllawreview.org/files/2014/01/99CLR387.pdf

42. http://www.cisco.com/web/about/gov/issues/patent_reform.html

43. http://www.eweek.com/networking/cisco-reaches-2.7-million-deal-with-wifi-patent-troll.html

44. https://www.youtube.com/watch?v=lSYpimUE9tk

45. http://www.democracynow.org/2015/2/27/a_historic_decision_tim_wu_father

46. http://www.democracynow.org/2015/2/27/a_historic_decision_tim_wu_father

47. http://www.bloomberg.com/politics/articles/2015-02-26/how-john-oliver-transformed-the-net-neutrality-debate-once-and-for-all

48. http://www.csmonitor.com/USA/Society/2015/0226/Net-neutrality-s-stunning-reversal-of-fortune-Is-it-John-Oliver-s-doing

49. http://www.democracynow.org/2015/2/27/a_historic_decision_tim_wu_father

第 9 章

1. http://www.seat61.com/UnitedStates.htm#.VfmttHisP5E

2. https://www.aar.org/todays-railroads/what-we-haul

3. https://www.aar.org/Pages/Railroads-and-Coal-A-Unique-Partnership. aspx

4. https://www.aar.org/todays-railroads/what-we-haul

5. http://freightrailworks.org/ever-wonder-what-fits-in-one-rail-car/

6. http://freightrailworks.org/eight-unbelievable-facts-about-americas-freight-railroads-2/

7. http://www.progressiverailroading.com/mechanical/article/Class-Is-employ-fuelsaving-practices-that-promise-stingier-diesel-usage--22736

8. http://www.forbes.com/sites/danalexander/2014/03/27/the-most-efficient-mode-of-transportation-in-america-isnt-a-prius-its-a-train/

9. https://www.aar.org/Fact%20Sheets/Safety/2013-AAR_spending-graphic-fact-sheet.pdf

10. https://www.splunk.com/web_assets/pdfs/secure/Splunk_at_New_York_Air_Brake.pdf

11. http://www.splunk.com/content/dam/splunk2/pdfs/customer-success-stories/splunk-at-new-york-air-brake.pdf

12. http://www.economist.com/news/business/21604598-market-booking-travel-online-rapidly-consolidating-sun-sea-and-surfing

13. http://www.forbes.com/sites/georgeanders/2014/10/15/houzzs-founders-have-become-techs-newest-power-couple/

14. http://graphics.wsj.com/billion-dollar-club/?co=Houzz

15. http://graphics.wsj.com/billion-dollar-club/?co=Houzz

16. http://finance.yahoo.com/q?s=ETH

17. http://www.businessinsider.com/uber-revenue-projection-in-2015- 2014-11

18. http://skift.com/2015/03/25/airbnbs-revenues-will-cross-half-billion-mark-in-2015-analysts-estimate/

19. http://www.wsj.com/articles/at-the-weather-channel-gloomy-skies-linger-1428276754

20. https://openforum.hbs.org/challenge/understand-digital-transformation-of-business/data/the-weather-company-using-data-for-more-than-just-reporting-the-weather # comments-section

21. http://www.nytimes.com/2015/10/29/technology/ibm-to-acquire-the-weather-company.html?ribbon-ad-idx=10&rref=technology&module= Ribbon&version=context®ion=Header&action=click&contentCollect ion=Technology&pgtype=article&_r=0

22. http://fortune.com/2015/10/28/ibm-weather-company-acquisition-data/

23. http://www.usatoday.com/videos/money/business/2015/03/31/70733928/

24. https://www.youtube.com/watch?v=tzMkycLRAO8

25. http://www.ispot.tv/ad/73GD/general-electric-software-spot-the-difference-fuel-gauge

26. https://www.youtube.com/watch?v=ss_X7qLomjw

27. http://www.theunitconverter.com/gallon-to-barrel-oil-conversion/ 2100-gallon-to-barrel-oil.html

28. https://www.youtube.com/watch?v=ss_X7qLomjw

29. http://www.usatoday.com/story/money/personalfinance/2013/04/03/bank-of-america-tellers-atm/2025923/

30. http://www.computerweekly.com/news/2240221134/Bank-of-America-and-Nationwide-use-in-branch-telepresence

31. http://www.usatoday.com/story/money/personalfinance/2013/04/03/bank-of-america-tellers-atm/2025923/

32. https://www.youtube.com/watch?v=r0iH9r6QJO8

33. http://www.goldcorp.com/English/Unrivalled-Assets/Mines-and-Projects/Canada-and-US/Operations/Eleonore/Location-and-Geology/default.aspx

34. http://www.goldcorp.com/English/Unrivalled-Assets/Mines-and-Projects/Canada-and-US/Operations/Eleonore/Overview-and-Development-Highlights/default.aspx

35. http://www.cisco.com/web/strategy/materials-mining/downloads/c36-goldcorp-cs.pdf

36. https://www.youtube.com/watch?t=104&v=MkQTMZ1GidE

37. http://www.themiddlemarket.com/news/financial_services/ ge-continues-selling-loan-assets-as-sale-of-ge-capital-256455-1.html

38. http://www.aei.org/publication/fortune-500-firms-in-1955-vs-2014-89-are-gone-and-were-all-better-off-because-of-that-dynamic-creative- destruction/

39. http://www.aei.org/publication/fortune-500-firms-in-1955-vs-2014-89-are-gone-and-were-all-better-off-because-of-that-dynamic-creative-destruction/

第 10 章

1. http://newsdesk.si.edu/releases/smithsonian-associates-presents-nation-s-t-rex-coming-look-out
2. http://www.supplychaindigital.com/logistics/3452/FedEx-successfully-ships-TRex-across-USA-to-Washington
3. http://fedexcares.com/40th-anniversary
4. http://customcritical.fedex.com/us/services/white-glove/default.shtml
5. http://www.supplychaindigital.com/logistics/3452/FedEx-successfully-ships-TRex-across-USA-to-Washington
6. http://about.van.fedex.com/blog/behind-the-scenes-access-to-critical- shipments/
7. https://www.youtube.com/watch?v=TaAxEKFlt5s#t=61
8. http://images.fedex.com/ca_english/about/pdf/ca_english_about_decades_innovation.pdf
9. http://about.van.fedex.com/blog/fedex-introduces-fedex-mobile-for-iphone-and-ipod-touch/
10. http://www.informationweek.com/strategic-cio/executive-insights-and-innovation/how-fedex-streamlines-operations-at-freight-docks/d/ d-id/1127931
11. http://www.fedex.com/us/fedextracking/#tab1
12. http://about.van.fedex.com/our-story/company-structure/corporate-fact- sheet/
13. http://www.nydailynews.com/news/national/photo-dog-cold-rainy-tarmac-leads-twitter-outrage-article-1.2059940
14. https://twitter.com/keitholbermann/status/549289371770568704
15. https://twitter.com/sia/status/549432122516049921
16. http://www.dailymail.co.uk/news/article-2889799/United-Airlines-faces-angry-

backlash-passenger-saw-dog-left-tarmac-pouring-rain-half-hour-despite-alerts-staff.html#ixzz3WCTyuwlA

17. http://www.theacsi.org/news-and-resources/customer-satisfaction-reports/reports-2014/acsi-travel-report-2014/acsi-travel-report-2014- download
18. http://industry.shortyawards.com/nominee/7th_annual/o6g/united-airlines-social-customer-service
19. http://knowledge.wharton.upenn.edu/article/ignored-side-social-media-customer-service/
20. http://industry.shortyawards.com/nominee/6th_annual/2G/united-customer-service-on-twitter-from-black-hole-to-top-shelf
21. http://industry.shortyawards.com/nominee/6th_annual/2G/united-customer-service-on-twitter-from-black-hole-to-top- shelf?category=customer_service
22. http://www.theacsi.org/news-and-resources/customer-satisfaction-reports/reports-2014/acsi-travel-report-2014/acsi-travel-report-2014- download
23. http://www.bostonglobe.com/business/2015/03/30/jetblue-ticketing-outage-delays-some-logan-passengers/9V5Ib6bWggsrYkTnSAkqIN/story. html
24. http://www.bostonglobe.com/business/2015/03/30/jetblue-ticketing-outage-delays-some-logan-passengers/9V5Ib6bWggsrYkTnSAkqIN/story. html
25. http://www.socialmediaexaminer.com/exceptional-customer-service- on-twitter/
26. http://faculty-gsb.stanford.edu/aaker/pages/documents/Jet_Blue.pdf
27. https://twitter.com/search?q=from%3AHyattConcierge%20%40smorrison0%20since%3A2014-01-26%20 until%3A2014-02-04&src=typd
28. http://industry.shortyawards.com/nominee/6th_annual/Fu/hyattconcierge-at-your-service
29. http://pogue.blogs.nytimes.com/2011/04/14/the-tragic-death-of-the-flip/?_r=0
30. https://www.youtube.com/watch?v=wPQpdYcZ23k
31. http://investor.gopro.com/releasedetail.cfm?releaseid=895085

32. https://twitter.com/WarbyParker/status/600331823055544320

33. http://www.statista.com/statistics/300087/global-eyewear-market-value/

34. http://www.fastcompany.com/3041334/most-innovative-companies-2015/warby-parker-sees-the-future-of-retail

35. https://www.warbyparker.com/home-try-on

36. http://knowledge.wharton.upenn.edu/article/what-eyewear-startup-warby-parker-sees-that-others-dont/

37. https://www.warbyparker.com/retail

38. http://www.harpersbazaar.com/fashion/trends/a10650/bikyni-is-here-to-solve-your-swimwear-problems/

39. http://blogs.air-watch.com/2014/01/luxottica-airwatch-secure-mobile-enterprise-applications/#.VWZASWCaH5E

40. http://www.luxottica.com/en/luxottica-announces-agreement-acquire-glassescom-wellpoint-inc

41. http://www.ray-ban.com/usa/virtual-mirror

42. http://thesubtimes.com/2014/04/29/55024/

43. http://www.starbucks.com/business/international-stores

44. http://www.huffingtonpost.com/2014/03/04/starbucks_n_4890735.html

45. http://blogs.starbucks.com/blogs/customer/archive/2009/09/15/starbucks-launches-iphone-apps.aspx

46. 2015 年 9 月 28 日，Rachael Antalek 与 Inder Sidhu 的谈话

47. http://www.starbucks.com/coffeehouse/mobile-apps

48. https://blogs.starbucks.com/blogs/customer/archive/2014/12/02/portland-we-want-to-hear-from-you.aspx?PageIndex=2

49. 2015 年 4 月 15 日，Fader 教授与 Inder Sidhu 的谈话

50. http://www.zdnet.com/article/starbucks-names-tech-execs-after-cio-leaves-for-best-buy/

51. http://bombfell.s3.amazonaws.com/Bombfell_Press_Kit_May2015.pdf

52. http://fortune.com/2015/06/10/spotify-number-users/

53. http://www.digitaltrends.com/music/pandora-spotify-beats-rdio-itunes-radio-algorithm-comparison/

54. http://www.billboard.com/biz/articles/news/global/6029448/ifpis-recording-industry-in-numbers-us-at-44-billion-germany

55. https://www.facebook.com/Burberry?fref=nf

56. http://luxurysociety.com/articles/2014/01/how-burberry-does-digital

57. http://luxurysociety.com/articles/2014/01/how-burberry-does-digital

58. http://www.forbes.com/sites/sarahwu/2014/09/22/how-to-customize-your-own-burberry-billboard/

59. https://twitter.com/hashtag/myburberry

60. http://www.burberryplc.com/documents/results/2005/15-06-05_annual_report_04-05/ar05_report.pdf

第 11 章

1. http://www.gallup.com/poll/181289/majority-employees-not-engaged-despite-gains-2014.aspx

2. http://allthingsd.com/20130222/physically-together-heres-the-internal-yahoo-no-work-from-home-memo-which-extends-beyond-remote- workers/

3. https://twitter.com/richardbranson/status/306074881433432065

4. http://www.forbes.com/sites/petercohan/2013/02/26/4-reasons-marissa-mayers-no-at-home-work-policy-is-an-epic-fail/

5. http://www.npr.org/2013/03/01/173186526/stay-at-home-workers-defend-choice-after-yahoo-ban

6. https://hbr.org/2015/01/a-working-from-home-experiment-shows-high-performers-like-it-better

7. http://www.sciencedaily.com/releases/2014/09/140918150940.htm

8. http://www.socialsecurity.gov/performance/2012/APP%202012%20508%20PDF.pdf

9. http://www.brookings.edu/~/media/research/files/papers/2014/05/millennials-wall-st/brookings_winogradfinal.pdf

10. http://www.dispatch.com/content/stories/business/2014/03/30/eager-to-work-but-on-their-terms.html

11. http://www.mckinsey.com/insights/organization/making_a_market_in_talent

12. http://contently.com/strategist/2015/03/27/contently-case-story-inside-marriotts-ambitious-new-travel-mag/

13. https://www.youtube.com/watch?t=489&v=ZOgteFrOKt8

14. http://contently.com/strategist/2015/03/27/contently-case-story-inside-marriotts-ambitious-new-travel-mag/

15. http://www.jeffbullas.com/2014/12/02/25-linkedin-facts-and-statistics-you-need-to-share/

16. https://www.workmarket.com

17. http://info.mbopartners.com/rs/mbo/images/ArdentPartners_TheStateofCWM.pdf

18. http://www.renitconsulting.com/company.html

19. https://www.accenture.com/t20150827T020600__w__/us-en/_acnmedia/Accenture/Conversion-Assets/DotCom/Documents/Global/PDF/Strategy_7/Accenture-Future-of-HR-Rise-Extended-Workforce.pdf

20. http://www.forbes.com/sites/waldleventhal/2014/11/24/5-predictions-for-the-freelance-economy-in-2015/3/

21. 2015 年 6 月 24 日，Cisco HR 副总裁 Jill Larsen 与 Inder Sidhu 的谈话

22. 2015 年 6 月 30 日，Google HR 和人力分析副总裁 Prasad Setty 与 Inder Sidhu 的谈话

23. http://www.cisco.com/web/strategy/docs/del_papa_distributors_cs.pdf

24. http://www.marketwatch.com/story/enterprise-social-software-market-on-premise-on-demand-social-collaboration-enterprise-social-networks-global-advancements-demand-analysis-market-forecasts-2014-2019-research-report-2014-07-29

25. http://www.forbes.com/sites/forbespr/2013/05/20/forbes-insights-survey-reveals-cloud-collaboration-increases-business-productivity-and-advances-global-communication/

26. http://newsoffice.mit.edu/2014/behavioral-analytics-moneyball-for-business-1114

27. https://www.parc.com

28. http://www.alcatel-lucent.com/bell-labs

29. http://searchcio.techtarget.com/opinion/Thomson-Reuters-flushes-out-internal-engineering-talent-with-crowdsourcing

30. http://searchcio.techtarget.com/opinion/Thomson-Reuters-flushes-out-internal-engineering-talent-with-crowdsourcing

31. http://dl.acm.org/citation.cfm?id=2470727

32. 2015 年 6 月 26 日，Fran Katsoudas 有关 Cisco HR 中实施 IoE 的讲话

33. https://hbr.org/2013/04/using-the-crowd-as-an-innovation-partner/

第 12 章

1. http://radiowest.kuer.org/post/sundance-2015-most-likely-succeed

2. http://www.history.com/this-day-in-history/deep-blue-defeats-garry-kasparov-in-chess-match

3. http://www.ted.com/talks/ken_jennings_watson_jeopardy_and_me_the_obsolete_know_it_all/transcript?language=en

欢迎来到异步社区！

异步社区的来历

异步社区（www.epubit.com.cn）是人民邮电出版社旗下 IT 专业图书旗舰社区，于 2015 年 8 月上线运营。

异步社区依托于人民邮电出版社 20 余年的 IT 专业优质出版资源和编辑策划团队，打造传统出版与电子出版和自出版结合、纸质书与电子书结合、传统印刷与 POD 按需印刷结合的出版平台，提供最新技术资讯，为作者和读者打造交流互动的平台。

社区里都有什么？

购买图书

我们出版的图书涵盖主流 IT 技术，在编程语言、Web 技术、数据科学等领域有众多经典畅销图书。社区现已上线图书 1000 余种，电子书 400 多种，部分新书实现纸书、电子书同步出版。我们还会定期发布新书书讯。

下载资源

社区内提供随书附赠的资源，如书中的案例或程序源代码。

另外，社区还提供了大量的免费电子书，只要注册成为社区用户就可以免费下载。

与作译者互动

很多图书的作译者已经入驻社区，您可以关注他们，咨询技术问题；可以阅读不断更新的技术文章，听作译者和编辑畅聊好书背后有趣的故事；还可以参与社区的作者访谈栏目，向您关注的作者提出采访题目。

灵活优惠的购书

您可以方便地下单购买纸质图书或电子图书，纸质图书直接从人民邮电出版社书库发货，电子书提供多种阅读格式。

对于重磅新书，社区提供预售和新书首发服务，用户可以第一时间买到心仪的新书。

用户帐户中的积分可以用于购书优惠。100 积分 =1 元，购买图书时，在 0 使用积分 里填入可使用的积分数值，即可扣减相应金额。